警示教育365天

建筑施工事故案例选编

本书编写组　编

应急管理出版社
·北　京·

U0822009

图书在版编目（CIP）数据

建筑施工事故案例选编/本书编写组编. -- 北京：应急管理出版社，2023

（警示教育 365 天）

ISBN 978-7-5020-9753-0

Ⅰ.①建… Ⅱ.①本… Ⅲ.①建筑工程—工程事故—案例—汇编 Ⅳ.①TU712

中国国家版本馆 CIP 数据核字(2023)第 162239 号

建筑施工事故案例选编（警示教育 365 天）

编　　者　本书编写组
责任编辑　赵金园
责任校对　张艳蕾
封面设计　解雅欣

出版发行　应急管理出版社（北京市朝阳区芍药居 35 号　100029）
电　　话　010-84657898（总编室）　010-84657880（读者服务部）
网　　址　www. cciph. com. cn
印　　刷　天津嘉恒印务有限公司
经　　销　全国新华书店

开　　本　710mm×1000mm $^{1}/_{16}$　**印张**　$21^{3}/_{4}$　**字数**　405 千字
版　　次　2023 年 10 月第 1 版　2023 年 10 月第 1 次印刷
社内编号　20230590　**定价**　68.00 元

版权所有　违者必究

本书如有缺页、倒页、脱页等质量问题，本社负责调换，电话:010-84657880

前 言
FOREWORD

党的十八大以来，以习近平同志为核心的党中央高度重视安全生产工作，引领我国安全生产工作取得了明显成效。当前，我国安全生产形势总体平稳，但面临的形势依然严峻复杂，各种“黑天鹅”“灰犀牛”事件随时可能发生，特别是煤矿、非煤矿山、化工、建筑施工、道路交通运输等行业领域的生产安全事故仍然频发，给人民群众生命财产安全造成了很大损失。

古人云：以铜为镜可以正衣冠，以史为镜可以知兴替。历史是最好的老师，以往发生的事故案例是最生动的教材。为深刻汲取和总结事故教训，探寻和分析事故背后暴露的问题，帮助大家树立“一企出事故、万企受教育”“一地出事故、万地受警示”的理念，为警示教育提供鲜活的案例素材，让职工从事故案例中受到警示和教育，我们对近年来建筑施工行业领域发生的生产安全事故进行搜集和梳理，选取典型案例，基于官方的事故调查报告，从事故经过、事故原因、责任追究、防范措施等方面对事故调查报告进行摘编，并在每个案例后设置“一案五问一改变”栏目（供读者填写），形成了《警示教育365 天　建筑施工事故案例选编》，供有关企业参考使用。

由于编写水平有限，书中疏漏之处在所难免，恳请读者批评指正。

编　者

2023 年 7 月

目 录
CONTENTS

1月

毕节市金海湖新区“1·3”在建工地山体滑坡重大事故案例[①]

2022年1月3日18时55分许，贵州省毕节市金海湖新区归化街道办事处香田村，在建的毕节市第一人民医院分院培训综合楼边坡支护工程，在施工过程中突然发生山体滑坡，造成14名施工作业人员死亡、3人受伤，直接经济损失2856.06万元。

一、事故经过

2021年11月28日，施工单位按照马某龙发的电子施工图，开始组织永久边坡支护施工。至12月23日，第一级边坡上部支护施工完成。12月24日，开始第一级边坡下部支护施工。

2022年1月3日，翟某军带领一个班组在第一级边坡下部喷浆，罗某兵带领另一个班组随后开展格构梁施工。1台挖掘机在台阶上清理浮土，1台挖掘机和2台破碎锤在靠近双山北路一侧的边坡下方破碎和清理土石方，并通过汽车运走。至18时许，喷浆班组完成工作后离开；罗某兵等11人在施工员陶某伟的指挥下继续开展格构梁施工；2台挖掘机、2台破碎锤继续工作。18时48分，安全员欧某松发现双山北路一侧边坡有掉块现象，便电话通知施工员陶某伟组织人员撤离，随后欧某松在微信群里语音通知大家撤离，陶某伟在微信群里语音回复已组织撤离，但现场人员并未及时向安全地带撤离。

2022年1月3日18时55分许，边坡突然发生整体滑坡，滑坡量约$3.5\times10^4\ m^3$，将现场17名施工人员埋压（11名劳务人员、1名施工员、2名挖掘机

① 资料来源：贵州省应急管理厅．毕节市金海湖新区“1·3”在建工地山体滑坡重大事故调查报告［EB/OL］．（2022-10-28）［2023-05-20］．http：//yjgl.guizhou.gov.cn/gk/zfxxgk/fdzdgk/dcbg_5888759/202210/t20221028_76950169.html.

驾驶员、2 名破碎锤操作员、1 名货车驾驶员)，造成 14 人死亡、3 人受伤。

二、事故直接原因

边坡开挖改变了斜坡的地表形态和应力分布，降低了山体抗滑力，导致坡体失稳，形成滑坡。

三、责任追究

（一）免于追究刑事责任人员（1 人）

陶某伟，群众，贵州建工集团第四建筑工程有限责任公司毕节市第一人民医院分院培训综合楼建设项目部施工员。对事故负有直接责任。其行为涉嫌重大责任事故罪，鉴于已在事故中死亡，建议免予追究刑事责任。

（二）建议移送司法机关追究刑事责任人员（15 人）

赵某，中共党员，贵州建工集团第四建筑工程有限责任公司毕节市第一人民医院分院培训综合楼建设项目部商务经理，事故项目实际控制人。对事故负有直接责任。其行为涉嫌重大责任事故罪，建议移送司法机关依法追究刑事责任。

钟某麒，群众，贵州建工集团第四建筑工程有限责任公司毕节市第一人民医院分院培训综合楼建设项目部执行经理，事故项目施工实际负责人。对事故负有直接责任。其行为涉嫌重大责任事故罪，建议移送司法机关依法追究刑事责任。

欧某松，群众，贵州建工集团第四建筑工程有限责任公司毕节市第一人民医院分院培训综合楼建设项目部安全员。对事故负有直接责任。其行为涉嫌重大责任事故罪，建议移送司法机关依法追究刑事责任。

李某勇，群众，贵州建工集团第四建筑工程有限责任公司毕节市第一人民医院分院培训综合楼建设项目部技术员。对事故负有直接责任。其行为涉嫌重大责任事故罪，建议移送司法机关依法追究刑事责任。

马某龙，群众，毕节市医疗投资有限责任公司质量安全部负责人、项目小组副组长。对事故负有直接责任。其行为涉嫌重大责任事故罪，建议移送司法机关依法追究刑事责任。

王某义，群众，毕节市医疗投资有限责任公司项目工程部负责人、项目小组组长。对事故负有直接责任。其行为涉嫌重大责任事故罪，建议移送司法机关依法追究刑事责任。

李某海，中共党员，毕节市医疗投资有限责任公司副总经理，分管质量安全部和项目工程部。对事故负有直接责任。其行为涉嫌重大责任事故罪，建议移送司法机关依法追究刑事责任。

葛某林，中共党员，贵州百盛监理公司副总经理，事故项目总监理工程师。对事故负有直接责任。其行为涉嫌重大责任事故罪，建议移送司法机关依法追究刑事责任。

陈某，群众，贵州百盛监理公司工作人员，事故项目专业监理工程师。对事故负有直接责任。其行为涉嫌重大责任事故罪，建议移送司法机关依法追究刑事责任。

刘某勇，中共党员，毕节市地基基础工程有限责任公司法定代表人、总经理。对事故负有直接责任。其行为涉嫌重大责任事故罪，建议移送司法机关依法追究刑事责任。

罗某铭，群众，贵州晟铭劳务工程有限公司法定代表人、经理。对事故负有直接责任。其行为涉嫌重大责任事故罪，建议移送司法机关依法追究刑事责任。

陶某，群众，贵州晟铭劳务工程有限公司培训综合楼建设项目现场负责人、安全员。对事故负有直接责任。其行为涉嫌重大责任事故罪，建议移送司法机关依法追究刑事责任。

周某来，群众。事故负有直接责任。其行为涉嫌重大责任事故罪，建议移送司法机关依法追究刑事责任。

赵某，中共党员，贵州建工集团第四建筑工程有限责任公司工程部副总经理（主持工作）。对事故负有直接管理责任。其行为涉嫌重大责任事故罪，建议移送司法机关依法追究刑事责任。

罗某虎，中共党员，贵州建工集团第四建筑工程有限责任公司安全生产管理部经理。对事故负有直接管理责任。其行为涉嫌重大责任事故罪，建议移送司法机关依法追究刑事责任。

（三）责令企业给予处分人员（10 人）

张某，中共党员，贵州建工集团第四建筑工程有限责任公司人力资源部副经理（主持工作）。对事故发生负有重要管理责任。建议责成贵州建工集团第四建筑工程有限责任公司给予其行政撤职、党内严重警告处分。

姚某刚，中共党员，贵州建工集团第四建筑工程有限责任公司副总工程师、技术中心主任。对事故发生负有重要管理责任。建议责成贵州建工集团第四建筑工程有限责任公司给予其行政撤职、党内严重警告处分。

郭某，中共党员，贵州建工集团第四建筑工程有限责任公司副总经理，分管生产和安全。对事故发生负有主要领导责任。建议责成贵州建工集团给予其行政撤职、党内严重警告处分。

赵某，中共党员，贵州建工集团第四建筑工程有限责任公司副总经理、总工程师。对事故发生负有主要领导责任。建议责成贵州建工集团给予其行政撤职、党内严重警告处分。

倪某伟，中共党员，贵州建工集团第四建筑工程有限责任公司执行总经理。对事故发生负有主要领导责任。建议责成贵州建工集团给予其行政撤职、党内严重警告处分。

何某安，中共党员，贵州建工集团第四建筑工程有限责任公司法定代表人、董事长、总经理。对事故发生负有主要领导责任。建议责成贵州建工集团给予其行政撤职、党内严重警告处分。

钟某，中共党员，贵州建工集团安全部部长。对事故发生负有一定管理责任。建议责成贵州建工集团给予其行政记过、党内警告处分。

程某，中共党员，贵州建工集团董事、副总经理、党委委员，分管贵州建工集团第四建筑工程有限责任公司。对该公司安全管理混乱问题失管失察。建议责成绿地大基建集团给予其行政记过、党内警告处分。

廖某红，中共党员，贵州建工集团董事、常务副总经理兼总工程师，负责集团生产、技术、质量、安全、文明施工等工作。对贵州建工集团第四建筑工程有限责任公司安全管理不到位。建议责成绿地大基建集团给予其行政记过、党内警告处分。

刘某，中共党员，绿地大基建集团有限公司投资运营中心副总经理（主持工作）。对贵州建工集团有限公司安全生产工作监督检查不到位。建议责成绿地大基建集团给予其行政记过、党内警告处分。

（四）建议给予行政处罚人员（12 人）

何某安，中共党员，贵州建工集团第四建筑工程有限责任公司法定代表人、董事长、总经理。对事故发生负有主要领导责任。建议按照《中华人民共和国安全生产法》第九十五条之规定，由省应急厅对其处 2021 年度收入 80% 的罚款。

黄某，中共党员，毕节医疗投资有限责任公司法定代表人、总经理。对事故负有主要领导责任。建议按照《中华人民共和国安全生产法》第九十五条之规定，由省应急厅对其处 2021 年度收入 80% 的罚款。

肖某宪，中共党员，毕节医疗投资有限责任公司董事长。对事故负有主要领导责任。建议按照《中华人民共和国安全生产法》第九十五条之规定，由省应急厅对其处 2021 年度收入 80% 的罚款。

刘某德，中共党员，贵州百盛监理公司董事长。对事故负有主要领导责任。建议按照《中华人民共和国安全生产法》第九十五条之规定，由省应急厅对其处2021年度收入80%的罚款。

杨某，群众，贵州百盛监理公司法定代表人、执行董事。对事故负有主要领导责任。建议按照《中华人民共和国安全生产法》第九十五条之规定，由省应急厅对其处2021年度收入80%的罚款。

郭某，中共党员，贵州建工集团第四建筑工程有限责任公司副总经理，分管生产和安全。对事故负有责任。建议按照《中华人民共和国安全生产法》第九十六条之规定，由省应急厅对其处2021年度收入50%的罚款。

赵某，中共党员，贵州建工集团第四建筑工程有限责任公司副总经理、总工程师。对事故负有责任。建议按照《中华人民共和国安全生产法》第九十六条之规定，由省应急厅对其处2021年度收入50%的罚款。

倪某伟，中共党员，贵州建工集团第四建筑工程有限责任公司执行总经理。对事故负有责任。建议按照《中华人民共和国安全生产法》第九十六条之规定，由省应急厅对其处2021年度收入50%的罚款。

程某，中共党员，贵州建工集团董事、副总经理、党委委员，分管贵州建工集团第四建筑工程有限责任公司。对该公司安全管理混乱问题失管失察。建议按照《中华人民共和国安全生产法》第九十六条之规定，由省应急厅对其处2021年度收入50%的罚款。

廖某红，中共党员，贵州建工集团董事、常务副总经理兼总工程师，负责集团生产、技术、质量、安全、文明施工等工作。对贵州建工集团第四建筑工程有限责任公司安全管理不到位。建议按照《中华人民共和国安全生产法》第九十六条之规定，由省应急厅对其处2021年度收入50%的罚款。

陈某华，中共党员，贵州建工集团有限公司董事长、党委书记、总经理。对事故发生负有重要领导责任。建议按照《中华人民共和国安全生产法》第九十六条之规定，由省应急厅对其处2021年度收入50%的罚款。

吴某东，中共党员，绿地大基建集团有限公司总裁、法定代表人。未按照《中华人民共和国安全生产法》第二十一条的规定认真履行主要负责人安全生产管理职责，安全管理工作弱化，未组织对下属企业开展安全专项检查。建议按照《中华人民共和国安全生产法》第九十六条之规定，由省应急厅对其处2021年度收入50%的罚款。

（五）建议吊销资质证书人员（2人）

闫某，群众，毕节市地基基础工程有限责任公司员工。建议按照《建设工程安全生产管理条例》第五十八条规定，由省住房和城乡建设厅提请住房和城乡建设部给予其吊销注册土木工程师（岩土）证书，终身不予注册的行政处罚。

吴某德，群众，毕节市第一人民医院分院培训综合楼建设项目部项目经理。建议按照《建设工程安全生产管理条例》第五十八条规定，由省住房和城乡建设厅提请住房和城乡建设部给予其吊销一级建造师注册证书，终身不予注册的行政处罚。

（六）对有关企业的处理建议

贵州建工集团第四建筑工程有限责任公司，对事故负有责任。建议依照《中华人民共和国安全生产法》第一百一十四条规定，由省应急厅对其处以罚款1000 万元的行政处罚。

毕节市医疗投资有限责任公司，对事故负有责任。建议依照《中华人民共和国安全生产法》第一百一十四条规定，由省应急厅对其处以罚款600 万元的行政处罚。

贵州百盛监理公司，对事故负有责任。建议依照《中华人民共和国安全生产法》第一百一十四条规定，由省应急厅对其处以罚款600 万元的行政处罚。

毕节市地基基础工程有限责任公司，对事故负有责任。建议依照《建设工程质量管理条例》第六十条第一款之规定，由省住房和城乡建设厅对其处以吊销工程勘察资质证书的处罚。

贵州晟铭劳务工程有限公司，对事故负有责任。建议按照《建设工程质量管理条例》第六十二条的规定，由省住房和城乡建设厅对其处以吊销建筑业企业资质证书的处罚。

（七）移送纪委监委调查处理人员和单位

根据《关于在生产安全责任事故追责问责审查调查中加强协作配合的指导意见（试行）》要求，对事故调查中发现的有关单位和监察对象的问题线索及相关材料已移送省纪委省监委。对监察对象的党政纪处分和有关单位的处理意见，由省纪委省监委提出；涉嫌犯罪人员，由省纪委省监委移交司法机关处理。

四、防范措施

（1）进一步树牢安全发展理念。毕节市要深刻吸取事故教训，深入学习贯彻落实习近平总书记关于安全生产重要论述和重要指示精神，站在“两个维护”的高度，站在人民至上、生命至上的高度，统筹好发展和安全的关系，真正把安全生产工作作为重大政治责任，以对人民群众生命财产安全极端负责的态度，全力防范化解安全风险，坚决遏制类似事故再次发生。

（2）加强住房城乡建设部门安全管理力量建设。省住房和城乡建设厅要针对自身涉及建筑业、城镇燃气、消防设施设计审查验收等多个领域的安全生产工作的实际，加强安全生产工作的组织协调，建立住房和城乡建设领域安全生产统筹协调机制，统筹推进和加强各领域的安全生产工作。

（3）立即组织开展建筑施工安全专项整治。省住房和城乡建设厅要针对此次事故暴露出的问题，认真研究制定工作方案，在全省范围内立即组织开展建筑施工安全专项整治，全面摸清建筑工地情况，建立台账，组织力量逐一进行检查，对发现的安全问题依法严肃处理。发现未取得施工许可证、施工图未审定就组织施工的，坚决责令停工并进行处罚；对拒不执行监管指令的，要采取断电断水断路等行政强制措施；涉嫌构成犯罪的，一律移送司法机关追究刑事责任。

（4）各级各部门要严格政府投资项目管理。毕节市政府投资项目要在安全生产方面做表率，严格落实各环节审批审查手续，严格按照法律法规标准落实各项安全措施，做到不合法不施工、不安全不施工。有关部门要严格监督管理，不得因为是政府投资项目就“放水”，放宽安全标准和要求，留下安全隐患。对于以行政命令要求项目违法违规施工、压缩工期的，一经查实要严肃追究有关人员责任。

（5）严格监管执法。毕节市各级建筑施工安全监管部门要依法开展监督管理，坚决杜绝监管执法的形式主义、官僚主义，决不能人情执法、留痕式检查，充分利用执法手段倒逼企业履行安全生产主体责任。对发现的问题隐患，该责令整改的要责令整改，该处罚的坚决处罚，该采取行政强制措施的要坚决采取，存在的重大突出问题要及时上报。

（6）切实加强基层监管力量建设。特别是毕节市各类新区、开发区，要进一步理顺安全监管体制机制，明确安全监管职责，配齐配足监管力量和装备，加强安全监管队伍专业化建设，提高安全监管人员监管执法水平。同时，要为安全监管部门撑腰鼓劲，保证安全监管人员能够大胆监管、公正执法，守住安全生产底线。

五、主要教训

（1）项目建设有关单位目无法规胆大妄为。该项目施工图未审定就招标，边坡治理地勘资料及手续不完善就进行设计，未办理施工许可、设计图未审定就施工，劳务人员未培训就上岗，2021 年 10 月 2 日滑坡后未采取针对性的防范措施就继续开展边坡支护，本应起到监督作用的监理机构形同虚设，冒险蛮干，导致事故发生。

（2）企业安全生产主体责任缺位，层层失守。贵州建工集团公司对所属子公司主要履行投资人职责，安全管理弱化。四公司以包代管，对项目部相关人员未到岗履职不管不问，安全检查弄虚作假。四公司目前承建工程项目 80 余个，但公司在岗职工仅 400 人左右（含公司机关 100 人），不能满足各项目人员配备要求，只能在项目中标后临时聘用人员并任命为项目部人员组织施工。劳务单位安全管理形同虚设，违法将所承揽的劳务再分包给个人，与劳务人员不签订劳动合同，劳务人员未经安全培训就上岗。

（3）企业混改后的安全管理弱化。贵州建工集团原属省属国有企业，2015 年混合体制改革后，绿地大基建集团持 51% 股份、贵州黔晟国有资产经营公司持 30% 股份，主要管理权限不再归属贵州。但作为持股方的绿地大基建集团除了形式上任命了管理人员（党委书记、党委委员、董事长、董事等，实质上都是原建工集团人员）外，实际上只派了一名财务总监到贵州建工集团。造成了贵州无权管、上海无人管的状况，对贵州建工集团的管理出现脱节。

（4）部分政府投资项目安全管理较为混乱。特别是重点项目，强调一个“快”字，处处开绿灯，往往在不具备条件的情况下强行启动，边设计边施工，边施工边审批，边审批边调整，甚至有的已建设完成，审批手续还未办理。由于未严格落实工程建设项目各环节审批审查程序，客观上造成了安全管理无法严格执行，带来安全风险。

（5）安全监管执法宽松软。金海湖新区城乡建设局发现毕节市第一人民医院分院培训综合楼建设项目未取得施工许可证就施工的违法行为后，于 2021 年 11 月 17 日下达了停工通知。发现该项目未按要求停工后，没有依法实施行政处罚、采取行政强制措施，于 11 月 24 日再次下达停工指令。在施工单位拒不执行停工指令、依然继续施工的行为后，也未实施行政处罚、采取行政强制措施。

（6）地方党委政府属地责任落实不到位。督促住房和城乡建设等部门履行安全监管职责不到位，组织建筑施工打非治治违不力，致使违法施工行为长期存在而得不到处置。

一案五问一改变

1. 我对该事故的最深感触是什么？

2. 如果该事故中暴露的问题就出现在我身边，我该怎么办？

3. 如果该事故就发生在我身上，我的亲人和朋友会如何？

4. 我从该事故中汲取了什么教训？

5. 学习事故案例后我最想对同事和亲人说什么？

为避免同类事故，在今后的工作中我将做出以下改变：

金华市金东区多湖街道东湄工业园区“1·19”建筑工地坍塌事故案例[①]

2018 年 1 月 19 日 12 时 40 分许，金东区多湖街道东湄工业园区发生一起建筑工地坍塌事故，造成 2 人死亡，6 人受伤。

一、事故经过

2018 年 1 月 19 日中午，张某某等 8 名工人在进行 1 号钢结构厂房混凝土浇筑施工，其中胡某某、王某某、彭某某三人在一楼搬运和搅拌混凝土，张某某和王某某在三楼楼面给浇筑好的混凝土盖薄膜，席某某、张某某、冉某某三人在三楼楼面浇筑混凝土。12 时 40 分许，三层钢结构厂房突然整体坍塌，坍塌产生的气流将胡某某及王某某从建筑物中掀出，其余六人被压在坍塌建筑物下，之后彭某某与张某某自行爬出。随后，在厂区门口休息的该项目施工负责人王某某和在附近开店的曾某某发现厂房坍塌后立即拨打了 110 报警电话，王某某拨打了 119 报警电话。

二、事故直接原因

贾某某为赶在 2018 年 3 月拆迁评估前把 1 号钢结构厂房建好，在无施工图纸设计文件、未办理建筑工程施工许可证等施工手续的情况下，非法组织无建筑施工资质的王某某个人施工；王某某在没有任何工程质量和安全管理组织及措施的情况下，临时组织人员进行非法施工。

根据专家组技术分析报告，1 号钢结构厂房基础预埋连接件厚度偏薄且预埋

① 资料来源：金华市应急管理局．金东区多湖街道东湄工业园区“1·19”建筑工地坍塌事故调查报告［EB/OL］．（2018－04－09）［2023－05－08］．http：//yjglj. jinhua. gov. cn/art/2018/4/9/art_1229682538_52067518. html.

方式不符合《钢结构设计规范》（GB 50017—2003）8.4.13～8.4.14 的规定，钢结构柱与预埋件之间的连接方式不符合《钢结构设计规范》（GB 50017—2003）7.1.1 的规定，钢结构柱的钢板厚度偏薄，梁与柱之间未采用刚性连接且整体钢架未设有效的柱间支撑，结构冗余约束极少，在混凝土浇筑荷载作用下房屋结构由于承载能力明显不足导致整体失稳破坏，造成坍塌。

三、责任追究

（一）建议移交司法机关人员（2 人）

贾某某，1 号钢结构厂房实际业主，对事故发生负直接责任。2018 年 1 月 20 日因涉嫌重大责任事故罪被取保候审，建议移交司法机关依法处理。

王某某，1 号钢结构厂房建设项目施工组织者，对事故发生负直接责任。2018 年 1 月 20 日因涉嫌重大责任事故罪被刑事拘留，建议移交司法机关依法处理。

（二）建议问责处理的单位和个人

金华市规划局金东分局未认真履行建设工程规划许可应批已批事项批后监管工作职责，未及时发现并制止该起非法建设行为，建议金华市规划局对相关人员进行调查处理，责成金华市规划局金东分局向金华市规划局作出深刻检查。

金华市建设监察支队金东大队未认真履行行政执法监察职责，未及时发现并查处该起非法建设行为，建议金华市住房和城乡建设局对相关人员进行调查处理，责成金华市建设监察支队向金华市住房和城乡建设局作出深刻检查。

金东区住房和城乡建设局未履行建设工程施工许可应批未批事项的监督检查职责，未及时发现并制止该起非法建设行为，建议金东区纪委监察委对相关责任人员进行调查处理，责成金东区住房和城乡建设局向金东区政府作出深刻检查。

金东区多湖街道办事处未认真落实属地监管责任，未按照《关于规范全科网格运行的指导意见》（金区综委办〔2017〕17 号）的要求进行管理，未及时发现该起非法建设行为，建议金东区纪委监察委对相关责任人员进行调查处理，责成金东区多湖街道办事处向金东区政府作出深刻检查。

金东区工程建设领域安全监管存在漏洞，建议责成金东区政府向金华市政府作出深刻检查。

四、防范措施

（1）进一步落实工程建设领域安全监管责任。市住房和城乡建设部门要落实谁审批谁监管的原则和市政府行政审批扁平化放权的要求，进一步厘清市区两级权力责任边界，进一步明确行政审批、日常监管、行政处罚等权限，完善权责一致的监管执法机制。金东区委、区政府要牢固树立以人为本、安全发展的理念，认真落实“党政同责、一岗双责、齐抓共管”和“管行业必须管安全、管业务必须管安全、管生产经营必须管安全”的要求，切实加强对建设工程领域安全生产工作的组织领导，进一步落实部门安全监管职责，完善安全生产“网格化”管理，确保乡镇（街道）属地监管责任和部门行业监管责任落实到位。

（2）进一步加大对非法违法建设行为的打击力度。金东区政府要组织有关部门、乡镇（街道）对辖区内所有建设项目进行全面摸底调查，加大巡查和执法检查力度，市区两级建设主管部门要切实担起建筑行业安全监管职责，规范和整顿建筑市场，继续开展建筑施工领域专项安全检查，全面排查和解决工程建设领域的突出问题，及时发现并严厉查处各类非法违法建设和无资质、无证照、无设计、无监理等从事项目建设行为，坚决防止类似事故再次发生。

（3）深刻吸取事故教训。全市各级各部门都要以这起事故为戒，深刻吸取事故教训，落实好属地管理责任和行业监管责任，消除安全生产监管工作中的盲区和空档，深入排查治理各类安全隐患，确保全市安全生产形势稳定。

一案五问一改变

1. 我对该事故的最深感触是什么？

2. 如果该事故中暴露的问题就出现在我身边，我该怎么办？

3. 如果该事故就发生在我身上，我的亲人和朋友会如何？

4. 我从该事故中汲取了什么教训？

5. 学习事故案例后我最想对同事和亲人说什么？

为避免同类事故，在今后的工作中我将做出以下改变：

东阳市花园家居用品市场建设工地“1 · 25”较大坍塌事故案例[①]

2019 年 1 月 25 日 13 时 13 分许，位于东阳市南马镇花园村的花园家居用品市场建设工地，在进行三楼屋面构架混凝土浇筑施工时突然发生坍塌，当场造成 1 人死亡，9 人受伤。1 月 26 日，1 名受伤人员经抢救无效死亡。2 月 3 日，又有 3 名受伤人员经抢救无效死亡。事故共造成 5 人死亡，5 人受伤。

一、事故经过

1 月 18 日，东阳市质安站下达安全隐患整改通知后，项目部并没有停工整改。1 月 23 日，沈某良向麻某龙汇报 1 月 25 日将要浇筑三楼屋面构架。1 月 24 日下午，沈某良按照项目部工作分工开展浇筑前的准备工作，电话联系东阳市花园华泰建材有限公司要求 1 月 25 日运送 100 m^3 混凝土到项目部工地。同日下午，沈某良通知泥工班带班陈某明 1 月 25 日浇筑后浇带和三楼屋面构架。1 月 25 日 8 时左右，花园家居用品市场项目部泥工班带班陈某明等人按照要求开始浇筑后浇带。9 时左右，陈某明等人开始浇筑三楼屋面构架，午饭后继续浇筑。13 时 13 分左右，三楼屋面构架在浇筑混凝土施工过程中突然发生坍塌，现场 10 名作业人员随即坠落地面并被坍塌物掩埋。

二、事故直接原因

支模架架体立杆横向间距为 500 mm，纵向间距为 1200 mm，支模架高度为 4200 mm，搭设参数没有经过设计计算，搭设构造不符合相关标准的规定，支模

---

① 资料来源：金华市应急管理局．东阳市花园家居用品市场建设工地“1 · 25”较大坍塌事故调查报告［EB/OL］．（2019 － 05 － 31）［2023 － 05 － 21］． http：//yjglj. jinhua. gov. cn/art/2019/5/31/art _ 1229682538_52067526. html.

架高宽比为8.2，超过规定的允许值且没有采取扩大下部架体尺寸或其他有效的构造措施等，导致模板支撑体系承载力和抗倾覆能力严重不足，在混凝土浇筑荷载作用下模板支架整体失稳倾覆破坏。

三、责任追究

（一）建议追究刑事责任人员（6人）

楼某武，花园家居用品市场施工项目承包人，未履行安全管理职责，对施工中存在的安全隐患未采取有效措施落实整改，因涉嫌重大劳动安全事故罪于2019年1月26日被东阳市公安局刑事拘留，2019年1月30日被取保候审。

麻某龙，花园家居用品市场项目施工总负责人（现场执行经理），对东阳市质安站、森威监理公司提出的安全隐患未认真落实整改，在没有取得监理公司同意的情况下，擅自安排混凝土浇筑施工，因涉嫌重大劳动安全事故罪于2019年1月26日被东阳市公安局刑事拘留，2019年2月22日被取保候审。

沈某良，花园家居用品市场项目施工负责人（现场生产经理），对东阳市质安站、森威监理公司提出的安全隐患未认真落实整改，在没有取得监理公司同意的情况下，擅自安排混凝土浇筑施工，因涉嫌重大劳动安全事故罪于2019年1月26日被东阳市公安局刑事拘留，2019年1月30日被取保候审。

陆某峰，花园家居用品市场项目施工现场安全负责人（现场安全组长），未认真履行安全监管职责，对项目部违规施工未及时阻止，因涉嫌重大劳动安全事故罪于2019年1月26日被东阳市公安局刑事拘留，2019年2月22日被取保候审。

李某伟，花园家居用品市场项目支模架搭设负责人，在搭建支模架过程中未按行业要求进行作业，因涉嫌重大劳动安全事故罪于2019年1月26日被东阳市公安局刑事拘留，2019年2月22日被取保候审。

王某煌，花园集团公司派驻花园家居用品市场项目负责人，未认真履行安全生产管理职责，因涉嫌重大劳动安全事故罪于2019年1月26日被东阳市公安局刑事拘留，2019年1月30日被取保候审。

建议东阳市公安局依照法定职责对前期调查中发现的问题人员开展调查取证，依法立案侦查涉嫌犯罪行为，并将相关情况及时报送事故调查组备案。

（二）建议给予行政处罚的单位和人员

花园集团公司。花园集团公司在未组织专家委员会审定措施方案及相应费用的情况下，将花园家居用品市场建设项目定额工期从360天压缩至210天，压缩了41%。设置工期提前奖，引导鼓励施工单位压缩合同工期，对事故的发生负有责任，建议金华市住房和城乡建设局依法给予行政处罚。

花园建设公司以经济责任制承包方式成立花园家居用品市场施工项目部，项目部主要关键岗位人员未到岗履职，特种作业人员无证上岗，模板钢管扣件支撑作业人员未取得架子工上岗证。施工项目部未认真组织编制支模架专项方案，未能辨识出屋面构架属超一定规模危险性较大分部分项工程，未按照要求编制专项方案、组织专家认证，施工技术负责人未能认真审查专项施工方案。对东阳市质安站及监理单位下达的安全隐患整改要求未认真组织整改，在未按规定完成整改情况下擅自施工，对事故的发生负有责任。建议金华市应急管理局依法给予行政处罚，金华市住房和城乡建设局依法对其资质资格作出相应处理。

森威监理公司现场监理部未按规定对施工项目部、特种作业人员进行资质资格审查，对施工项目部主要管理人员不到岗，施工现场部分管理人员无证上岗，特种作业人员无证上岗监管不力。未认真审查施工单位组织设计和专项施工方案，未能发现屋面构架属超一定规模危险性较大分部分项工程，未编制危大工程监理实施细则。未严格执行旁站监理制度。出具不实整改报告。对于施工单位未按规定整改重大安全隐患而擅自施工的情况未及时上报有关主管部门，对事故的发生负有责任。建议金华市住房和城乡建设局依法给予行政处罚。

勤业设计公司。未在设计文件中注明涉及危大工程的重点部位和环节，未提出保障工程周边环境安全和工程施工安全的意见，对事故的发生负有责任。建议金华市住房和城乡建设局依法给予行政处罚。

朱某平，花园建设公司法定代表人、董事长。未依法履行施工总承包单位主要负责人安全生产管理职责，对事故发生负有领导责任。建议金华市应急管理局依法给予行政处罚。

何某华，花园家居用品市场项目总监理工程师，履行现场总监理职责不到位，对事故的发生负有主要监理责任。建议金华市住房和城乡建设局依法给予行政处罚。

许某亮，花园家居用品市场项目土建专业监理工程师，未认真履行监理职责，对事故发生负有监理责任，建议金华市住房和城乡建设局依法给予行政处罚。

葛某华，花园家居用品市场项目监理员，未认真履行现场监理职责，对事故的发生负有监理责任，建议金华市住房和城乡建设局依法给予行政处罚。

许某霞、楼某辑、张某、张某阳、叶某、蒋某龙、吴某华、许某婕等人出借资格证书，建议金华市住房和城乡建设局依法给予行政处罚。

（三）责令企业内部处理人员（6 人）

金某立，花园集团公司项目建设小组组长，对花园家居用品市场建设项目监督检查不到位，对事故的发生负有领导责任。

陈某朝，花园集团公司基建处处长，对花园家居用品市场建设项目监督检查不到位，对事故的发生负有责任。

蒋某成，花园建设公司主管安全生产副总经理，未依法履行施工总承包单位安全生产分管职责，对事故的发生负有分管领导责任。

张某明，花园建设公司总工程师，未认真履行总工程师职责，对花园家居用品市场工程的施工组织专项施工方案审批履职不到位，未发现该屋面构架属于超一定规模危险性较大分项工程，落实主管部门整改要求不力，对事故发生负有责任。

赵某飞，花园建设公司直属项目部工程部副经理，联系花园家居用品市场项目安全管理工作，未认真履行安全管理职责，对事故的发生负有责任。

陈某辉，花园建设公司工程部科员，联系花园家居用品市场项目质量安全管理工作，未认真履行质量安全管理职责，对事故的发生负有责任。

责令花园集团公司按照《劳动合同法》和企业有关制度规定对以上人员作出处理并报事故调查组备案。

（四）建议给予党纪政务处理人员（4 人）

金某垚，东阳市质安站花园家居用品市场建设项目监督员，对项目经理长期不在岗及备案人员和实际人员不一致问题未进行有效督促整改，对事故的发生负有监管责任。

黄某，东阳市质安站花园家居用品市场建设项目监督员，对项目经理长期不在岗及备案人员和实际人员不一致问题未进行有效督促整改，对事故的发生负有监管责任。

顾某卫，东阳市质安站副站长（主持工作），对下属人员未认真履行建设工程质量安全监督职责问题失察，对事故的发生负有领导责任。

马某进，东阳市住房和城乡建设局副局长（时任东阳市建筑业管理局副局长），对下属单位东阳市质安站未认真履行工程质量安全监管职责问题失察，对事故的发生负有领导责任。

建议东阳市依照干部管理权限对以上人员作出处理。

（五）建议约谈和作出检查的单位

责成花园集团公司向东阳市人民政府作出深刻的书面检查并报事故调组备案。

责成东阳市住房和城乡建设局向东阳市人民政府作出书面检查并报事故调组

备案。

责成东阳市人民政府向金华市人民政府作出书面检查并报事故调组备案。

建议金华市安委会约谈花园集团公司法定代表人。

四、整改措施

(1) 严守法律底线，强化主体责任。全市建筑企业和监理单位要进一步强化法律意识，严格落实主体责任，切实把安全生产主体责任落实到岗位，落实到人头。花园集团公司要深刻吸取教训，完善落实安全生产管理制度，加强对下属公司的监督和管理。严格按照法律的规定和程序办事，不违法压缩工期。花园建设公司要切实加强内部管理，将安全生产责任落到实处，不违法转包、分包工程，加强施工现场安全管理，派驻项目部管理人员要实际到岗履职。森威监理公司要严格履行现场安全监理职责，加强对施工单位的施工安全监督管理，强化对危险性较大分部分项工程的监理，严格落实施工旁站监理制度，对于监理过程中发现的安全隐患，要严格督促施工单位进行有效整改，未完成整改的坚决不予以下一步施工，并及时报告行业主管部门。

(2) 强化监督管理，落实监管责任。全市各有关部门要严格落实安全生产监管责任，加大行业监管力度，加强日常监督管理，严密组织隐患排查治理，严厉打击各类安全生产非法违法行为。建设主管部门要认真分析研究本次事故中暴露出建筑施工领域存在的问题，继续深入开展工程建设领域安全生产隐患排查治理和“打非治违”专项行动，进一步加大隐患整改治理力度，坚决打击非法违法建设行为，对在工程建设中挂靠借用资质投标、违规出借资质、非法转包、分包工程、违法施工建设等行为予以严厉查处。同时要强化安全基础管理，创新监管方式，建立健全安全生产长效机制。督促落实重大生产安全事故隐患报告制、风险管控隐患排查治理日志制及生产安全事故举一反三制度。积极推进建筑施工企业和在建工程项目安全生产标准化建设，构建“双重预防”机制，进一步规范企业安全生产行为，夯实安全基础。

(3) 强化“红线”意识，坚持依法行政。全市各级党委政府和领导干部要牢固树立科学发展、安全发展理念，始终把人民群众生命安全放在第一位。正确处理好安全生产与经济发展的关系，严守发展决不能以牺牲人的生命为代价这条红线。深入学习贯彻中央和省委省政府关于安全生产的统一决策部署，健全完善党政同责、一岗双责、齐抓共管的安全生产责任体系。党政一把手必须亲力亲为抓好安全生产这件大事，要坚持依法行政，执政为民，严格依法规范建筑市场秩序，切实优化投资和发展环境。

一案五问一改变

1. 我对该事故的最深感触是什么？

2. 如果该事故中暴露的问题就出现在我身边，我该怎么办？

3. 如果该事故就发生在我身上，我的亲人和朋友会如何？

4. 我从该事故中汲取了什么教训？

5. 学习事故案例后我最想对同事和亲人说什么？

为避免同类事故，在今后的工作中我将做出以下改变：

唐山市丰润区金域名邸项目4号地块“1·30”较大坍塌事故案例①

2016年1月30日16时20分许，在丰润区金域名邸项目4号地块施工工地，作业人员在进行401号楼与402号楼之间大门混凝土浇筑作业时，大门模板支撑体系坍塌，造成5人死亡，直接经济损失684.5万元。

一、事故经过

2016年1月3日，建通劳务公司现场负责人高某春组织现场施工人员，在未制定模板施工安全专项方案、未进行技术交底的情况下，开始对401号与402号楼之间大门模板支撑体系进行搭设。2016年1月10日，大门模板支撑体系搭设完毕。

1月13日，4号地块施工现场因扬尘治理不合格，被丰润区住建局安监站责令停工整改。1月14日，施工现场停工放假。1月26日，永田房地产公司副总经理亢某霞电话要求施工单位现场负责人高某春进行大门混凝土浇筑。当日，高某春联系混凝土未果，便将该情况反馈亢某霞。1月28日，亢某霞得知本公司承建的人民路南延（光华道至银城道段）工程正在使用混凝土，便电话通知高某春与永田房地产公司人民路南延工程项目负责人王某波联系，商量混凝土供应有关事宜。当日，高某春与王某波取得联系，商定好由丰润区永兴混凝土搅拌站提供浇筑大门所需混凝土。1月29日，高某春安排建通劳务公司施工现场生产队长杨某春联系浇筑工，准备30日浇筑大门。杨某春随即联系公司瓦工韩某

① 资料来源：河北省应急管理厅．丰润区金域名邸项目4号地块“1·30”较大坍塌事故调查报告［EB/OL］.（2016-07-08）［2023-05-08］. https://yjgl.hebei.gov.cn/portal/index/getPortalNewsDetails?id=d26ba188-87d7-a4ae-3828-27fff525c634&categoryid=3a9d0375-6937-4730-bf52-febb997d8b48.

瑞，让其联系浇筑工。

1月30日7时30分，韩某瑞、杨某辉、王某洪、张某、代某兴、于某忠、于某昌、郑某忠8人到达施工现场，开始做大门浇筑前的准备工作。9时左右，杨某春与施工现场技术、质量负责人张某友一起对模板支撑体系进行检查。张某友发现支撑体系部分模板变形，出现缝隙，但未向施工现场负责人高某春报告，只是与施工现场生产队长杨某春商量沟通，提出大门不能马上浇筑混凝土，应对支撑体系进行维护加固。杨某春认为现场没有木工，无法对支撑体系进行维护加固，要求继续做浇筑前的准备工作。11时左右，混凝土到位，杨某春对现场施工人员进行了口头安全技术交底。泵车到位后，开始进行大门混凝土浇筑作业。16时20分左右，大门混凝土浇筑过程中，大门模板支撑体系突然失稳坍塌，导致正在大门顶板上进行混凝土浇筑作业及苫盖保温草帘作业的韩某瑞、杨某辉、张某、代某兴、于某忠、于某昌、郑某忠随顶板一起坠落。

二、事故直接原因

大门顶板模板支撑体系搭设违反《建筑施工模板安全技术规范》6.1.9第3条的规定，架体局部立杆步距处未设水平杆。违反《建筑施工承插型盘扣式钢管支架安全技术规程》6.1.3的规定，架体未设置水平层斜杆或水平剪刀撑；竖向斜杆设置不全，仅在支架东西两侧及中间设置了单方向的竖向斜杆；架体未与东西两侧建筑结构设置连墙装置。架体搭设不合格，导致在进行混凝土浇筑作业时架体失稳坍塌，是该起事故的直接原因。

三、责任追究

（一）建议移交司法机关追究刑事责任的人员（4人）

王某伟，男，建通劳务公司总经理，负责公司全面工作，对事故发生负有主要管理责任。建议移送司法机关追究刑事责任。

高某春，男，建通劳务公司员工，4号地块项目实际负责人，负责施工现场全面工作，对事故发生负有主要管理责任。建议移送司法机关追究刑事责任。

张某友，男，建通劳务公司员工，4号地块项目技术、质量实际负责人，负责施工过程中技术、质量监督检查工作，对事故发生负有主要管理责任。建议移送司法机关追究刑事责任。

杨某春，男，建通劳务公司员工，4号地块施工现场生产队长，负责施工过程中的生产指挥工作，对事故发生负有主要责任。建议移送司法机关追究刑事责任。

（二）建议处理的事故单位相关责任人员（4人）

杨某军，男，建通劳务公司工程部部长，负责工程项目管理工作，对事故发生负有重要责任。建议由建通劳务公司给予其 10000 元的经济处罚，并撤职。

董某秋，男，建通劳务公司员工，4 号地块现场安全员，负责施工现场的安全检查和保卫工作，事故发生前，其所持有的《安全生产考核合格证书》已过期，对事故发生负有管理责任。建议由建通劳务公司给予其 10000 元的经济处罚，并予以辞退。

亢某霞，女，永田房地产公司副总经理，负责工程项目管理工作，对事故发生负有重要责任。建议由永田房地产公司给予其 20000 元的经济处罚，并撤职。

张某东，男，华鼎管理公司副总经理，分管公司工程监理工作，对事故发生负有重要责任。建议由华鼎管理公司给予其 20000 元的经济处罚，并撤职。

（三）建议给予党政纪处分及其他处理的人员（10）

邱某，男，中共党员，2014 年 1 月至 2016 年 1 月 24 日，任丰润区政府副区长，分管区住建、国土、交通运输等工作，对事故发生负有领导责任。建议责令其向丰润区委写出深刻的书面检查，并报唐山市安全生产监督管理局备案。

王某和，男，中共党员，丰润区银城铺镇党委书记，负责镇党委全面工作，对事故发生负有领导责任。建议由丰润区纪检监察机关对其进行诫勉谈话。

门某丰，男，中共党员，丰润区银城铺镇党委副书记、镇长，负责镇政府全面工作，对全镇安全生产工作负总责，对事故发生负有领导责任。建议由丰润区纪检监察机关对其进行诫勉谈话。

邵某强，男，中共党员，丰润区银城铺镇武装部长，分管辖区内建设项目规划管理与施工管理工作，对事故发生负有重要领导责任。建议给予行政警告处分。

徐某华，男，中共党员，丰润区银城铺镇城镇规划建设办公室主任，负责本镇建设项目规划管理与施工管理工作，对事故发生负有直接领导责任。建议给予行政警告处分。

李某芳，男，中共党员，丰润区住建局局长，负责局全面工作，对事故发生负有领导责任。建议由丰润区纪检监察机关对其进行诫勉谈话。

阚某才，男，中共党员,丰润区住建局副主任科员,分管建筑工程安全监督站和建筑工程质量监督站,对事故发生负有重要领导责任。建议给予行政警告处分。

邓某兵，男，中共党员，丰润区建筑工程安全监督站站长，负责安全监督站全面工作，对事故发生负有重要领导责任。建议给予行政记过处分。

郑某义，男，中共党员，丰润区建筑工程安全监督站副站长，负责辖区内房屋建筑工程施工现场的安全监督工作，分管监督三科，对事故发生负有直接领导责任。建议给予党内警告处分。

翟某浩，男，中共党员，丰润区建筑工程安全监督站监督三科科长，负责辖区内房屋建筑工程施工现场的安全监督工作，对事故发生负有直接领导责任。建议给予党内严重警告处分。

（四）建议给予行政处罚的人员（7人）

张某钧，男，利民建筑公司法定代表人、总经理，负责公司全面工作，对事故发生负有重要责任。依据《生产安全事故报告和调查处理条例》第四十条第一款的规定，建议给予其吊销《企业主要负责人资格证书》的行政处罚。依据《安全生产法》第九十二条第二项的规定，建议由唐山市安全生产监督管理局给予张某钧上一年年收入40%的罚款即人民币5.28万元的罚款。

王某武，男，永田房地产公司董事长、总经理，负责公司全面工作，对事故发生负有重要责任。依据《安全生产法》第九十二条第二项的规定，建议由唐山市安全生产监督管理局给予王某武上一年年收入40%的罚款即人民币5.04万元的罚款。

石某，男，永田房地产公司法定代表人、副总经理，负责公司项目前期勘察、规划、设计、施工图送审、项目建设手续办理及合同签订等工作，对事故发生负有重要责任。依据《安全生产法》第九十二条第二项的规定，建议由唐山市安全生产监督管理局给予石某上一年年收入40%的罚款即人民币2.27万元的罚款。

张某君，男，华鼎管理公司法定代表人、总经理，负责公司全面工作，对事故发生负有重要责任。依据《安全生产法》第九十二条第二项的规定，建议由唐山市安全生产监督管理局给予张某君上一年年收入40%的罚款即人民币5.2万元的罚款。

张某成，男，利民建筑公司副总经理，4号地块备案项目经理，对事故发生负有重要责任。依据《生产安全事故报告和调查处理条例》第四十条第一款的规定，建议给予其吊销《安全经理资格证书》和《项目经理资格证书》的行政处罚。

宁某军，男，永田房地产公司驻4号地块项目负责人，负责甲方驻施工现场的关系协调及工程验收工作，对事故发生负有重要责任。依据《生产安全事故报告和调查处理条例》第四十条第一款的规定，建议给予其吊销《二级建造师资格证书》的行政处罚。

谈某全，男，华鼎管理公司驻4号地块项目管理部总监，负责4号地块项目管理部全面工作，对事故发生负有监理责任。依据《生产安全事故报告和调查处理条例》第四十条第一款的规定，建议给予其吊销《河北省工程建设监理工程师执业资格证书》的行政处罚。

对企业其他相关责任人员，建议由建通劳务公司、利民建筑公司、永田房地产公司和华鼎管理公司按照企业内部管理规定进行处理，并报唐山市安全生产监督管理局备案。

（五）对事故责任单位的行政处罚建议

建通劳务公司以利民建筑公司名义承揽4号地块工程，施工现场安全管理不到位，安全教育培训不到位。其行为违反《建筑法》第二十六条第二款，《混凝土结构工程施工规范》4.1.1、4.1.2，《建筑施工模板安全技术规范》8.0.4、8.0.5，《房屋建筑和市政基础设施工程施工图设计文件审查管理办法》第三条第三款，《建设工程安全生产管理条例》第二十三条第一款、第三十六条第二款，《安全生产法》第二十五条第一款、第四十一条的规定，对事故发生负有责任。依据《生产安全事故罚款处罚规定（试行）》第十五条第一款第（一）项的规定，建议由唐山市安全生产监督管理局给予建通劳务公司69万元的罚款。依据《生产安全事故报告和调查处理条例》第四十条第一款的规定，建议吊销其《安全生产许可证》和《劳务分包资质证书》。

利民建筑公司允许建通劳务公司使用本企业的资质证书、营业执照，以本企业的名义承揽4号地块工程；将本公司主要负责人、项目负责人和专职安全生产管理人员《安全生产考核合格证书》出借给建通劳务公司。其行为违反《建筑法》第二十六条第二款和《建筑施工企业主要负责人、项目负责人和专职安全生产管理人员安全生产管理规定》（住建部令2014年第17号）第十三条的规定，对事故发生负有责任。依据《生产安全事故罚款处罚规定（试行）》第十五条第一款第（一）项的规定，建议由唐山市安全生产监督管理局给予利民建筑公司60万元的罚款。依据《生产安全事故报告和调查处理条例》第四十条第一款的规定，建议暂扣其《安全生产许可证》和《房屋建筑工程施工总承包贰级资质证书》六个月。

永田房地产公司未将大门施工图纸报图审单位进行审查，便提供给施工单位施工；在施工现场被住建部门责令停工整改的情况下，仍然要求施工单位浇筑大门混凝土。其行为违反《房屋建筑和市政基础设施工程施工图设计文件审查管理办法》第三条第三款和《建设工程安全生产管理条例》第七条的规定，对事故发生负有责任。依据《生产安全事故罚款处罚规定（试行）》第十五条第一款第（一）项的规定，建议由唐山市安全生产监督管理局给予永田房地产公司60万元的罚款。依据《生产安全事故报告和调查处理条例》第四十条第一款的规定，建议暂扣其《房地产开发肆级资质证书》六个月。

华鼎管理公司施工作业现场监理不到位。对未制定专项施工方案、未进行模板及支架设计、未进行书面安全技术交底、未对模板支架进行检查、施工图未经审查合格的情况下施工作业等违章行为未及时发现并纠正；对备案项目经理长期未到岗履职的问题监理不到位。其行为违反了《建设工程安全生产管理条例》（国务院令第393号）第十四条第三款、《中华人民共和国住房和城乡建设部危险性较大的分部分项工程安全管理办法》（建质〔2009〕87号）第十九条和《房屋建筑和市政基础设施工程施工图设计文件审查管理办法》（住建部令2013年第13号）第三条第三款的规定，对事故发生负有责任。依据《生产安全事故罚款处罚规定（试行）》第十五条第一款第（一）项的规定，建议由唐山市安全生产监督管理局给予华鼎管理公司60万元的罚款。依据《生产安全事故报告和调查处理条例》第四十条第一款的规定，建议暂扣其《房屋建筑工程监理甲级资质证书》三个月。

建议责成丰润区银城铺镇党委、政府向丰润区委、区人民政府写出深刻的书面检查，并报唐山市安全生产监督管理局备案。

建议责成丰润区住建局向丰润区人民政府写出深刻的书面检查，并报唐山市安全生产监督管理局备案。

建议责成丰润区人民政府向唐山市人民政府写出深刻的书面检查，并报唐山市安全生产监督管理局备案。

四、防范措施

（1）切实吸取事故教训。丰润区人民政府及其有关部门要深刻吸取金域名邸4号地块“1·30”较大坍塌较大事故的沉痛教训，牢固树立安全发展理念，切实贯彻落实市委市政府关于“党政同责、一岗双责、齐抓共管”的意见，坚守“发展决不能以牺牲人的生命为代价”红线，从维护人民生命财产安全的高度，充分认识加强建筑施工领域安全生产工作的极端重要性，督促建筑业企业严格落实安全生产主体责任，切实抓好各项安全生产政策措施的落实，切实加强建筑施工安全管理工作，全面提高建筑施工安全管理水平。

（2）切实落实建筑业企业安全生产主体责任。丰润区要督促全区建筑施工企业进一步强化安全生产主体责任，强化企业安全生产责任制的落实。要建立健全安全生产管理制度，将安全生产责任落实到岗位，落实到个人，用制度管人、管事；建设单位要切实强化安全责任，督促施工单位、监理单位和各分包单位加强施工现场安全管理；施工单位要依法依规配备足够的安全管理人员，严格现场安全作业，尤其要强化对危险性较大的分部分项工程全过程的安全管理；监理单位要严格履行现场安全监理职责，按需配备足够的、具有相应从业资格的监理人员，加强对施工组织设计中的安全技术措施或专项施工方案的审查，对监理过程中发现的安全事故隐患，要责令施工单位立即整改，情况严重的，应当要求施工单位暂时停止施工，并及时报告建设单位。

(3) 切实加强施工现场管理。丰润区要督促全区建筑施工企业严格规范企业内部经营管理活动，建立健全并严格落实本单位安全生产责任制。各施工企业要严查工程合同履约情况，组织检查、消除施工现场事故隐患，施工项目负责人必须具备相应资格和安全生产管理能力，备案项目负责人必须依法到岗履职，确需调整时，必须履行相关程序，保证施工现场安全生产管理体系、制度落实到位。各施工企业要严格技术管理，严格执行专项施工方案、技术交底的编制、审批制度，现场施工人员不得随意降低技术标准，违章指挥作业。

(4) 切实加强安全教育培训工作。丰润区要加强全区建筑施工企业从业人员的安全教育与培训工作，切实提高建筑业从业人员安全意识；要针对建筑施工人员流动性大的特点，强化从业人员安全技术和操作技能教育培训，落实“三级安全教育”，注重岗前安全培训，做好施工过程安全交底，开展经常性安全教育培训；要强化对关键岗位人员履职方面的教育管理和监督检查，重点加强起重机械、脚手架搭设、混凝土浇筑、高空作业以及现场监理、安全员等关键设备、关键岗位和人员的监督检查，严格实行特种作业人员必须经培训考核合格，持证上岗制度。

(5) 切实落实属地管理职责。丰润区银城铺镇党委、政府要严格按照《中共唐山市委、唐山市人民政府关于实行安全生产“党政同责、一岗双责、齐抓共管”的意见》要求，切实加强对安全生产工作的领导，全面落实党政领导干部的安全生产责任，不断加大对辖区内建筑施工项目的安全生产监督检查力度，加大对非法违法企业的查处和打击力度，确保“属地管理”职责落实到位。

(6) 切实加大行政监管力度。丰润区住建局要按照“管行业必须管安全”的要求，严格落实行业安全监管职责，督促各方责任主体落实安全责任，深入开展建筑行业“打非治违”专项行动，严厉打击未批先建、出借资质、违法分包、抢工期、赶进度等行为，建立打击非法违法建筑施工行为专项行动长效机制，不断巩固专项行动成果，确保建筑安全生产监督检查工作取得实效；要加强对施工企业和施工现场的安全监管，根据工程规模、施工进度，合理安排监督力量，制定可行的监督检查计划，严格监管，坚决遏制各类事故发生。

(7) 切实发挥政府的主导作用。丰润区人民政府要按照“党政同责、一岗双责、失职追责”的要求，进一步加强对乡镇党委、政府和各职能部门的督查力度，督促乡镇党委、政府和各职能部门认真履行“属地管理”职责和“行业监管”职责。

要按照省、市《关于县域安全生产监管规范化建设推进方案》的要求，着力推进全县、乡、村及各部门安全生产“三级五覆盖”责任体系，落实企业“五落实五到位”安全生产责任体系，切实把当前安全生产各项工作措施落到实处。

一案五问一改变

1. 我对该事故的最深感触是什么？

2. 如果该事故中暴露的问题就出现在我身边，我该怎么办？

3. 如果该事故就发生在我身上，我的亲人和朋友会如何？

4. 我从该事故中汲取了什么教训？

5. 学习事故案例后我最想对同事和亲人说什么？

为避免同类事故，在今后的工作中我将做出以下改变：

2 月

晋江全亿无纺布有限责任公司“2·6”较大坍塌事故案例①

2021 年 2 月 6 日下午，晋江市西滨军垦农场内晋江全亿无纺布有限责任公司，在建钢结构办公用房浇筑混凝土时发生坍塌，造成 3 人死亡、7 人受伤，直接经济损失 366.532 万元。

一、事故经过

该涉事建筑于 2021 年 1 月 31 日开始安装钢结构，2 月 2 日主体钢结构安装完成，2 月 4 日浇筑地坪混凝土（地面 1 层）和 2 层楼面混凝土。2 月 6 日 11 时许完成 3 层楼面混凝土浇筑，14 时许完成 4 层楼面混凝土浇筑。16 时许，位于施工现场，混凝土班组施工人员金某喜、曹某顺、黄某军、黄某建及谭某洲在四层屋面板进行混凝土浇筑，袁某成在一层混凝土搅拌车处放料；储某亮、冉某均在四层屋面板负责接管、扶管进行混凝土灌注；王某昆、蔡某波在三层地面板进行混凝土板面抛光；李某擦在一层地面进行混凝土板面保养。至 16 时 35 分，在即将完成屋面混凝土浇筑作业时，建筑一、二层钢框架柱折断，向西北侧倾倒，三、四层钢框架向东南侧倾倒，建筑物瞬间整体失稳坍塌。事故共造成 3 人死亡（2 人经送医抢救无效死亡、1 当场死亡）、7 人受伤（其中 6 人轻伤，1 人重伤）。

二、事故直接原因

（1）涉事建筑钢框架柱采用 H 型钢（实测尺寸为 H346 ×174 ×6 ×8），在梁 -

① 资料来源：福建省应急管理厅．晋江全亿无纺布有限责任公司“2·6”较大坍塌事故调查报告［EB/OL］．(2021 - 11 - 25)［2023 - 05 - 22］．http：//yjt. fujian. gov. cn/zwgk/sgxxgk _ gb/sgdcbg/202111/t20211126_5781476. htm.

柱铰接节点情况下，其稳定性不满足《钢结构设计标准》（GB 50017—2017）第7.2.1条的要求，结构构件丧失稳定；同时，根据《建筑结构可靠度设计统一标准》（GB 50068—2018）第4.1.1-1（4）条，认定结构构件超过了承载能力极限状态。

（2）钢结构H型钢柱双向与钢梁均为铰接，结构整体稳定性差，而钢柱弱轴方向的稳定性更差。经计算分析，在屋面板基本浇捣完成时，底层中柱实际承受的竖向荷载约280 kN，超过了钢柱弱轴方向保持稳定所能承受的最大竖向荷载，导致钢柱沿弱轴发生失稳破坏引起整体倒塌。

三、责任追究

（一）建议追究刑事责任人员（3人）

杜某虎，男，晋江全亿无纺布有限责任公司实际控制人，负责公司日常运营管理。经查，杜某虎未认真履行主要负责人安全生产工作职责，未建立安全生产责任制、未组织制定隐患排查治理制度、安全生产教育培训制度和工程外包作业安全管理规定等安全生产规章制度和安全操作规程；违法组织钢结构工程建设，未经工程勘察设计，发包给无资质施工队伍，未按照工程质量安全技术规范组织施工，赶时间、抢进度野蛮组织冒险作业；对承包方员工日常作业安全管理缺失，作业现场安全管理不到位，未及时发现并纠正施工现场存在的不安全行为，对本起事故的发生负有主要责任。建议移送司法机关追究其刑事责任。

林某升，男，钢结构建筑施工组织者，负责晋江全亿无纺布有限责任公司涉事钢结构建筑的搭建施工。经查，林某升无资质擅自承揽钢结构施工工程，未经工程施工设计，采用非标准的H型钢（钢柱、钢梁）作为钢框架柱搭建钢结构工程；且未按照工程质量安全技术规范组织施工，对本起事故的发生负有直接责任。建议移送司法机关追究其刑事责任。

沈某衩，男，混凝土浇筑施工组织者，负责晋江全亿无纺布有限责任公司涉事钢结构建筑的混凝土浇筑施工。经查，沈某衩无资质擅自承揽混凝土浇筑工程，未经工程施工设计，未按照工程质量安全技术规范组织施工，赶时间、抢进度组织施工，对本起事故的发生负有直接责任。建议移送司法机关追究其刑事责任。

（二）对涉事企业相关人员的处理建议（5人）

李某功，男，中共党员，2020年7月23日，担任融通农业发展（杭州）有限责任公司党委书记、执行董事、法定代表人，全面主持公司工作。经查，李某功督促融通农业发展（杭州）有限责任公司厦门分公司晋江跃进基地落实隐患排查治理不到位，未组织制定出租场所安全管理制度和出租场所工程建设安全管理规定，致使晋江跃进基地未及时发现并制止承租方晋江全亿无纺布有限责任公司违法建设施工行为；未督促建立健全厦门分公司晋江跃进基地与地方政府建立安全生产监管的协同配合机制，致使晋江跃进基地内的企业生产经营行为包括建筑施工行为未能得到有效监管，形成监管漏洞；对晋江跃进基地未将晋江全亿无纺布有限责任公司申请“修复厂房”事项通报地方政府有关部门的行为失管失察。李某功对事故的发生负有重要领导责任，建议由中国融通农业发展集团有限公司按照公司有关规定予以处理。

闫某婴，男，中共党员，2020 年 7 月至今担任融通农业发展（杭州）有限责任公司党委副书记、总经理，负责公司日常运营管理。经查，闫某婴督促指导融通农业发展（杭州）有限责任公司厦门分公司及其晋江跃进基地开展日常安全生产工作不到位；未能严格履行出租方安全生产管理责任，未能督促承租方晋江全亿无纺布有限责任公司严格履行工程建设主体责任，对承租方晋江全亿无纺布有限责任公司的违法建设施工行为失管失察，对事故的发生负有重要领导责任。建议由中国融通农业发展集团有限公司按照公司有关规定予以处理。

姜某锋，男，中共党员，2020 年 11 月至今担任融通农业发展（杭州）有限责任公司生产部部长，负责做好公司生产运营及承包运营者的日常管理。经查，姜某锋对承租方晋江全亿无纺布有限责任公司的日常安全管理不到位，未发现并纠正该公司存在的未制定安全生产责任制、隐患排查治理制度等安全生产规章制度的问题；未能督促承租方晋江全亿无纺布有限责任公司严格履行工程建设主体责任，对晋江全亿无纺布有限责任公司的违法建设施工行为失管失察，对事故的发生负有重要责任。建议由融通农业发展（杭州）有限责任公司按照公司有关规定予以处理。

凤某飞，男，中共党员，2019 年 9 月至今担任融通农业发展（杭州）有限责任公司厦门分公司临时负责人。经查，凤某飞作为融通农业发展（杭州）有限责任公司厦门分公司临时负责人，督促指导晋江跃进基地落实安全生产主体责任不到位，未督促晋江跃进基地制定出租场所安全管理制度和出租场所工程建设安全管理规定，致使晋江跃进基地未及时发现并制止承租方晋江全亿无纺布有限责任公司违法建设施工的行为；未组织建立融通农业发展（杭州）有限责任公司厦门分公司晋江跃进基地与地方政府在安全生产监管方面的协同配合机制，致使晋江基地内的企业生产经营行为包括建筑施工行为未能得到有效监管，形成监管漏洞；在晋江全亿无纺布有限责任公司申请“修复厂房”事项的审批过程中，未将该建设项目向地方政府有关部门通报。凤某飞对本起事故的发生负有重要领导责任，建议由融通农业发展（杭州）有限责任公司按照公司有关规定予以相应处理。

牛某东，男，中共党员，融通农业发展（杭州）有限责任公司厦门分公司晋江跃进基地负责人，主持晋江跃进基地全面工作。经查，牛某东在负责晋江跃进基地工作期间，对承租方晋江全亿无纺布有限责任公司的安全生产管理不到位，致使晋江全亿无纺布有限责任公司安全生产主体责任长期不落实；未能严格履行出租方安全生产管理责任，未能督促承租方晋江全亿无纺布有限责任公司严格履行工程建设主体责任，对晋江全亿无纺布有限责任公司发包的外来施工队伍安全管理缺失；在发现晋江全亿无纺布有限责任公司存在违法建设施工行为后，未及时制止，对事故的发生负有重要责任。建议由融通农业发展（杭州）有限责任公司按照公司有关规定予以处理。

（三）对负有安全监管职责相关责任人员的处理建议（8 人）

张某源，男，中共党员，2020 年 11 月 7 日至今任晋江市西滨镇党委宣传委员、镇人民政府副镇长，11 月 9 日起分管西滨镇规建办、综合执法队，在西滨镇副镇长黄某胜借调至晋江市人民政府办公室后，接替黄某胜担任西滨镇安全生产委员会下设的建筑安全领导小组组长。经查，张某源作为西滨镇安全生产委员会下设的建筑安全领导小组组长，未充分发挥建筑安全领导小组职能，未有效组织开展军垦农场内的建筑工程安全生产监督检查工作，致使晋江全亿无纺布有限责任公司违法建设施工行为未被及时发现、制止；对规建办、西滨城管中队未根据领导小组的职责分工，开展对晋江市西滨军垦农场进行在建工程施工安全检查的问题失管失察。对事故发生负有领导责任，建议由纪检监察机关进一步调查处理。

王某明，男，中共党员，2020 年 1 月 23 日至今任晋江市自然资源局西滨所所长、西滨镇规建办主任，2020 年 3 月 24 日至今任西滨镇建筑安全领导小组副组长、办公室主任。经查，王某明作为西滨镇安全生产委员会下设的建筑安全领导小组副组长、办公室主任，未根据领导小组的职责分工，开展对晋江市西滨军垦农场进行在建工程施工安全检查，未及时发现、制止晋江全亿无纺布有限责任公司存在的违法建设施工行为。对事故发生负有责任，建议由纪检监察机关进一步调查处理。

丁某松，男，中共党员，2015 年 2 月至今任晋江市住建局副局长，分管建筑管理科、法制科、造价招投标、审批等科室。经查，丁某松未认真贯彻落实《晋江市住房和城乡建设局关于印发晋江市住建领域安全生产隐患大排查大整治实施方案的通知》（晋建综〔2020〕100 号）等文件要求，督促、指导建筑管理科整治无资质承揽工程、违法分包、转包工程、以包代管等违法违规行为不到位；落实《晋江市人民政府办公室关于开展全市预拌混凝土行业专项整治行动的通知》（晋政办明传〔2016〕85 号）文件要求不到位，未督促、指导建筑管理科依法查处、取缔福建茂成建材有限公司无资质经营预拌混凝土搅拌站的行为；对建筑管理科未发现钢结构施工组织者林某升和混凝土浇筑施工组织者沈某权长期存在的违法施工行为、查处福建茂成建材有限公司无资质经营预拌混凝土搅拌站不力等问题失管失察。对事故发生负有领导责任，建议由纪检监察机关进一步调查处理。

李某强，男，中共党员，2008 年 12 月至 2016 年 12 月任晋江市住建局建筑管理科副科长，主持建筑管理科工作；2016 年 12 月至 2020 年 10 月任晋江市住建局建筑管理科科长；2020 年 11 月至今任晋江市东石镇经济发展服务中心主任。经查，李某强任晋江市住建局建筑管理科科长期间，未贯彻落实《晋江市住房和城乡建设局关于印发晋江市住建领域安全生产隐患大排查大整治实施方案的通知》（晋建综〔2020〕100 号）等文件要求，整治无资质承揽工程、违法分包、转包工程、以包代管等违法违规行为不到位；在 2008 年至 2020 年主持建筑管理科工作期间，未发现、查处钢结构施工组织者林某升和混凝土浇筑施工组织者沈某权长期在晋江市辖区无资质承揽工程非法组织施工的行为；落实《晋江市人民政府办公室关于开展全市预拌混凝土行业专项整治行动的通知》（晋政办明传〔2016〕85 号）文件要求不到位，2016 年、2018 年两次发现福建茂成建材有限公司无资质经营预拌混凝土搅拌站后未依法查处、取缔，致使福建茂成建材有限公司为违法建设行为提供便利。对事故发生负有责任，建议由纪检监察机关进一步调查处理。

张某志，男，中共党员，2016 年6 月至2021 年1 月任晋江市住建局建筑管理科副科长；2020 年 11 月至 2021 年 1 月任建筑管理科临时负责人；2021 年 1 月 28 日至今任建筑管理科负责人。经查，张某志在主持建筑管理科工作后，未按《晋江市住房和城乡建设局关于印发晋江市住建领域安全生产隐患大排查大整治实施方案的通知》（晋建综〔2020〕100 号）等文件要求，在 2020 年 11 月至 12 月 31 日组织开展无资质承揽工程、违法分包、转包工程、以包代管等违法违规行为的专项整治工作不到位，未发现、查处钢结构施工组织者林某升和混凝土浇筑施工组织者沈某权长期在晋江市辖区无资质承揽工程非法组织施工的行为。对事故发生负有责任，建议由纪检监察机关进一步调查处理。

施某锋，男，中共党员，2020 年 11 月至今任晋江市城管局副局长，分管“两违”治理、渣土管理、规建项目批后监管。经查，施某锋贯彻落实《泉州市人民政府关于进一步加强房屋建筑工程建设活动监管的若干意见》（泉政文〔2020〕38 号）文件要求不到位，未能建立有效的协调配合机制，未能加强对西滨镇人民政府及城管中队违法建设监管工作的指导，对西滨镇人民政府未充分发挥建筑安全领导小组工作职能且未能协同融通农业发展（杭州）有限责任公司厦门分公司晋江基地对军垦农场内的违法建设进行监督检查失察漏管。对事故发生负有领导责任，建议由纪检监察机关进一步调查处理。

蔡某峰，男，中共党员，事业干部，2019 年 8 月至今任晋江市城管局执法综合科负责人，负责对全市城市管理行政执法工作进行指导监督，组织协调开展专项执法和综合整治。经查，蔡某峰未按照《泉州市人民政府关于进一步加强房屋建筑工程建设活动监管的若干意见》（泉政文〔2020〕38 号）文件要求建立协调配合机制，未能加强对西滨镇城管中队违法建设监管工作的指导。对事故发生负有责任，建议由纪检监察机关进一步调查处理。

罗某扬，男，中共党员，2018 年 11 月至 2021 年 4 月任晋江市城管局西滨中队中队长，2021 年 4 月任西滨综合执法队副队长（其中，2020 年 3 月 24 日至今任西滨镇安全生产委员会下设的建筑安全领导小组副组长）。经查，罗某扬作为西滨镇安全生产委员会下设的建筑安全领导小组副组长，未根据领导小组的职责分工，开展对晋江市西滨军垦农场进行在建工程施工安全检查，未及时发现、制止晋江全亿无纺布有限责任公司存在的违法建设施工行为。对事故发生负有责任，建议由纪检监察机关进一步调查处理。

（四）对事故发生单位的行政处罚建议

晋江全亿无纺布有限责任公司，违反《安全生产法》第十九条、第三十八条第一款、《建筑法》第三十七条、《建设工程质量管理条例》第七条、《福建省安全生产条例》第十条、第十六条规定，对事故发生负有主要责任。根据《安全生产法》第一百零九条第（二）项的规定，建议由泉州市应急管理局依法给予行政处罚，并纳入安全生产领域失信联合惩戒管理名单。

四、防范措施

（1）督促事故企业落实安全生产主体责任。晋江市有关部门和西滨镇人民政府要按属地监管原则，督促晋江全亿无纺布有限责任公司和融通农业发展（杭州）有限责任公司驻地机构认真贯彻落实安全生产和工程建设法律法规，严格落实企业主要负责人（含实际控制人）安全生产法定职责，依法建立健全安全生产责任制和安全生产管理规章制度，设立安全生产管理机构，配备专兼职安全生产管理人员，定期开展事故隐患排查整治和安全教育培训等工作，加大安全生产投入，确保企业具备基本安全生产条件，做到“五落实、五到位”；同时，要严格工程建设管理，依法履行基建程序，落实施工现场各项安全防范措施，杜绝违法建设行为。

(2) 严格落实出租方的安全生产管理职责。融通农业发展（杭州）有限责任公司要认真汲取事故教训，举一反三，按照国家安全生产和工程建设法律法规规定，严格落实企业安全生产主体责任，切实履行对晋江市西滨军垦农场的安全生产管理职责，加强对出租场所和其他生产经营项目的安全生产隐患排查治理，督促承租方落实企业安全生产和工程建设主体责任，严禁违法建设、违规施工；同时，应督促驻地机构依法接受晋江市有关部门和西滨镇人民政府的安全生产监管，配合开展各项安全生产专项整治，有效落实安全生产防范措施。

(3) 健全完善工程建设监管机制。晋江市资源规划、城管、住建等部门要按照职责分工，依法履行房屋建筑工程建设活动监管职责；要认真贯彻落实《泉州市人民政府关于进一步加强房屋建筑工程建设活动监管工作的若干意见》（泉政文〔2020〕38 号）、《泉州市人民政府办公室关于印发泉州市房屋建筑工程网格化管理工作导则的通知》（泉政办明传〔2020〕54 号）规定，加强对乡镇人民政府（街道办事处）相关监管工作的指导，建立健全辖区乡镇街道房屋建筑工程网格化巡查制度，以村（居）为网格单元，非法占地，违法建设，未办理建设工程消防设计审查及未取得施工许可证，擅自施工等行为纳入网格化巡查重点；同时，要会同联勤保障部队第一储备资产管理局厦门管理站、融通农业发展（杭州）有限责任公司驻地机构，建立健全晋江市西滨军垦农场安全生产协调配合机制，确保安全监管工作全覆盖、无死角，防止形成监管空档、出现安全问题。

(4) 进一步加强建设领域施工安全监管。晋江市人民政府要组织资源规划、住建、城管等职能部门进一步加强建设领域施工执法监管，建立完善联合执法机制，督促建设、设计、施工、监理等参建各方主体落实安全责任，强化建设单位的首要责任和设计、施工单位的主体责任，依法严查违法发包、分包、转包、挂靠及无资质承揽工程等各类违规行为；要深入开展在建工程防坍塌专项整治工作，督促落实施工现场各项安全防范措施；要深入开展全市预拌混凝土行业专项整治行动，严厉查处无资质生产经营预拌混凝土行为，坚决做到发现一起，查处取缔一起；同时，要进一步加大建设工程安全生产相关法律、法规的学习和培训，组织相关企业认真学习和执行相关法律法规，增强依法建设施工的自觉性，不断提高工程建设各方参建主体的法律意识和法制观念。

(5) 深化房屋安全和“两违”综合治理专项行动。晋江市各级党委、政府和部门要举一反三，严格按照《福建省违法建设处置若干规定》要求，进一步深入开展房屋安全专项整治及“两违”综合治理专项行动，特别是“四无”（无审批手续、无资质设计、无资质施工、无竣工验收）钢结构建筑专项整治；要确实加强对“两违”综合治理的组织领导，建立工作责任清单，完善网格化、片区化、责任化无缝对接的“两违”巡查机制，重点加强对薄弱环节的“两违”监管，杜绝盲区、死角，加大巡查力度，及时发现、制止并处置。

一案五问一改变

1. 我对该事故的最深感触是什么？

2. 如果该事故中暴露的问题就出现在我身边，我该怎么办？

3. 如果该事故就发生在我身上，我的亲人和朋友会如何？

4. 我从该事故中汲取了什么教训？

5. 学习事故案例后我最想对同事和亲人说什么？

为避免同类事故，在今后的工作中我将做出以下改变：

珠海市中珠大厦“2·8”物体打击事故案例①

2023年2月8日16时左右，在迎宾南路1081号中珠大厦一楼44号商铺内发生一起物体打击事故，造成一人死亡，直接经济损失33.6万元。

一、事故经过

2023年2月3日，邝某B联系邓某某商量拆墙事宜。下午4时左右，邓某某和林某某到中珠大厦44号商铺看现场，随后邝某B和邓某某达成口头协议（没有签订书面合同）。

2023年2月7日上午8时左右，邓某某和林某某到中珠大厦44号商铺开始施工。上午9时左右，中珠大厦物业巡查人员发现该商铺未办理施工手续，要求停工，邓某某和林某某便停工离开现场。

2023年2月8日上午8时10分左右，邓某某和林某某到中珠大厦44号商铺施工。林某某负责拆铁线槽，邓某某负责打墙，其先把墙体下半部分拆除，上半部分还保留。

2023年2月8日下午2时左右，邓某某和林某某继续在中珠大厦44号商铺内从下往上拆除墙体，下午2时30分左右，物业人员巡查时发现仍在施工，现场再次制止并发整改通知单要求其停工整改，但工人未停工。

下午4时左右，林某某准备休息一会，走到门口去喝水时，墙体上半部分突然坍塌，然后林某某喊一声快跑；等林某某回头看，墙已经坍塌下来并且压到邓某某的腹部及下半身，脸上没有出血，头上没有安全帽，其间没有听到求救声音；林某某跑回去查看并询问邓某某情况，但邓某某没有回答。下午4时8分，林某

① 资料来源：珠海市香洲区应急管理局．中珠大厦“2·8”物体打击事故调查报告［EB/OL］．（2023-05-31）［2023-06-06］．http：//www.zhxz.gov.cn/zhxzyjg/gkmlpt/content/3/3535/post_3535007.html#1277.

某拨打了120，并找物业帮忙，物业人员立即组织人员救援。

下午4时11分，120到达现场，将邓某某送往珠海市中西医结合医院，下午4时25分，林某某在救护车上报警；邝某B通过微信语音联系邓某某，林某某接听并告知邓某某伤情。邓某某在珠海市中西医结合医院抢救至下午5时左右，宣布抢救无效死亡。

二、事故直接原因

邓某某违规作业，拆墙从下往上拆墙，未按技术规范操作，墙体上半部分缺少支撑，突然倒塌撞击邓某某并将其压倒，最终导致其死亡。

三、责任追究

（一）不予追究的责任人员

邓某某，工人，安全意识淡薄，未按技术规范操作，导致墙体上半部分缺少支撑突然倒塌，撞击自身并将其压倒致死，对事故负有直接责任。因在事故中死亡，建议不再追究其责任。

（二）其他人员

经调查认定，涉事拆墙作业是由自然人承揽给自然人，不涉及生产经营单位。依据《中华人民共和国安全生产法》第二条的规定、全国人大常委会法制工作委员会《中华人民共和国安全生产法释义》第二部分第一章第二条第二项第二目的有关表述，对自然人的责任认定不适用《中华人民共和国安全生产法》；同时依据《珠海经济特区安全生产条例》第七十条第一项的规定，建议对该事故中的其他自然人不进行安全生产责任认定。

四、防范措施

各镇街要针对小散工程和零星作业点多面广量大工期短等特点，加强对小散工程和零星作业的安全巡查，形成全方位高压态势，坚决遏制事故发生，确保辖区安全生产形势稳定。

一案五问一改变

1. 我对该事故的最深感触是什么？

2. 如果该事故中暴露的问题就出现在我身边，我该怎么办？

3. 如果该事故就发生在我身上，我的亲人和朋友会如何？

4. 我从该事故中汲取了什么教训？

5. 学习事故案例后我最想对同事和亲人说什么？

为避免同类事故，在今后的工作中我将做出以下改变：

天水市秦州大道污水管网建设工程“2·20”较大基坑坍塌事故案例①

2017 年 2 月 20 日 11 时 45 分，甘肃省天水市秦州区污水管网工程发生一起基坑坍塌事故，造成 4 名施工人员死亡，直接经济损失约 405.42 万元。

一、事故经过

2017 年 2 月 5 日，施工单位经理指派副经理为该项目前期准备工作负责人。

2 月 9 日，项目负责人、施工员、材料员、后勤人员，组织施工前期准备工作。

2 月 18 日，组织 3 台挖掘机（一台机械故障）、6 名普工配合挖掘机处理边坡及清底。

2 月 19 日上午，施工单位副经理决定工程开挖，施工员派 2 台挖掘机先挖路基和稳定土。下午挖掘机司机按照施工员确定的放线尺寸（长 20 m、下口 2.4 m、深度 7.5 m）进行沟槽开挖，另外一台挖掘机在基槽南边向外转土，对每台挖掘机各派普工 2 人，配合挖掘机工作。2 月 20 日上午，继续进行沟槽开挖，待沟槽挖至长约 15 m、下口 2.4 m、深度 7.5 m 时，大约 11 时 40 分，挖掘机停止工作，3 名普工进入沟槽清理边坡及槽底余土。11 时 45 分左右，沟槽南边坡突然坍塌，并将在坡顶站立的 2 人带入沟槽，其中 1 人由挖掘机救出，另 1 人头撞在北面沟槽，随后被大块土方埋压，共有 4 人被坍塌土方掩埋。

---

① 资料来源：安全管理网．天水市秦州大道污水管网建设工程“2·20”较大基槽边坡坍塌事故调查报告［EB/OL］．（2019－09－24）［2023－06－10］．http：//www.safehoo.com/Case/Case/Collapse/201909/1579074.shtml.

二、事故直接原因

基槽边坡放坡不够，未采取支护措施，现场人员违章指挥、违章作业。

三、责任追究

（一）对事故相关人员的处理意见

对施工单位副经理兼项目负责人、施工现场施工员，由司法机关依法追究其刑事责任。

对施工单位工会主席兼党委常委、市政经理、安全生产部部长、技术质量部部长，给予其记过、警告等行政处分。对施工单位董事长，给予行政警告处分及相应的经济处罚。对市住建局副局长、建设单位项目科科长，给予记过、警告等行政处分。

对项目监理工程师，责令其停止执业 10 个月。对项目监理人员，处监理工程师培训合格证停业一年。

（二）对事故单位的处理意见

对施工单位、监理单位，由相关部门处以相应的经济处罚。

市住建局，责令其向市委、市政府作出书面检查。

秦州区政府，责令其向市政府作出书面检查。

秦州区住建局，责令其向秦州区政府作出书面检查。

四、防范措施

为吸取教训，防止类似事故的发生，建设、施工、监理及有关单位要严格按照相关建筑安全法律法规的要求，强化施工现场安全管理工作。

（1）强化安全管理。省八建集团要认真贯彻执行有关安全生产的法律法规、作业标准和操作规程，不折不扣地落实各项安全生产责任制，进一步建立和完善各项安全生产规章制度，加强施工现场安全管理，特别是要加强对新开工施工单位施工安全专项方案的审查管理，及时发现存在的问题和隐患，认真进行整改，确保施工安全。积极开展安全生产标准化建设，自觉规范建筑施工安全生产行为；切实加强安全宣传教育和培训工作，增强从业人员安全防护和自我保护意识，自觉抵制违章指挥、违章作业行为；要对所有施工现场立即开展一次安全大检查，重点检查施工现场深基坑支护、市政管道开挖、临时用电等专项方案审批、论证和现场实施情况，坚决排查治理事故隐患，杜绝类似事故再次发生。

（2）加强安全监理。天水建筑设计院监理公司要严格按照法律法规和工程强制性标准，严格履行现场安全监理职责，健全安全监理责任制，按需配备足够的、具有相应从业资格的监理人员，强化对危险性较大分部分项工程的监理。要加大对施工组织设计、专项施工方案和施工管理人员、特种作业人员资质审查，加强巡视和平行检验，及时消除安全生产隐患。

（3）切实履行项目法人责任制。市代建办要切实增强安全生产责任意识，督促勘察、设计、施工、工程监理等单位落实安全责任，加强施工现场安全管理；要加强对施工、监理单位的安全管理，保证工程建设的合理工期和造价。勘察设计单位要按照工程建设强制性标准进行勘察，确保勘察文件真实可靠。

（4）强化工程施工各方安全生产责任。建设、施工、监理单位要严格按照有关建筑安全法律法规的要求，认真履行各自的安全生产责任。尤其是施工单位对深基坑等危险性较大的分部分项工程要编制专项施工方案，经相关方审查同意签字后，方可进行施工，对达到论证规模的基坑应组织专家进行审查论证。

（5）严格落实安全监管责任。市政府要督促市、区两级住建部门深刻吸取事故教训，进一步明确监管职能，靠实日常监管职责，在全市范围内扎实开展建设领域安全生产专项整顿大检查，重点整治施工现场无专项施工方案、违章指挥、违规操作、违反劳动纪律等行为。深入开展安全生产隐患排查治理和打非治违专项整治行动，切实落实各项安全防范措施，确保全市工程建设安全生产形势平稳。

（6）认真落实安全生产属地监管责任。秦州区委区政府要认真汲取“2·20”较大事故教训，认真贯彻安全生产法律法规，进一步加强对全区安全生产工作的领导，认真落实属地监管职责，深入开展全区内的安全生产隐患排查和打非治违行动，有效督促落实各项安全防范措施，避免各类生产安全事故的发生。

一案五问一改变

1. 我对该事故的最深感触是什么？

2. 如果该事故中暴露的问题就出现在我身边，我该怎么办？

3. 如果该事故就发生在我身上，我的亲人和朋友会如何？

4. 我从该事故中汲取了什么教训？

5. 学习事故案例后我最想对同事和亲人说什么？

为避免同类事故，在今后的工作中我将做出以下改变：

玉溪市玉溪舒雅装饰有限公司“2·26”一般高处坠落事故案例[①]

2023年2月26日12时05分，玉溪市红塔区高新区富康城伴山云麓二期发生一起高处坠落事故，事故造成一人死亡，直接经济损失约125万元。

一、事故经过

2023年2月24日郭某某、文某某、毛某某和杨某某四人受玉溪舒雅装饰有限公司工作安排，开始到富康城伴山云麓二期项目某幢某单元某某室做样板房水电开槽、埋线等工作。2月26日8时40分，四人按工作安排继续到此地做工，12时05分，杨某某在厨房阳台使用工具开槽作业，临边作业时身体失去平衡从阳台栏杆中空部分坠落至负二层水槽，郭某某回头发现后，叫上一起做工的其余二人坐电梯赶往负二楼，并拨打了120急救电话。12时17分，急救人员到达现场，将杨某某送往玉溪市人民医院抢救，15时30分，医院宣布杨某某抢救无效死亡，死亡原因为创伤性休克。

二、事故直接原因

作业现场临边防护措施不足是事故发生直接原因。杨某某作业时无防坠落安全防护措施，作业过程中身体失去平衡是事故发生直接原因。

三、责任追究

玉溪舒雅装饰有限公司安全生产主体责任不落实，对施工作业项目安全检查、

① 资料来源：玉溪市红塔区人民政府．玉溪舒雅装饰有限公司“2·26”一般高处坠落事故调查报告[EB/OL]．(2023－04－24)[2023－06－06]．http：//www.hongta.gov.cn/htqzfxxgk/aqscxx9942/20230424/1440674.html.

督促不足；现场安全管理不到位，安全保障措施不足；安全教育培训工作开展不到位；对2023年2月26日发生的生产安全事故负有主要责任。建议由红塔区应急管理局对玉溪舒雅装饰有限公司进行行政处罚。

玉溪舒雅装饰有限公司法定代表人杨某，作为公司安全生产第一责任人，没有认真履行安全生产管理职责，未督促、检查本单位安全生产工作，及时消除安全事故隐患，对2023年2月26日发生的生产安全事故负有主要领导责任。建议由红塔区应急管理局对杨某进行行政处罚。

贵州大鑫建设工程有限公司将装修工程违法分包给不具有相应资质且不具有安全生产许可证的单位，对项目施工单位管理缺位，在未安装栏杆安全防护措施的情况下，未协调处理好各施工工序的衔接，未对分包单位的安全生产工作统一协调、管理；未及时发现并制止施工单位在作业过程中存在的安全隐患，对2023年2月26日发生的生产安全事故负有管理责任，建议由红塔区应急管理局依据《中华人民共和国安全生产法》第一百零三条第二款的规定，对贵州大鑫建设工程有限公司进行行政处罚。并由高新区管委会建设行政主管部门提请玉溪市住房城乡建设局依据《建筑施工企业安全生产许可证管理规定》第二十三条的规定，由安全生产许可证颁发机关暂扣贵州大鑫建设工程有限公司安全生产许可证。

贵州大鑫建设工程有限公司法定代表人张某、项目负责人张某某、项目安全员梁某履行安全生产管理职责不到位，对项目施工单位管理过程中未及时发现并制止施工单位在作业过程中存在的安全隐患，对事故的发生负有管理责任，违反了《建筑施工企业主要负责人、项目负责人和专职安全生产管理人员安全生产管理规定》第十六条、第十七条、第十八条、第十九条、第二十条规定，依据《建筑施工企业主要负责人、项目负责人和专职安全生产管理人员安全生产管理规定》第三十二条、第三十三条的规定，建议由高新区管委会建设行政主管部门提请市住房城乡建设局对张某、张某某、梁某进行行政处罚。同时，提请安全生产考核合格证颁发机关暂扣上述人员安全生产考核合格证。

杨某某在作业过程中未按规定使用个人防护用品冒险作业，对事故的发生负有直接责任，鉴于其在事故中死亡，责任不予追究。

四、防范措施

（1）玉溪舒雅装饰有限公司要立即停止该施工作业内容，若继续从事相关建筑施工装修作业需办理相关资质证书及安全生产许可证等资质证照。施工作业过程中要全面落实安全生产主体责任，完善安全生产规章制度、操作规程和生产安全事故应急救援预案，并对生产安全事故应急救援预案进行演练；做好高空作业、高空临边作业防护措施，加强现场安全管理，坚决杜绝违规作业。

（2）贵州大鑫建设工程有限公司在进行项目分包时，必须选择具备相关资质的单位合作，坚决杜绝违法分包。还要加强对分包单位管理，督促施工单位严格落实各项安全管理措施；要对施工单位的作业行为进行指导，加强现场监督检查，在施工单位资质审查、施工方案审批等管理过程中要严格把关，督促施工单位落实各项安全管理制度及施工安全保障措施。要召开安全会议，认真分析、总结并吸取事故教训；落实责任书要求，严格奖惩；同时，全面开展安全大检查，对本单位及协作单位安全工作进行认真排查，坚决消除各类安全隐患，杜绝生产安全事故的再次发生。

一案五问一改变

1. 我对该事故的最深感触是什么？

2. 如果该事故中暴露的问题就出现在我身边，我该怎么办？

3. 如果该事故就发生在我身上，我的亲人和朋友会如何？

4. 我从该事故中汲取了什么教训？

5. 学习事故案例后我最想对同事和亲人说什么？

为避免同类事故，在今后的工作中我将做出以下改变：

3 月

重庆市荣昌污水处理厂三期扩建项目厂外管网工程“3·19”较大中毒事故案例①

2022 年 3 月 19 日 13 时 28 分许，重庆浩山建设工程有限公司承建的荣昌污水处理厂三期扩建项目厂外管网工程（西南大学荣昌校区段）15 号污水检查井进行抽水作业时，发生一起较大中毒事故，造成 3 人死亡，直接经济损失 436 万元。

一、事故经过

3 月 19 日 13 时左右，泥工班组三名作业人员倪某某（班组长）、刘某某（普工）、程某某（普工）根据商某某（施工员）当日早上的工作安排，前往荣昌污水处理厂三期扩建项目外管网工程 15 号检查井准备进行抽水作业。

13 时 23 分，程某某、刘某某揭开 15 号检查井井盖，倪某某用锥形桶制作现场警戒；倪某某和刘某某随即用绳子将抽水泵准备放至井底进行抽水，但当抽水泵放至井内第一个平台（深约3 m）时，由于第一个平台洞口与第二个平台洞口不对称，需要人员进入第一个平台挪动抽水泵位置以便其继续下放至第二个平台直至井底。

13 时 28 分，程某某（未系挂安全绳）便顺着井口爬梯下至第一个平台时，突然坠入井底。

13 时 29 分，刘某某（未系挂安全绳）随即顺着爬梯下井施救，当其到达第二个平台时发生昏倒，倪某某立即向李某某（安全员）等拨打求救电话，旁观路人亦相继拨打 119 和 120。

---

① 资料来源：重庆市应急管理局．荣昌污水处理厂三期扩建项目厂外管网工程“3·19”较大中毒事故调查报告［EB/OL］.（2022－10－08）［2023－06－06］. http：//yjj. cq. gov. cn/zwxx_230/bmdt/sjdt/202210/t20221008_11167960. html.

13 时 37 分，李某某和易某（杂工）从项目部到达现场。在自然通风不足 30 min，也未进行机械通风、气体检测的情况下，李某某戴上过滤式呼吸器盲目入井进行施救，倪某某和易某则将安全绳栓在李某某身上负责其下井。当李某某到达第二个平台时也发生晕厥，倪某某和易某立即向上提拉安全绳，但李某某被第一个平台洞口挡住无法继续提升。本次事故最终造成程某某、刘某某、李某某三人被困井内。

14 时 30 分，消防救援人员救出 2 人（李某某、刘某某）并送区人民医院抢救。

17 时 50 分救出最后一名被困人员（程某某）。3 人均因伤重经抢救无效于当日死亡。

二、事故直接原因

15 号检查井内存在有毒有害气体，下井人员进入井内作业和救援前未进行通风和气体检测，且救援人员未按规定佩戴隔离式呼吸保护器具是本次中毒事故的直接原因。

三、责任追究

（一）建议追究刑事责任的人员（8 人）

倪某某，重庆浩山建设公司泥工班组长。在未进行充分通风、气体检测以及有效防护措施的情况下，违规安排作业人员下井作业。倪某某对事故发生负有责任。其行为涉嫌重大责任事故罪，建议由司法机关依法追究刑事责任。

商某某，重庆浩山建设公司施工员。未严格督促泥工班组作业人员规范施工，未对有限空间作业情况进行现场技术监督。商某某对事故发生负有责任。其行为涉嫌重大责任事故罪，建议由司法机关依法追究刑事责任。

刘某，重庆浩山建设公司执行经理，事故项目日常管理人员。未发现并消除有限空间长期违规作业的事故隐患。刘某对事故发生负有责任。其行为涉嫌重大责任事故罪，建议由司法机关依法追究刑事责任。

刘某，重庆浩山建设公司项目经理。未按规定履行施工现场带班安全管理职责，对事故项目有限空间长期违规施工失察失管。刘某对事故发生负有责任。其行为涉嫌重大责任事故罪，建议由司法机关依法追究刑事责任。

刘某某，重庆浩山建设工程有限公司总经理，该公司安全生产第一责任人。未严格督促事故项目重要安全管理人员带班履职，对事故项目有限空间长期违规施工失察失管。刘某某对事故发生负有责任。其行为涉嫌重大责任事故罪，建议由司法机关依法追究刑事责任。

朱某某，中联路海集团有限公司工作人员，事故项目现场监理员。对事故项目未严格落实安全监理职责，未消除事故项目有限空间长期违规作业的事故隐患，未严格督促事故项目重要安全管理人员带班履职。朱某某对事故发生负有责任。其行为涉嫌重大责任事故罪，建议由司法机关依法追究刑事责任。

杨某某，中联路海集团有限公司工作人员，事故项目专职监理工程师。对事故项目未严格落实安全监理职责，未消除事故项目有限空间长期违规作业的事故隐患，未严格督促事故项目重要安全管理人员带班履职。杨某某对事故发生负有责任。其行为涉嫌重大责任事故罪，建议由司法机关依法追究刑事责任。

张某某，中联路海集团有限公司项目总监。对事故项目未严格落实安全监理职责，未严格督促现场监理员、专职监理员严格履职，未消除事故项目有限空间长期违规作业的事故隐患。张某某对事故发生负有责任。其行为涉嫌重大责任事故罪，建议由司法机关依法追究刑事责任。

（二）建议给予行政处罚的单位

重庆浩山建设公司，作为施工单位，未严格落实安全生产主体责任：一是有限空间作业长期违反《缺氧危险作业安全规程》等相关安全管理要求。未督促从业人员严格执行通风、气体检测等必要程序。二是未严格监督从业人员规范佩戴使用劳动防护用品。现场管理人员未督促程某某、刘某某、李某某严格按照《缺氧危险作业安全规程》要求，佩戴使用空气呼吸器或软管面具等隔离式呼吸保护器具；三是未对从业人员严格进行岗前安全教育培训。未对下井作业人员进行专业安全技术培训考核，未对下井作业人员人工急救技能进行培训考核；四是未组织全员开展生产安全事故应急演练。未组织作业人员进行应急预案培训，未组织全员开展有限空间作业类型的专项应急演练；五是项目重要安全管理人员未严格履职。项目经理刘某、技术负责人黄某某未在项目进行日常管理。其行为违反《缺氧危险作业安全规程》第5.1.1条、第5.3.3条、第6.2条和《中华人民共和国安全生产法》第二十八条第一款、第四款、第四十一条第二款、第四十四条第一款、第四十五条、第四十六条第一款的规定，重庆浩山建设公司对本次事故发生负有责任，依据《中华人民共和国安全生产法》第一百一十四条第（二）项的规定，建议由重庆市应急局给予其罚款120万元的行政处罚，并纳入安全生产联合惩戒。

中联路海公司，作为监理单位，未严格落实安全生产监理责任：一是对项目施工情况失察失管，未全面掌握施工单位的节点、进度和内容。监理单位主要依靠施工单位每日完工后的施工进度掌握作业情况，未能提前研判施工作业安全风险，特别对井下抽水、开孔作业的状况，监理单位存在监理盲区；二是未采取技术管理措施消除事故隐患。未发现并消除程某某、刘某某有限空间长期违规作业无有效防护措施的事故隐患；三是未严格履行日常安全监理职责。未发现并纠正施工单位有限空间作业缺乏岗前安全教育培训、应急预案演练不规范、项目重要安全管理人员未严格履职等违规行为。其行为违反《重庆市建设工程安全生产管理办法》第二十八条、《中华人民共和国安全生产法》第四十一条第二款、第四十六条第一款的规定，中联路海公司对本次事故发生负有责任，依据《中华人民共和国安全生产法》第一百一十四条第（二）项的规定，建议由重庆市应急局给予其罚款 110 万元的行政处罚，并纳入安全生产联合惩戒。

重庆碧水源建设公司，作为实际建设单位，未严格落实安全生产首要责任：一是对施工单位和监理单位的安全生产工作未进行统一协调管理。针对事故项目未严格落实“日周月”隐患排查整治工作，对施工单位违规开展有限空间作业的行为失察失管；二是未对项目全过程安全有效履职，现场监督整改不力。未发现并纠正施工单位有限空间作业缺乏岗前安全教育培训、应急预案演练不规范、项目重要安全管理人员未严格履职等违规行为。其行为违反《中华人民共和国安全生产法》第四十一条第二款、第四十六条第一款、第四十九条第二款的规定，重庆碧水源建设公司对本次事故发生负有责任。依据《中华人民共和国安全生产法》第一百一十四条第（二）项的规定，建议由重庆市应急局给予其罚款 105 万元的行政处罚，并纳入安全生产联合惩戒。

（三）建议给予行政处罚的人员（5 人）

王某，重庆浩山建设公司副经理。对事故项目安全生产工作未进行有效督促检查，未及时发现并消除事故项目有限空间违规作业的事故隐患。其行为违反《中华人民共和国安全生产法》第二十五条第（五）项的规定，王某对本次事故负有责任。根据《中华人民共和国安全生产法》第九十六条的规定，建议由重庆市应急局对其处以罚款 6 万元（12 万 ×50%）的行政处罚。

王某某，中联路海集团有限公司法定代表人兼总经理。未有效履行安全管理职责，未督促检查事故项目的安全生产状况。其行为违反《中华人民共和国安全生产法》第二十一条第（五）项的规定，王某某对本次事故负有责任。根据《中华人民共和国安全生产法》第九十五条第（二）项的规定。建议由重庆市应急局对其处以罚款 7. 2 万元（12 万元 ×60%）的行政处罚。

陈某某，中联路海集团有限公司副总经理、重庆分公司负责人兼总经理。未有效履行安全管理职责，未及时发现并消除事故项目有限空间违规作业的事故隐患。其行为违反《中华人民共和国安全生产法》第二十五条第（五）项的规定，陈某某对本次事故负有责任。根据《中华人民共和国安全生产法》第九十六条的规定，建议由重庆市应急局对其处以罚款6万元（15万元×40%）的行政处罚。

孟某，重庆碧水源建设公司工作人员，事故项目现场代表。对施工单位和监理单位的安全生产工作未严格实施安全协调管理，未严格督促检查事故项目安全生产状况，未及时发现并消除事故项目有限空间违规作业的事故隐患。其行为违反《中华人民共和国安全生产法》第二十五条第（五）项的规定，孟某对本次事故负有责任。根据《中华人民共和国安全生产法》第九十六条的规定，建议由重庆市应急局对其处以罚款2.16万元（7.2万元×30%）的行政处罚。

周某，重庆碧水源建设公司工作人员，事故项目部经理。对施工单位和监理单位的安全生产工作未严格实施安全协调管理，未严格督促检查事故项目安全生产状况，未及时发现并消除事故项目有限空间违规作业的事故隐患。其行为违反《中华人民共和国安全生产法》第二十五条第（五）项的规定，周某对本次事故负有责任。根据《中华人民共和国安全生产法》第九十六条的规定，建议由重庆市应急局对其处以罚款3万元（10万元×30%）的行政处罚。

（四）建议追责处理的人员（9人）

刘某某，荣昌区建设工程安全技术中心监督员，事故项目安全监督主监。未发现并消除事故项目有限空间长期违规作业的事故隐患，未发现并纠正岗前安全教育培训、应急预案演练不规范等违规行为，对事故项目重点管理人员长期未履职的情况失管。刘某某对此负有责任。建议由荣昌区纪委监委对其进行政务记过处分。

马某某，荣昌区建设工程安全技术中心监督员，事故项目安全监督辅监。未发现并消除事故项目有限空间长期违规作业的事故隐患，未发现并纠正岗前安全教育培训、应急预案演练不规范等违规行为。马某某对此负有责任。建议荣昌区建设工程安全技术中心对其调离岗位。

温某某，荣昌区建设工程安全技术中心监督员，事故项目安全监督辅监。未发现并消除事故项目有限空间长期违规作业的事故隐患，未发现并纠正岗前安全教育培训、应急预案演练不规范等违规行为。温某某对此负有责任。建议荣昌区建设工程安全技术中心对其解除劳动合同。

易某，荣昌区建设工程安全技术中心负责人。未严格检查事故项目参建单位安全管理状况，对事故项目监管人员的履职情况失管。易某对此负有责任。建议由荣昌区纪委监委对其进行政务警告处分。

翁某某，荣昌区住房城乡建委副主任，分管荣昌区建设工程安全技术中心工作。未督促指导荣昌区建设工程安全技术中心与昌元街道办事处开展联合执法，未督促开展事故项目有限空间作业专项安全检查。翁某某对此负有责任。建议由荣昌区纪委监委对其进行提醒谈话。

彭某某，荣昌区住房城乡建委主任，负责该部门全面工作。对荣昌区建设工程安全技术中心未严格履职状况失察，未督促指导荣昌区建设工程安全技术中心与昌元街道办事处开展联合执法。彭某某对此负有责任，建议由荣昌区纪委监委对其进行提醒谈话。

黄某某，荣昌区昌元街道规划建设管理环保办公室主任。未发现并消除事故项目有限空间长期违规作业的事故隐患，未与荣昌区住房城乡建委开展联合执法，未开展事故项目有限空间作业专项安全检查。黄某某对此负有责任。建议由荣昌区纪委监委对其进行政务警告处分。

林某，荣昌区街道办事处副主任。针对事故项目，未指导督促规划建设管理办公室开展有限空间作业专项安全检查。林某对此负有责任，建议由荣昌区纪委监委对其进行提醒谈话。

王某，荣昌区昌元街道办事处主任，负责该街道办全面工作。针对事故项目，未指导督促规划建设管理办公室开展有限空间作业安全检查。王某对此负有责任，建议由荣昌区纪委监委对其进行提醒谈话。

（五）建议作出检查的单位

建议责成荣昌区住房城乡建委、荣昌区昌元街道办事处分别向荣昌区人民政府作出书面检查。

（六）其他处理建议

建议责成重庆水务环境公司纪委对事故项目现场代表孟某进行政务记大过处分。

建议责成重庆水务环境公司纪委对事故项目部经理周某某行政务记过处分。

建议责成重庆水务环境公司纪委对碧水源建设公司副总经理周某进行提醒谈话。

建议责成重庆水务环境公司纪委对碧水源建设公司总经理陈某进行提醒谈话。

针对本次事故暴露的主要问题，建议由荣昌区住房城乡建委对重庆浩山建设公司、中联路海公司进行调查处理。

四、防范措施

（1）提高政治站位，强化责任落实。各级政府及其有关部门要认真学习贯彻习近平总书记关于安全生产的重要指示精神和市委、市政府关于安全生产工作的部署要求，以落实国务院安委会加强安全生产工作“十五条硬措施”为重点，以大排查大整治大执法为主线，围绕“两重大一突出”，全面强化安全责任，全面排查整治风险隐患，精准发现和严厉打击各类安全生产非法违法行为。压实属地和行业监管责任，把安全责任落实到领导、部门和岗位，督促各类生产经营单位严格落实各单位安全生产主体责任，加强风险辨识管控和隐患排查治理，严防类似事故再次发生，确保人民群众生命财产安全。

（2）严格监管执法，彻底整治隐患。各级有关部门要加大执法检查力度，严格按照有限空间作业安全管理等相关规定，严厉查处有限空间作业违法违规行为。强化监管执法合力，深入打非治违，要坚持把隐患作为事故对待，以零容忍的态度铁腕抓整改。要严格实施隐患整改销号制度，对隐患整治不力的单位要实施警示通报、约谈主要负责人和考核扣分等措施，对企业采取停产停业整顿、纳入诚信不良记录、行政处罚等措施，对导致事故的依法依规按上限顶格处理。

（3）探索地方标准，强化警示作用。住建部门及属地政府应深刻汲取教训，探索创新地下有限空间作业安全技术规范的地方标准，强化有限空间作业安全培训教育；通过微信、网站、报纸、电视等各种媒体，开展事故警示教育，加大宣传工作力度和效果，普及有限空间等危险作业安全常识和科学施救知识，用惨痛事故后果警示从业人员提高安全意识；确保做到“先通风、再检测、后作业”，严禁通风、检测不合格作业。

（4）加强教育培训，明确应急处置。施工单位要加大有限空间作业安全培训力度，广泛开展有限空间作业安全专题培训，使相关单位和从业人员清楚有限空间作业风险辨识、作业规程和应急处置要求。通过培训，做到全市所有有限空间作业点警示标识与风险告知齐全，作业程序、危险因素和防范要求明确，监护人员与防护用具齐全。

一案五问一改变

1. 我对该事故的最深感触是什么？

2. 如果该事故中暴露的问题就出现在我身边，我该怎么办？

3. 如果该事故就发生在我身上，我的亲人和朋友会如何？

4. 我从该事故中汲取了什么教训？

5. 学习事故案例后我最想对同事和亲人说什么？

为避免同类事故，在今后的工作中我将做出以下改变：

西安市临潼区陕西全都实业有限公司“3·21”较大坍塌事故案例①

2020 年 3 月 21 日 11 时 50 分许，临潼区北环路陕西全都实业有限公司全都大厦地下一层配电室外墙防水维修工程施工作业时，基坑突然发生坍塌，造成 4 人被土体掩埋，3 人死亡，1 人受伤，事故直接经济损失 341. 75 万元。

一、事故经过

2020 年 3 月 16 日，郑某辉带领工人进入现场开始开挖施工，采用人工垂直开挖方式在全都大厦外墙西侧开挖基坑，至 3 月 20 日，开挖深度约为 4. 5 m，郑某辉未组织采取有效支撑保护措施。3 月 21 日 8 时 10 分许，郑某辉带领 10 人进入施工现场开始作业，其中郑某宜、郑某林、郑某硕和朱某林在基坑挖土，郑某利和郑某强 2 人操作电葫芦倒土，郑某斌和朱某庆 2 人负责装车，郑某涛与郑某辉 2 人负责开三轮车拉土。11 时 50 分许，郑某林、郑某硕和朱某林 3 人正在基坑底部清理浮泥，郑某宜在基坑南侧坡道上清理，基坑西侧边坡突然垮塌，导致郑某林、郑某硕、朱某林 3 人被完全掩埋，郑某宜腰部以下被土体掩埋。现场人员立即组织抢救，先将郑某宜救出，由 120 救护人员送至临潼区人民医院进行救治，郑某利拨打了 119 求救，随后消防救援队赶到现场进行施救。2020 年 3 月 21 日 12 时事故单位全都公司电话向临潼区应急管理局报告，12 时 30 分临潼区应急管理局现场初步核查后，13 时 10 分上报至市应急管理局，接到报告后西安市、临潼区政府有关领导高度重视，市政府领导、市应急局等部门第一时间赶赴现场指挥应急处置，组织被困人员抢救等工作。

至当晚 23 时许，被垮塌土体掩埋的郑某林、郑某硕和朱某林 3 人被救出，因

① 资料来源：西安市人民政府．临潼区陕西全都实业有限公司“3·21”较大坍塌事故调查报告［EB/OL］．(2021 - 03 - 12)［2023 - 06 - 06］．http：//www. xa. gov. cn/gk/aqsc/sgxx/604b36f3f8fd1c2073fcba15. html.

窒息，抢救无效死亡，现场救援全部结束。

二、事故直接原因

经现场勘查和分析认定，造成事故的直接原因和主要原因是：基坑坍塌部位上部为人工填土，下部为具有湿陷性的黄土状土组成；受雨水管等渗漏水影响，导致基坑土体结构湿软、松散；工程承包人郑某辉在基坑开挖后未及时采取有效支撑保护措施；现场作业人员无视安全风险，作业中对基坑西侧土体产生扰动，土体失稳后发生坍塌。

三、责任追究

（一）对事故有关人员的责任认定及处理建议

郑某辉，男，系全都公司配电室防水维修工程承包人。违规承揽防水维修工程，违反《建设工程安全生产条例》第二十条；未认真辨识现场危险因素，未组织制定基坑开挖专项施工方案，违反《危险性较大的分部分项工程安全管理规定》第十条；未对进场施工人员进行安全技术交底，违反《危险性较大的分部分项工程安全管理规定》第十五条，未组织采取有效的支撑保护措施，盲目组织基坑开挖施工，导致事故发生，对事故发生负有直接责任。其行为涉嫌违反了《刑法》第一百三十四条规定，建议公安机关进一步调查，追究其相应的刑事责任。

何某勇，男，系全都公司北环路分公司工程部负责人。违法将防水维修工程发包给不具备安全生产条件和资质的个人；未在编制工程概算时确定建设工程安全作业环境及安全施工措施所需费用；未及时纠正基坑开挖未采取有效支撑保护措施的安全隐患，对事故发生负有重要责任。建议责成全都公司调整其工作岗位，并依照企业内部规定对其进行相应的处理并书面报告西安市安委办备案。

潘某生，男，系全都公司法定代表人。未认真履行生产经营单位主要负责人安全管理职责，未认真组织从业人员安全培训，未及时发现并纠正防水维修工程承包人不具备资质和安全生产条件、基坑开挖未采取有效支撑保护措施的安全隐患。违反了《安全生产法》第十八条第（三）项、第（五）项的规定，对此次事故负有主要领导责任。依据《安全生产法》第九十二条第（二）项的规定，建议市应急管理局给予其相应罚款的行政处罚。

（二）对事故单位的责任认定及处理意见

全都公司安全生产主体责任落实不到位，安全生产法律法规落实不力，违法将防水维修工程发包给不具备安全生产条件和资质的个人；未在编制工程概算时确定建设工程安全作业环境及安全施工措施所需费用；施工期间未对施工现场进行检查，均未及时发现并纠正基坑开挖且采取有效支撑保护措施的安全隐患，对事故发生负有主要责任。依据《安全生产法》第一百零九条第（二）项，建议西安市应急管理局对全都公司给予罚款的行政处罚。

（三）对相关监管单位有关人员进行追责问责

临潼区住房和城乡建设局、科技工信和商贸局、骊山街道办事处在各自的职责范围内，对安全生产工作监管不到位、履职不力、工作存在漏洞，均为及时发现并消除全都大厦基坑开挖工程安全隐患和违法行为，对事故发生负有一定责任，拟对相关责任人提出如下处理意见：

给予临潼区建设工程质量安全监督管理站副站长杨某政务警告处分；责令临潼区建设工程质量安全监督管理站站长龙某进写出书面检查并进行通报批评；给予临潼区住房和城乡建设局主持工作的副局长任某革诫勉谈话，同时向区住建局下发监察建议，就工作中存在的问题进行整改。

给予临潼区骊山街办城建交通科长张某为政务警告处分；责令临潼区骊山街办武装部部长张某写出书面检查并进行通报批评；给予骊山街道党工委书记（原骊山街道办事处主任）黄某忠诫勉谈话，同时向骊山街办下发监察建议书，就工作中存在问题进行整改。

对临潼区科技工信和商务局商贸服务科科长韩某剑进行批评教育；对临潼区科技工信和商务局副局长沈某志进行提醒谈话。

对以上人员追责问责，按照干部管理权限，请临潼区纪委监委组织实施。

（四）其他建议

建议责成临潼区政府主管行业原副区长杨某向临潼区政府作出深刻书面检查；临潼区政府向市政府做出深刻书面检查。

按照《地方党政领导干部安全生产责任制规定》规定的要求，依据《西安市安全生产约谈实施办法》，建议由市安委会对临潼区政府主要负责人进行约谈。

建议责成临潼区政府将全都公司纳入重点监管对象，加强安全监管。

四、防范措施

（1）全都公司要深刻汲取事故教训，坚决落实企业安全生产主体责任，完善安全生产规章制度，切实做好生产经营场所风险辨识管控、隐患排查治理工作，加强对第三方服务单位的统一协调的安全管理，特别是维修工程管理过程中，要把好源头关，选择具备资质和安全生产条件的单位，对于危险性较大的分部分项工程必须组织制定科学有效的施工方案并严格审核，加强对从业人员的安全培训教育，加强现场动态安全管理，及时发现并消除各类事故隐患，切实增强安全防范能力和水平，严防此类事故再次发生。

（2）临潼区各职能监管部门，依照“三管三必须”的原则，加强安全生产监管，分区分类加强安全监管执法；针对事故主要特点和突出问题，狠抓整改落实，夯实行业监管责任，强化企业主体责任落实；对辖区企业加强人员专业培训，增强安全意识。牢牢守住安全生产底线，切实维护人民群众生命财产安全。

（3）临潼区政府要认真贯彻落实中央、省、市关于安全生产的决策部署，坚持“安全第一、预防为主、综合治理”的方针，坚持问题导向、综合施策；要深刻汲取辖区近三年较大事故连续发生教训，堵塞监管盲区，做到安全生产监管全覆盖。强化风险防控，从根本上消除事故隐患，遏制各类生产安全事故的发生。

一案五问一改变

1. 我对该事故的最深感触是什么？

2. 如果该事故中暴露的问题就出现在我身边，我该怎么办？

3. 如果该事故就发生在我身上，我的亲人和朋友会如何？

4. 我从该事故中汲取了什么教训？

5. 学习事故案例后我最想对同事和亲人说什么？

为避免同类事故，在今后的工作中我将做出以下改变：

北京诺和兴水务建设工程有限公司“3·23”较大生产安全事故案例①

2010 年 3 月 23 日 14 时 10 分左右，北京诺和兴水务建设工程有限公司在怀柔区庙城镇郑重庄地区排水工程工地，组织作业人员开挖沟槽作业过程中，局部土方发生坍塌，造成沟槽内作业的 3 名人员被埋压窒息死亡。

一、事故经过

2010 年 3 月 22 日上午 8 时 30 分左右，霍某某（施工工长）带领诺和兴怀柔分公司的合同工孙某某（班长）、万某某、韩某某、李某、雷某某、孟某某等 6 名工人和以公司名义租用的一台挖掘机到达施工现场准备施工。9 时左右，霍某某指挥施工人员，以勘探地下国防光缆名义施工时，被例行巡查的区路政分局执法人员杜某某、高某某发现。执法人员要求现场作业人员立即停止施工，并向区水务局下达了《违法行为通知书》。该通知书认定怀柔区水务局“擅自挖掘公路，责令其立即停止违法行为，恢复原状”。徐某某（项目副经理）在施工现场将停工情况电话通知蒋某某（区水务局供排水科科长），蒋某某电话通知苏某（区水务局供排水科副科长）到现场处置。苏某赶到施工现场签收了《违法行为通知书》，将情况向在党校学习的蒋某某作了电话汇报，并按照蒋某某的要求向主管副局长刘某某汇报了相关情况。

3 月 22 日下午，刘某某和苏某带领诺和兴怀柔分公司主管生产经理赵某某、项目副经理徐某某与区路政分局彭某某大队长、宋某某队长及高某某进行沟通协调。会议议定，施工单位暂停该项目施工，待补办相关占路许可手续后再行施工

① 资料来源：北京市应急管理局．北京诺和兴水务建设工程有限公司“3·23”较大生产安全事故调查报告［EB/OL］．（2016－12－08）［2023－06－06］．http：//yjglj. beijing. gov. cn/art/2016/12/8/art_7466_416. html.

作业。

怀柔区路政分局执法人员杜某某、姚某某2人于22日下午到达施工现场查看停工落实情况，发现施工现场并未按指令要求停止施工，依法再次予以制止。16时30分，区路政局协调会议结束后，高某某通知杜某某、姚某某“协调会议已确定停止施工，你们可以撤离”后，两人离开施工现场。此后，霍某某为赶工期，继续指挥挖掘机和施工人员作业到18时左右。区水务局相关人员参加完协调会后，虽表示暂停施工，但未采取具体措施。

3月23日7时30分左右，霍某某到施工现场巡视后回到办公室，要求孙某某带领工人进行人工开挖探坑，继续查找光缆和地下管线。13时左右，挖掘机再次进入施工现场向西继续开挖沟槽。孙某某指派李某、雷某某、孟某某3人在施工现场搭建围挡，自己带领万某某、韩某某2人下沟槽内配合挖掘机开挖过程中的清槽和测量作业。14时10分左右，挖掘机挖至沟槽最西边，未找到地下光缆确切位置后，按照孙某某的要求，往东退回约6~7 m，停在沟槽北侧，向南侧沟壁挖土时，距挖掘机东侧3~4 m处南侧沟壁发生坍塌，将沟槽内孙某石等3名清槽作业人员埋压，现场其他作业人员以及随后赶到的怀柔区桥梓部队官兵和当地消防人员全力施救，3名被埋压的作业人员挖出，经抢救无效死亡。

截至事故发生时，该项工程的勘察、设计工作已经完成，相关图纸资料已交付建设单位和施工单位，但建设单位尚未办理开工许可、占路施工等相关行政审批手续，施工监理单位尚未正式进场，不具备正式开工条件。

二、事故直接原因

项目工长违章指挥作业，未按设计和施工方案规定放坡，是导致坍塌事故发生的直接原因。

三、责任追究

（1）诺和兴公司项目工长霍某某，作为施工现场负责人，未按照本公司《安全生产技术交底制度》以及该工程《施工组织设计》和《土方开挖工程施工方案》的要求组织施工；在明知施工现场未按照要求放坡，也没有采取任何支护措施的情况下，未履行诺和兴公司《工长、施工员安全生产责任制》的规定，指挥作业人员违规冒险作业，对本起事故发生负有直接责任。其行为涉嫌违反《中华人民共和国刑法》第一百三十四条第一款的规定，由公安机关依法追究其刑事责任。

（2）诺和兴公司该项目部副经理徐某某，明知施工现场未采取放坡或必要的安全防护措施，违反了本公司《安全生产技术交底制度》以及该工程《施工组织设计》和《土方开挖工程施工方案》的规定，没有落实区路政分局和区水务局的停工要求，放任作业人员的违规冒险作业行为，对本起事故负有直接领导责任。其行为涉嫌违反《中华人民共和国刑法》第一百三十四条第一款的规定，由公安机关依法追究其刑事责任。

(3) 项目部经理宋某，作为本项目的主要负责人，是项目工程安全生产第一责任人，对承包项目工程生产经营过程中的安全生产负全面责任，对项目施工中的安全隐患监督检查不到位，未消除事故隐患，违反了《建设工程安全生产管理条例》第二十一条第二款的规定，对本起事故的发生应当负有主要管理责任，鉴于诺和兴怀柔分公司指定徐某某为项目部实际负责人，宋某本人在事故发生前尚未承担项目部的实质性管理工作，根据《建设工程安全生产管理条例》第五十八条规定，由市住房和城乡建设委员会给予其停止职业资格一年的行政处罚。

(4) 诺和兴公司法定代表人李某某，作为本单位主要负责人，没有明确本公司分支机构管理人员的安全职责；未能及时督促、检查本单位的安全生产工作，发现施工现场的违章违规施工行为，及时消除施工现场存在的安全隐患。其行为违反了《北京市安全生产条例》第十三条第（一）项、第十四条和《中华人民共和国安全生产法》第十七条第（四）项的规定，对本起事故负有重要领导责任。依据《生产安全事故报告和调查处理条例》第三十八条第二款的规定，给予其上一年度收入40%罚款的行政处罚。

(5) 怀柔区水务局供排水科副科长苏某，在科长蒋某某党校学习期间，主持该科室全面工作，负责该项工程的管理工作，对该工程施工过程中存在的无开工手续施工、施工单位未按有关部门要求停止施工等违法违规行为监督检查不到位，违反了《水利建设工程安全生产管理规定》第三十二条第（三）项、第（四）项的规定，对本起事故发生负有一定的监管责任。按照《安全生产领域违法违纪行为政纪处分暂行规定》第八条第（二）项规定，给予其行政记过处分。

(6) 怀柔区水务局副局长刘某某，作为分管供排水科的主要领导，对供排水科未认真履行职责情况失管失查，在发现该工程相关行政审批手续不齐全、违法施工的情况下，虽要求施工单位停止施工，但未采取有效措施制止违规施工作业行为，违反了《水利建设工程安全生产管理规定》第三十二条第（三）项、第（四）项的规定，对本起事故监管不到位负有一定的领导责任。按照《北京市国家公务员行政告诫暂行规定》第五条规定，给予其行政告诫处分。

(7) 诺和兴公司未督促施工人员严格执行本单位的安全管理制度，在不具备开工手续的情况下擅自施工，对施工现场监督检查不到位，安全生产管理存在漏洞。其行为违反了《中华人民共和国安全生产法》第三十六条的规定，对事故发生负有主要责任。依据《生产安全事故报告和调查处理条例》第三十七条第（二）项的规定，给予诺和兴公司30万元罚款的行政处罚。同时，依据《建筑施工企业安全生产许可证管理规定》第二十二条的规定，由建设行政部门给予诺和兴公司暂停在北京水利建设工程市场投标资格90天的行政处罚。

此外，诺和兴怀柔分公司经理王某某，作为诺和兴公司分支机构负责人，对施工前期准备工作的监督检查不到位，未发现并制止不具备开工条件擅自施工行为，对本起事故发生负有一定的管理责任。由诺和兴公司给予其撤职处分。

四、整改措施

（1）诺和兴公司要进一步加强对本单位分支机构的管理，进一步完善安全责任制，将分支机构管理人员纳入管理体系。加强对分支机构承担工程项目的监督检查，及时消除工程项目施工中的安全隐患，杜绝违规施工现象。

（2）怀柔区水利建设行政管理部门，要严格按照《水利工程建设程序管理暂行规定》组织开展水利基础设施建设，建立投资主体和安全监管主体“同体”回避制度，确保安全监管的有效运行；区水务局要认真履行水利建设工程行业监管职责，加强对水利建设工程施工前期准备工作的检查，杜绝在不具备施工条件、相关手续不全的情况下，为抢工期盲目施工的现象。

怀柔区政府要针对政府投资的建设工程项目，明确工程项目的建设单位地位和法定职责，研究解决农村水利基础设施建设项目法人和安全监督管理单位“同体”的问题，建立有效的建设工程监督管理制衡机制。

一案五问一改变

1. 我对该事故的最深感触是什么？

2. 如果该事故中暴露的问题就出现在我身边，我该怎么办？

3. 如果该事故就发生在我身上，我的亲人和朋友会如何?

4. 我从该事故中汲取了什么教训?

5. 学习事故案例后我最想对同事和亲人说什么?

为避免同类事故，在今后的工作中我将做出以下改变：

河北锦天新能源汽车有限公司 2 号厂房“3 · 27”坍塌事故案例[①]

2014 年 3 月 27 日 16 时 10 分左右，河北锦天新能源汽车有限公司电动车项目在建的 2 号厂房发生墙体坍塌事故，造成 4 人死亡、3 人受伤，直接经济损失 500 余万元。

一、事故经过

2014 年 3 月 27 日下午，邯郸市佳发建筑劳务有限公司项目负责人刘某平带领所属员工在锦天新能源汽车有限公司电动车项目工地 2 号厂房施工，由于下午刮起大风，刘某平在施工期间曾通知过工人停止作业，但李某粉、李某芬、贾某军、申某英等 4 名工人仍在厂房北墙进行挂网作业。16 时 10 分左右，2 号厂房北墙整体向北坍塌（2 号厂房结构为排架柱钢梁结构，厂房北墙东西长 96. 8 m，高 12. 7 m），坍塌的墙体将正在墙上进行挂网作业的李某粉、李某芬、贾某军、申某英等 4 名工人掩埋。同时，将其北侧的施工单位宿舍、办公室、食堂临时建筑部分砸压变形，造成非作业人员段某的、将某玉、闫某鹏等 3 人被挤压在变形食堂墙体内。

二、事故直接原因

施工单位未按照《砌体结构工程施工质量验收规范》（GB 50203—2011）要求施工，工程质量不合格，致使 2 号厂房北墙墙体在风力作用下失稳坍塌。

---

① 资料来源：河北省应急管理厅. 河北锦天新能源汽车有限公司 2 号厂房“3 · 27”坍塌事故调查报告[EB/OL]. (2014 - 07 - 28)[2023 - 06 - 06]. https://yjgl.hebei.gov.cn/portal/index/getPortalNewsDetails?id = fadc23bf - fa18 - 84b1 - 38fe - af0db07c5419&categoryid = 3a9d0375 - 6937 - 4730 - bf52 - febb997d8b48.

三、责任追究

（一）建议移送司法机关处理的责任人员（2 人）

李某增，邯郸市佳发建筑劳务有限公司河北锦天新能源汽车有限公司电动车厂房项目部瓦工班班长，负责组织所属瓦工对该厂 2 号厂房墙体进行砌筑，对瓦工班的砌筑质量和安全生产负全责。在施工中对墙体植筋不符合规定要求，且对墙体重要部位未按规定设置压墙拉接筋，对事故发生负有直接责任。涉嫌重大责任事故罪。依据《中华人民共和国刑法》第一百三十四条规定，建议移送司法机关依法追究其刑事责任。

刘某平，邯郸市佳发建筑劳务有限公司河北锦天新能源汽车有限公司电动车厂房项目部经理，对该项目施工负全责，是安全生产第一责任人。在不具备承揽该工程的施工资质的情况下，弄虚作假，借用邯郸市佳发建筑劳务有限公司资质，违规承揽电动车厂房施工项目；施工现场管理混乱，对施工人员未按规定施工失察，作业区和生活区未按规定分开设置，致使非生产人员受到伤害。对事故发生负有主要责任，涉嫌重大责任事故罪。依据《中华人民共和国刑法》第一百三十四条规定，建议移送司法机关依法追究其刑事责任。

（二）建议依照企业内部规章制度处理的责任人员（2 人）

马某奇，河北锦天新能源汽车有限公司电动车项目施工工地甲方代表（2013 年 11 月 29 日至 2014 年 3 月 6 日），负责对电动车项目的进度、安全和质量管理。在项目建设过程中，重进度，轻安全，对施工工地的监管流于形式，对事故发生负有主要责任。建议由河北锦天新能源汽车有限公司给予其开除处分，并报邯郸市安全监管局备案。

吴某海，河北锦天新能源汽车有限公司电动车项目施工工地甲方代表（2014 年 3 月 6 日至事故发生），负责监督施工进度和质量管理。在施工过程中，重进度，轻安全，对施工工地的管理流于形式，对事故发生负有主要责任。建议由河北锦天新能源汽车有限公司给予其开除处分，并报邯郸市安全监管局备案。

（三）建议给予党纪、政纪处分或组织处理的责任人员（4 人）

李某坡，邯郸经济技术开发区城乡规划和建设管理局建筑工程质量安全监督处副处长（主持该处工作）。对锦天新能源汽车有限公司厂房建设项目未取得施工许可便擅自开工建设的行为虽进行过检查并下发了停工通知，但没有进行后续检查和移交，致使该项目非法建设行为未得到及时制止，且在该项目建设过程中，对该项目的质量、安全检查不到位，对事故发生负有直接领导责任。建议给予其行政记过处分，并报邯郸市安全监管局备案。

潘某，邯郸经济技术开发区城乡规划和建设管理局副局长，主管建筑工程质量安全监督处。对主管的建筑工程质量安全监督处管理不力，致使该处人员履行行业监管职责不到位，对事故发生负有主要领导责任。建议给予其行政警告处分，并报邯郸市安全监管局备案。

怀某坤，邯郸经济技术开发区城市管理和综合行政执法局副局长，主管城管执法。对锦天新能源汽车有限公司非法建设行为执法不力，对事故发生负有主要领导责任。建议给予其行政警告处分，并报邯郸市安全监管局备案。

李某明，邯郸经济技术开发区城乡规划和建设管理局局长（行政副处级），负责建设局全面工作。履行建设行业监管职能不到位，对锦天新能源汽车有限公司建设项目未取得施工许可擅自开工建设的行为制止不力、对该项目施工中的质量、安全等问题监督检查不力，对事故发生负有重要领导责任。建议由邯郸市监察局对其进行诫勉谈话。

（四）建议给予行政处罚的责任人员（1 人）

常某光，河北锦天新能源汽车有限公司副经理，实际负责人，负责公司全面工作。安全管理不到位，对事故的发生负有主要责任。依据《生产安全事故报告和调查处理条例》第三十八条第（二）项之规定，建议由邯郸市安全监管局对其处上一年年收入 40% 的罚款，计 3 万元。

（五）建议给予事故责任单位的行政处罚

河北锦天新能源汽车有限公司。企业主体责任不落实，违反规定将工程发包给资质等级不能满足施工要求的单位，且对工程质量、安全监督检查不到位，对事故发生负有责任。依据《生产安全事故报告和调查处理条例》第三十七条第（二）项之规定，建议由邯郸市安全监管局对其处 26 万元罚款。

邯郸市佳发建筑劳务有限公司。法律意识淡薄，违反规定出借安全生产许可证和建筑业企业资质证书，对事故发生负有责任。依据《生产安全事故报告和调查处理条例》第四十条第一款之规定，建议由邯郸市住房和城乡建设局按程序依法吊销其安全生产许可证和建筑业企业资质证书，并报邯郸市安全监管局备案。

（六）邯郸经济技术开发区管理委员会

于 2013 年 9 月出台《邯郸经济开发区“项目提速·百日会战”责任分包一览表》（邯经管［2013］36 号）文件，该文件对分包项目单位只提出了建设进度要求，没有对项目建设质量和安全进行要求，安全管理松懈；邯郸经济技术开发区没有设置独立的安全生产综合监管部门，从组织机构、人员配套上没有考虑安全生产事故的极端危害；近几年来邯郸经济技术开发区不止一次出现建筑施工责任事故，没有引起开发区主要领导的重视。基于上述原因，建议在全市范围内对邯郸经济技术开发区进行通报批评；建议责成邯郸经济技术开发区管理委员会向邯郸市人民政府写出书面检查。

四、防范措施

（1）河北锦天新能源汽车公司要深刻汲取事故教训，举一反三，对所有已建和在建的厂房开展全面的安全隐患排查整治，尤其对采用同样施工工艺和施工方法的厂房立即进行全面的检测监控，对检查中发现的问题要坚决整改到位，杜绝类似事故再次发生。

（2）河北锦天新能源汽车公司要依法依规使用具备相应资质和施工能力的施工队伍，严格按规范及有效施工文件的要求完成后续工程。

（3）建设单位和施工单位要加强对施工现场从业人员的安全生产培训和教育，不断提高从业人员的整体素质，防止“三违”；要严格落实特种作业持证上岗制度，从事特种作业的人员必须考核合格后方可上岗作业。

（4）邯郸经济技术开发区管理委员会及其有关职能部门要认真贯彻落实“安全第一，预防为主，综合治理”方针，切实履行好安全监管职责；要正确处理好发展与安全的辩证关系，在确保安全前提下加快发展的速度；根据开发区安全生产工作实际情况，尽快成立独立的安监机构并配备相应人员；要进一步加大对辖区内所有各类企业安全隐患排查力度，彻底消除各类安全隐患，杜绝或减少生产安全事故，切实保障人民群众生命和财产安全。

一案五问一改变

1. 我对该事故的最深感触是什么？

2. 如果该事故中暴露的问题就出现在我身边，我该怎么办？

3. 如果该事故就发生在我身上，我的亲人和朋友会如何?

4. 我从该事故中汲取了什么教训?

5. 学习事故案例后我最想对同事和亲人说什么?

为避免同类事故，在今后的工作中我将做出以下改变:

4 月

咸阳市秦都区古渡新家园项目“4·8”电梯基坑挡土墙坍塌较大事故案例①

2020 年 4 月 8 日，秦都区古渡新家园项目发生一起较大坍塌事故，造成 5 人死亡，2 人受伤，直接经济损失 730 万元。

一、事故经过

2020 年 4 月 8 日 7 时左右，拓海公司古渡新家园项目工长王某某安排刘某某、王某某、吕某某、赵某某、严某某 5 名粉刷工和张某某、李某某 2 名辅工对古渡新家园建设工程项目 4 号楼电梯基坑北侧挡土墙进行墙体砂浆粉刷作业，15 时 45 分左右，墙体自上而下粉刷即将结束，粉刷工正收捡工具准备离场时，4.5 m 高的挡土墙自基部瞬间整体向南倒塌，将刘某某、王某某、吕某某、赵某某、严某某 5 名粉刷工和张某某、李某某 2 名辅工砸倒、掩埋在电梯基坑内。事故发生后，在场的拓海公司古渡新家园项目经理何某迅速拨打了 120 急救电话，王某某组织现场工人刨砖救人，大约 16 时 05 分，咸阳市第一人民医院多辆救护车陆续赶到现场，对 7 名工人进行抢救，4 名粉刷工现场确认已死亡。将死伤人员送往医院途中，又有 1 名粉刷工经抢救无效死亡，其余 2 名伤者在医院得到及时救治。

二、事故直接原因

4 号楼电梯基坑挡土墙基础不牢，稳定性不足，强度不够，脚手架拆除后支撑力消失，回填土的沉降造成的持续侧向压力致使墙体倒塌是本起事故发生的直

① 资料来源：咸阳市应急管理局．秦都区古渡新家园项目“4·8”电梯基坑挡土墙坍塌较大事故调查报告［EB/OL］．（2021－01－30）［2023－06－06］．http：//yjj. xianyang. gov. cn/zwgk/fdzdgk/sgbg/202210/t20221013_1473242. html.

接原因。

三、责任追究

（一）对事故责任单位的处理意见

陕西俱成房地产开发有限公司。俱成公司安全生产主体责任不落实，未建立安全生产机构，安全生产制度不健全，未完善办理建筑施工许可等相关一系列法定手续和程序违法违规组织施工，对劳务公司的安全监管严重不到位。违反《中华人民共和国安全生产法》和《中华人民共和国建筑法》的相关规定，对本起事故负主要责任，根据《中华人民共和国安全生产法》《生产安全事故报告和调查处理条例》和《陕西省安全生产条例》等有关法律法规的规定，建议由咸阳市应急管理部门依法对俱成公司处以50万元罚款，将其纳入全省安全生产不良记录“黑名单”，1年内不得在咸阳市辖区内开展新业务。

西安拓海建筑劳务工程有限公司。拓海公司在未完善办理劳务施工手续情况下即进场施工，安全生产责任落实极不到位，现场安全管理和安全教育严重缺失，明显持续组织进行违规施工作业，严重忽视人的生命健康安全。违反《中华人民共和国安全生产法》和《陕西省安全生产条例》的相关规定，是本起的事故重要责任单位，根据《中华人民共和国安全生产法》《生产安全事故报告和调查处理条例》和《陕西省安全生产条例》等有关法律法规的规定，建议由咸阳市应急管理部门依法对拓海公司处以65万元罚款，将其纳入全省安全生产不良记录“黑名单”。

秦都区住建局。作为行业主管部门及秦都区石斗村区域安置建设工作领导小组办公室未能有效落实“管行业必须管安全”的行业监管要求，对全区工程质量和施工安全监督检查落实不力，对秦都区古渡新家园建设项目在未办理取得土地使用证、建设工程规划许可证、建筑工程施工许可证、施工设计图纸等相关法定施工许可的情况下，安排代建单位（陕西俱成房地产开发有限公司）推进该项目违法进行建设施工，对本起事故负主要监管责任。根据《陕西省安全生产条例》相关规定，建议市住建局、秦都区政府对秦都区住建局予以通报批评，责成秦都住建局向区政府作出深刻书面检查。

秦都区政府。秦都区政府成立的石斗村区域安置建设工作领导小组在秦都区古渡新家园建设项目未取得土地规划、施工许可、正式施工图纸等相关法定施工许可的情况下，指挥要求区住建局全面推进该项目，加快项目施工计划进展，督促陕西俱成房地产开发公司实施工程建设，对本起事故负有一定监管责任。根据《陕西省安全生产条例》相关规定，建议责成秦都区政府向咸阳市政府作出深刻书面检查。

（二）对有关责任人员的处理意见

1. 建议移交司法机关（1 人）

何某，拓海公司古渡新家园项目负责人。未经专门的安全生产培训教育并考核取证，未与工人未签订劳动合同，未对架子工资质进行审查，对新进工人的安全生产三级教育缺失，开展现场安全检查和隐患排查治理极为不到位，未制定挡土墙施工方案和架体建拆方案，对砌体、抹灰和挡土墙后回填土施工无安全技术交底的情况下组织施建挡土墙，严重违反工程施工程序和要求，导致事故发生，对本次事故负有重要责任。根据《中华人民共和国安全生产法》《生产安全事故报告和调查处理条例》和《陕西省违法失信“黑名单”信息共享和联合惩戒办法》等有关法律法规的规定，建议由拓海公司予以开除，并对何某依法追究刑事责任。

2. 建议党纪政纪处分人员（14 人）

夏某，俱成公司法人代表。未履行任何安全生产法定责任，对该公司未办理任何施工手续和履行相关入场程序的情况下组织入场施工的违法行为熟视无睹，放任项目持续违规施工造成安全隐患，导致事故的发生，对本起事故负有主要领导责任。根据《中华人民共和国安全生产法》《生产安全事故报告和调查处理条例》等有关法律法规的规定，建议撤销其法人资格，董事长职务。

王某某，俱成公司副总经理。作为俱成公司分管安全生产的副总经理，未按照工作职责对工程项目进行检查指导，对违反施工规定，超进度施工，技术间歇不够，现场管理不规范的问题失察，对本起事故负主要领导责任。根据《中华人民共和国安全生产法》《中华人民共和国监察法》和《生产安全事故报告和调查处理条例》等有关法律法规的规定，建议由其上级纪检监察部门对其给予严重警告处分。

郭某某，俱成公司古渡新家园项目工程部经理。在该项目未完善办理建筑施工许可等相关一系列法定许可手续的情况下，违规组织项目现场施工，本人无工程类项目管理资质，未经专门的安全生产培训教育并考核取证，落实安全生产责任不到位，施工现场安全生产监管和安全隐患排查治理极为不到位，对本起事故负有主要监管责任。根据《中华人民共和国安全生产法》《中华人民共和国监察法》和《生产安全事故报告和调查处理条例》等有关法律法规的规定，建议撤销其工程部经理职务，由其上级纪检监察部门给予记过处分。

楚某某，俱成公司工程部副经理。作为该工程项目现场管理人员，履行安全生产责任不到位，安全意识不强，对发现的安全生产制度不健全、盲目加快工程进度等问题没有及时制止，存在侥幸心理，对工地安全生产、工程进度等监督管理不严格，隐患排查不彻底，对本起事故负有主要监管责任。根据《中华人民共和国安全生产法》《中华人民共和国监察法》和《生产安全事故报告和调查处理条例》等有关法律法规的规定，建议由其上级纪检监察部门对其给予记过处分。

杨某某，俱成公司古渡新家园项目工程部工程师。在没有施工设计、施工方案和技术交底的情况下，指导挡土墙违规建造作业，导致事故发生，对本起事故负有重要责任。根据《中华人民共和国安全生产法》《中华人民共和国监察法》和《生产安全事故报告和调查处理条例》等有关法律法规的规定，暂停其工程师执业资格，建议俱成公司予以开除，留岗查看一年，由上级纪检监察部门给予记大过处分。

曹海清，俱成公司古渡新家园项目原负责人。在该项目未完善办理施工许可证等法定手续和相关单位进场程序的情况下，即组织项目前期进场施工，使事故发生造成隐患，对本起事故负有重要监管责任。根据《中华人民共和国安全生产法》《中华人民共和国监察法》和《生产安全事故报告和调查处理条例》等有关法律法规的规定，建议由上级纪检监察部门给予记过处分。

张某，拓海公司法人。企业安全生产制度不健全，对安全生产工作不重视，贯彻国家安全生产法律法规不力，安全生产责任制不落实，在该项目违法进场前提下，在未依法签订施工合同的情况下即成立项目部进场施工，导致事故发生，对本起事故负有直接领导责任。根据《中华人民共和国安全生产法》《生产安全事故报告和调查处理条例》和《陕西省违法失信“黑名单”信息共享和联合惩戒办法》等有关法律法规的规定，建议由相关监管部门撤销其法人资格，处以上一年收入40%的罚款（45600元），并纳入全省违法失信黑名单。

冯某某，拓海公司古渡新家园项目技术负责人。违反建筑安全规程指导挡土墙违规建造，导致事故发生，对本起事故负有重要责任。根据《中华人民共和国安全生产法》《陕西省违法失信“黑名单”信息共享和联合惩戒办法》和《生产安全事故报告和调查处理条例》等有关法律法规的规定，建议由拓海公司予以开除。

韩某某，秦都区政府副区长。分管区政府住建、土地、招商、拆迁等工作，对分管部门开展安全生产监督检查工作督促指导不到位；作为秦都区石斗村区域安置建设工作领导小组主要负责人，对古渡新家园建设项目安全生产监管抓得不严不细，疏于安全生产，对本次事故负有领导责任。根据《中华人民共和国安全生产法》《中国共产党纪律处分条例》《行政机关公务员处分条例》和《中国共产党问责条例》等有关法律法规的规定，建议由市安委办对其进行约谈，并责成其个人做出书面检查。

赵某某，秦都区住房和城乡建设局党组书记、局长。在明知该项目未取得相关手续的情况下，督促该项目代建方推进实施建设，对该项目在未取得施工许可时违法进行基坑开挖、打桩、防护墙施工作业失察并疏于监管，对工程质量和安全监督检查落实不力，导致事故发生，对本起事故发生负有主要监管责任。根据《中华人民共和国安全生产法》《中国共产党纪律处分条例》《行政机关公务员处分条例》《中国共产党问责条例》等有关法律法规的规定，建议由市纪委监委给予警告处分。

吕某，秦都区石斗村区域安置建设工作领导小组工作人员。作为分片包抓古渡新家园建设项目的工作人员，未能严格落实上级安排的协助陕西俱成房地产开发有限公司办理规划、施工许可等相关手续的工作，明知该项目未取得相关手续进行违法建设却多次督促该项目推进施工建设，对本起发生负有一定监管责任。根据《中华人民共和国安全生产法》《中国共产党纪律处分条例》《行政机关公务员处分条例》和《中国共产党问责条例》等有关法律法规的规定，建议由市纪委监委给予严重警告处分。

师某，秦都区石斗村区域安置建设工作领导小组工作人员。作为分片包抓古渡新家园建设项目的工作人员，未能严格落实上级安排的协助陕西俱成房地产开发有限公司办理规划、施工许可等相关手续的工作，明知该项目未取得相关手续进行违法建设却多次督促该项目推进施工建设，对本起发生负有一定监管责任。根据《中华人民共和国安全生产法》《中国共产党纪律处分条例》《行政机关公务员处分条例》和《中国共产党问责条例》等有关法律法规的规定，建议由市纪委监委给予严重警告处分。

叶某某，秦都区石斗村区域安置建设工作领导小组总工程师。作为秦都区政府派驻项目工地的技术总负责人，履行安全生产职责不力，安全生产意识淡薄，检查施工单位安全生产工作方案、保障措施等不细致，对施工单位施工工艺、技术交底等审核把关不严格，片面强调工程进度，忽视安全生产，对本起事故的发生负有重要监管责任。根据《中华人民共和国安全生产法》《中华人民共和国监察法》和《生产安全事故报告和调查处理条例》等有关法律法规的规定，建议由其上级纪检监察部门对其给予记过处分。

张某某，秦都区石斗村区域安置建设工作领导小组安装工程师。作为秦都区政府派驻项目工地的工程师，履行安全生产职责不力，对施工单位违反规定施工、超进度施工的问题没有及时制止，对本起事故的发生负有主要监管责任。根据《中华人民共和国安全生产法》《中华人民共和国监察法》和《生产安全事故报告和调查处理条例》等有关法律法规的规定，建议由其上级纪检监察部门对其给予记大过处分。

四、防范措施

针对这起事故暴露出的突出问题，为深刻吸取事故教训，进一步强化生产建筑施工企业安全生产工作，有效防范类似事故重复发生，提出如下措施建议:

（1）切实落实安全生产主体责任，强化企业内部安全管控。俱成公司和拓海公司要深刻吸取事故教训，牢固树立安全发展理念，始终坚守“发展决不能以牺牲人的生命为代价”这条红线，坚决克服重生产、重效益、轻管理、轻安全的思想，依法履行法定的建筑施工许可要求和程序，依法履行安全生产主体责任，全面加强企业内部的安全管理。要建立健全并严格落实以总经理负责制为核心的各级安全生产责任制，明确、细化各部门各层级的安全监管职责，直至延伸到现场、班组和岗位，消除责任死角和盲区，做到安全投入到位、安全培训到位、安全管理到位、应急救援到位，确保国家的安全生产法律法规、标准规范和上级的工作部署及要求真正落到实处。

（2）不断健全企业安全管理制度，细化完善各类操作规程。俱成公司和拓海公司要进一步加强公司规章制度建设，及时建立健全安全生产事故应急预案、事故隐患排查治理制度、安全生产奖惩制度等各类安全生产管理制度，严格落实建筑施工安全操作规定，对可能发生的事故风险全面分析，对存在的隐患认真排查、登记和治理，要结合工地实际，针对重要施工工序、重点施工项目、重大事故隐患建立风险识别、评估、管控制度，加强危险因素辨识及风险分析，严格落实风险对策及措施，强化关键工序、环节的技术检查与安全控制，把各项公司规章制度落到实处。

（3）全面增强安全培训教育工作，不断提高员工安全意识。俱成公司和拓海公司安全管理人员应依法进行安全生产管理培训并考核取证，要进一步加强对企业员工的安全生产培训教育，在新员工入职培训和平时教育中充实国家安全生产相关法律法规、安全管理规章制度和安全操作规程等培训内容，增强员工的安全意识、责任意识，提高员工事故隐患的辨识和防范能力，实现“要我安全”向“我要安全”的转变，从源头和根本上杜绝各类事故的发生。

（4）严格落实安全生产监管责任，加大行业监管和执法力度。秦都区有关监管部门要深刻吸取事故教训，强化建筑施工安全监管，以坍塌和高处坠落事故为重点，深化建筑施工领域安全生产专项整治，加强对建设工程施工现场的监督管理和严格执法，特别要对在建工程涉及的深基坑、高大模板、脚手架、建筑起重机械设备等施工部位和环节进行重点检查和治理，坚决杜绝建筑施工中手续不全、违规施工；督促指导施工单位建立健全安全生产事故应急预案、事故隐患排查治理制度、安全生产奖惩制度等各类安全生产管理制度，严格落实建筑施工安全操作规定；要结合各自实际，针对重点施工项目、重大事故隐患建立风险评估管控制度，加强危险因素辨识及风险分析，严格落实风险对策及措施，强化关键工序、环节的技术检查与安全控制。

（5）认真开展安全隐患排查治理，严厉整治违章违规行为。秦都区人民政府要进一步强化以人为本、安全发展理念，按照国家和省、市关于安全生产工作的一系列决策部署，把安全生产工作放在更加突出的位置来抓。进一步规范工程建设领域建设管理秩序，全面提高建设工程质量和安全生产总体水平，加大打击工程建设领域未批先建违法行为，严肃查处工程建设领域未批先建违法案件。继续保持打非治违的高压态势，强化依法治理，采取强有力措施，全面排查整治事故隐患，严检查、严执法、严整改、严处罚、严落实，切实提高安全管理水平，坚决防止各类安全事故发生。

一案五问一改变

1. 我对该事故的最深感触是什么？

2. 如果该事故中暴露的问题就出现在我身边，我该怎么办？

3. 如果该事故就发生在我身上，我的亲人和朋友会如何？

4. 我从该事故中汲取了什么教训？

5. 学习事故案例后我最想对同事和亲人说什么？

为避免同类事故，在今后的工作中我将做出以下改变：

河南省原阳县盛和府建筑工地“4·18”较大埋压窒息事故案例[①]

2020 年 4 月 18 日 17 时左右，原阳县盛和府建筑工地在整理工地土方时，发生一起压埋窒息事故，造成 4 名儿童死亡，直接经济损失 485.4149 万元。

一、事故经过

2020 年 4 月 18 日 13 时许，群英公司吴某起驾驶挖掘机，在工地西侧基坑内清理基坑底部土方，并将清理出的土方装载到由蔺某创、时某盼分别驾驶的两辆自卸车上，运送倾卸至工地北侧的临时土方堆放处（以下简称土堆），再由另一名挖掘机司机彭某雨负责将所倾卸土方由土堆的低处整理至高处。为便于自卸车卸土，彭某雨在土堆南侧挖掘了一个长 4 m、宽 3.7 m、深度约为 2 m 的土坑，自卸车将土倾卸至土坑中，再由彭某雨将坑中土整理至土坑北侧的土堆上。由于工地西侧基坑处清理底部产生的土方量少，为加快作业进度，16 时许彭某雨驾驶挖掘机至工地南侧 9 号楼基坑处取土装车，然后跟随自卸车回到北侧土堆的土坑处，待自卸车将土卸入土坑后，再将土整理至土堆上。

16 时 20 分左右，4 名儿童自工地南侧围挡破损处进入工地，经由工地南侧土堆上玩耍滑下后，自 9 号楼基坑南侧边缘向东再沿东侧围墙内向北行走，最后到达工地东北侧土方转运至土坑附近。

16 时 49 分许，时某盼驾驶自卸车由南侧基坑取土点向北驶往土坑处卸土，卸完土后空车返回南侧基坑取土点。

16 时 54 分许，蔺某创驾驶自卸车由西侧基坑取土点向北驶往土坑处卸土后

① 资料来源：中华人民共和国住房和城乡建设部．河南省住房和城乡建设厅关于原阳县“4·18”事故的通报［EB/OL］．（2020－05－28）［2023－06－06］．https：//www.mohurd.gov.cn/jigou/sjjg/jggczlaqjgs/gczlgzxx/202005/20200528_245616.html.

驶离。

由于自卸车在土坑卸土处倒车、卸土时，车辆后方存在驾驶观察盲区，加之土坑卸土处没有安排专人协调指挥，两名司机在倒车、卸土时均未观察到土坑处有人员活动。

16 时 56 分许，时某盼驾驶自卸车自南侧基坑取土点装满土后驶往卸土处（事发后此车土未卸入坑内），同时彭某雨驾驶挖掘机由南侧基坑取土点向北驶往土坑处。

17 时左右，彭某雨操作挖掘机开始将土坑内的土向土堆上整理（此时坑中有 2 车土方），整理至坑内剩余三分之一左右土方时，从挖掘机铲斗中发现一个疑似人形的黄色物体，怀疑是一名儿童，遂将土倒在土坑北侧土堆上，停止作业并下车呼喊时某盼、蔺某创以及坐在时某盼驾驶车辆上的车主时某陶，4 人一起用手扒土搜寻；期间彭某雨于 17 时 10 分许，向吴某杰打电话报告。

17 时 13 分许，吴某杰赶到现场，几人合力将土堆刨开后发现一名上身穿橘黄色上衣，下身穿深色裤子，年龄约在 10 岁左右的儿童；随后，吴某杰分别于 17 时 34 分、17 时 49 分拨打了 120 急救电话和 110 报警电话。17 时 45 分 120 急救车赶到事发现场，经医务人员检查确认该名儿童已无生命体征。后在原阳县政府组织指挥下，在县应急、公安、住建、卫健、综合救援等单位展开的排查、搜救过程中，又陆续从该土坑中搜救出 3 名儿童。经医务人员检查确认，后搜救出的 3 名儿童均已无生命体征。

据公安机关 2020 年 4 月 29 日组织的现场侦查实验结论：

16 时 49 分许，时某盼驾驶自卸车由南侧基坑取土点向北驶往土坑处卸土，该卸土过程难以造成对 4 名儿童的土方压埋。

16 时 54 分许，蔺某创驾驶自卸车由西侧基坑取土点向北驶往土坑处卸土，该卸土过程可以造成对 4 名儿童的土方压埋。

二、事故直接原因

土方转运车驾驶员违章操作，致使在卸土坑处玩耍的儿童被重型自卸车倾卸的土方压埋致机械性窒息死亡。

三、责任追究

群英公司自卸车驾驶员蔺某创：在明知作业现场无指挥人员的情况下，在卸土前未注意观察周边情况，其行为可以造成 4 名儿童被其所倾卸土方压埋，对事故的发生负有直接责任，其因涉嫌重大责任事故罪已由公安机关立案侦查。

群英公司总经理吴某杰：全面负责该建设项目土方施工工程，在基坑土方开挖、倾卸这一危险施工环节未配备专职安全员，倾卸土方现场未设置专人进行协调指挥，作业现场未设置安全防护设施及安全警示标识，对事故的发生负有直接管理责任，其因涉嫌重大责任事故罪已由公安机关立案侦查。

众孚公司总工程师、施工现场负责人王某廷：负责该建设项目的技术、质量、安全、进度等工作，未认真履行安全管理职责，对事故的发生负有直接管理责任，其因涉嫌重大责任事故罪已由公安机立案侦查。

众孚公司副总经理、盛和府建设项目主要负责人吴某恒：负责公司运营管理及主要业务开展，违规肢解、发包该建设项目的地基基础工程；未取得建筑工程施工许可证、未办理建设工程安全质量监督手续，违法违规组织施工；对施工现场安全生产领导管理不力，对事故的发生负有主要领导责任，其因涉嫌重大责任事故罪已由公安机关立案侦查。

众孚公司总经理张某利：负责该公司全面工作，未认真履行安全生产工作职责，对事故的发生负有重要领导责任，其因涉嫌重大责任事故罪已由公安机关立案侦查。

众孚公司法人代表吴某臣、群英公司自卸车驾驶员时某盼、群英公司挖掘机驾驶员彭某雨：因涉嫌重大责任事故罪已由公安机关立案侦查。

四、防范措施

（1）众孚公司等建设单位要深刻汲取事故教训，严格遵守安全生产等法律法规，认真落实安全生产主体责任，建立健全安全生产责任制，切实加强安全生产工作；要严格遵守《中华人民共和国建筑法》《建设工程安全生产管理条例》等法律法规，杜绝违法违规建设；要加强建设项目安全生产统一协调管理，认真落实安全生产有关规章制度，强化施工现场的安全管理和安全巡查，杜绝生产安全事故的发生。

（2）群英公司等施工单位要严格遵守安全生产等法律法规，落实安全生产主体责任，建立健全安全生产责任制和各项规章制度并认真落实，扎实开展风险辨识管控和安全生产隐患排查治理工作，强化施工现场安全生产管理，增强安全意识，认真执行建筑施工领域的国家标准和行业标准，规范落实安全防范措施，杜绝类似事故发生。

（3）其他行业领域要把他人的事故当作自己的事故，深刻汲取事故教训，做到举一反三，进一步深入开展安全生产隐患大排查大整治活动，及时化解各类风险隐患，避免生产安全事故发生。

（4）原阳县城管局、住建局要进一步落实部门监管责任，深入开展打非治违专项整治；严格依照建筑施工有关法律法规，采取切实有效措施，严厉打击非法违法建筑施工活动。要进一步加强重点行业领域的监督管理，扎实开展安全风险辨识管控和隐患排查治理双重预防体系建设，在大排查、大整治等专项活动和日常监管中，要坚决做到违法行为发现一起，打击惩处一起，对非法和严重违法违规的生产经营单位，要实施联合惩戒，形成从严管控、从严整治的高压态势。

（5）原阳县委、县政府要向新乡市委、市政府写出深刻的书面检查，要切实汲取事故教训，认真解决事故中暴露出的薄弱环节，要进一步理顺县城管局与县住建局职责，厘清行业监管与行政执法的关系，合理划分综合行政执法机构与政府职能部门的职责。强化事中事后监管，建立完善综合行政执法机构与政府职能部门之间衔接配合、信息互通、资源共享、协调联动、监督制约等运行机制，建立首问负责、联合（专题）会商、案件移送抄告等制度体系。

要进一步完善应急救援预案，抓好平战结合；进一步完善组织指挥机制，促进各部门联动高效；进一步完善应急力量整合，加强队伍、装备建设；进一步完善媒体应对机制，促进信息发布及时准确。

一案五问一改变

1. 我对该事故的最深感触是什么？

2. 如果该事故中暴露的问题就出现在我身边，我该怎么办？

3. 如果该事故就发生在我身上，我的亲人和朋友会如何？

4. 我从该事故中汲取了什么教训？

5. 学习事故案例后我最想对同事和亲人说什么？

为避免同类事故，在今后的工作中我将做出以下改变：

玉溪市富康城铂尔曼酒店建设项目“4·19”一般高处坠落事故案例①

2022年4月19日11时左右，玉溪丰信质劳务服务有限公司在富康城铂尔曼酒店建设项目施工过程中发生一起事故，事故造成一人死亡，直接经济损失约150万元。

一、事故经过

2022年4月19日，玉溪丰信质劳务服务有限公司工人蒋某祥在玉溪铂尔曼酒店项目一号楼三区二层框构梁外墙进行喷漆作业，与蒋某祥同行施工的是其女朋友李某囡，李某囡负责在平地帮蒋某祥移动喷涂机器。11时左右，当李某囡在整理东西时，听到一声响，转头便发现蒋某祥从上面掉了下来，随即上前查看蒋某祥情况，发现他身上一直流血，因手机无信号，便呼叫旁边的工友打电话叫救护车，打电话报警。

随后贵州大鑫建设工程有限公司安全员周某荣接到泥工班组的电话，说看到有人从3区负1层地下室高空坠落，周某荣第一时间赶到现场，向项目经理、监理、甲方单位汇报此事，并通知丰信质公司负责人王某，安排人员疏通道路等待急救人员到来。11时25分左右，120急救人员到达现场，现场医护人员诊断确认蒋某祥已死亡。

二、事故直接原因

蒋某祥在高约10 m的边坡作业过程中未系安全带，未按规定使用个人防护

---

① 资料来源：玉溪市红塔区人民政府．富康城铂尔曼酒店建设项目“4·19”一般高处坠落事故调查报告［EB/OL］．（2023－01－07）［2023－06－06］．http：//www.hongta.gov.cn/htqzfxxgk/aqscxx9942/20230107/1410585.html.

用品，冒险作业发生高处坠落致死，是事故发生的直接原因。

三、责任追究

玉溪丰信质劳务服务有限公司安全生产主体责任不落实，对施工作业项目安全检查、督促不足；现场安全管理不到位，安全保障措施不足；安全教育培训工作开展不到位；对2022年4月19日发生的生产安全事故负有主要责任。以上事实违反了《中华人民共和国安全生产法》第二十八条第一款、第四十四条第一款的规定，依据《中华人民共和国安全生产法》第一百一十四条第（一）项的规定，建议由红塔区应急管理局对玉溪丰信质劳务服务有限公司进行行政处罚。

玉溪丰信质劳务服务有限公司法定代表人王某，作为公司安全生产第一责任人，没有认真履行安全生产管理职责，未督促、检查本单位安全生产工作，及时消除安全事故隐患，对2022年4月19日发生的生产安全事故负有主要领导责任。以上事实违反了《中华人民共和国安全生产法》第二十一条第（五）项的规定，依据《中华人民共和国安全生产法》第九十五条第（一）项的规定，建议由红塔区应急管理局对王某进行行政处罚。

贵州大鑫建设工程有限公司项目负责人王某民、项目管理人员刘某全、项目安全员周某荣履职不到位，对项目施工单位管理过程中未及时发现并制止施工单位在作业过程中存在的安全隐患对事故的发生负有管理责任，由贵州大鑫建设工程有限公司根据企业安全生产责任制的相关规定对王某明、刘某全、周某荣进行处罚，并将处罚结果报红塔区应急管理局备案。

蒋某祥在作业过程中未系安全带，未按规定使用个人防护用品冒险作业，对事故的发生负有直接责任，鉴于其在事故中死亡，责任不予追究。

四、防范措施

（1）玉溪丰信质劳务服务有限公司要全面落实安全生产主体责任；完善安全生产规章制度、操作规程和生产安全事故应急救援预案，并对生产安全事故应急救援预案进行演练；加强现场安全管理，对检查中发现的安全问题，应当立即整改，坚决杜绝违规作业。

（2）玉溪丰信质劳务服务有限公司要召开安全会议，认真分析事故原因、总结并吸取事故教训；加强施工现场的安全管理，落实责任书要求，严格奖惩；认真对职工进行再教育，落实三级安全教育培训制度，严格按照规定设置施工现场安全防护，提高职工的安全意识和自我保护能力；同时，全面开展安全大检查，认真排查，坚决消除各类安全隐患，避免生产安全事故的再次发生。

（3）贵州大鑫建设工程有限公司要加强对外来施工单位管理，督促施工单位严格落实各项安全管理措施；要对施工单位的作业行为进行指导，加强现场监督检查，在施工单位资质审查、施工方案审批等管理过程中要严格把关，督促施工单位落实各项安全管理制度及施工安全保障措施。要召开安全会议，认真分析、总结并吸取事故教训；落实责任书要求，严格奖惩；同时，全面开展安全大检查，对本单位及协作单位安全工作进行认真排查，坚决消除各类安全隐患，杜绝生产安全事故的再次发生。

（4）玉溪市高新区管委会要强化职能职责，强化高新区国土规划建设局行业部门安全生产管理职责。一是结合安全生产专项整治三年行动深入组织开展在建项目安全生产整治工作，督促参建各方主体和从业单位落实安全生产主体责任和企业负责人履行安全生产职责；二是强化建设工程安全管理，加大对建设工程领域安全生产违法行为的查处和对建设工程项目的执法检查力度，加大对各类习惯性的违章指挥、违章作业、违反劳动纪律等行为的监督检查；三是督促指导事故单位落实事故防范措施，确保隐患整改工作落实到位。

（5）玉溪市住房和城乡建设局、玉溪市建设工程质量监督管理站要认真履行行业安全监管责任，深入开展建筑施工领域安全生产专项整治三年行动巩固提升阶段的工作要求，要依法监督建筑施工单位及企业主要负责人从严落实企业主体责任，加强施工现场安全管理，加强对从业人员的安全教育培训，构建安全风险分级管控和隐患排查治理双重预防机制，建立健全各项安全生产制度。要加大建筑施工安全生产执法检查力度，严肃查处未批先建、违章指挥、违规操作、违反劳动纪律等行为，确保安全生产形势保持稳中向好。

一案五问一改变

1. 我对该事故的最深感触是什么？

2. 如果该事故中暴露的问题就出现在我身边，我该怎么办？

3. 如果该事故就发生在我身上，我的亲人和朋友会如何？

4. 我从该事故中汲取了什么教训？

5. 学习事故案例后我最想对同事和亲人说什么？

为避免同类事故，在今后的工作中我将做出以下改变：

河北省衡水市翡翠华庭“4·25”施工升降机轿厢坠落重大事故案例①

2019 年 4 月 25 日上午 7 时 20 分左右，河北衡水市翡翠华庭项目 1 号楼建筑工地，发生一起施工升降机轿厢（吊笼）坠落的重大事故，造成 11 人死亡、2 人受伤，直接经济损失约 1800 万元。

一、事故经过

根据监控录像显示，2019 年 4 月 25 日 6 时 36 分（已校准为北京时间），广厦建筑公司施工人员陆续到达翡翠华庭项目工地，做上班前的准备工作。步某民等 11 人陆续进入施工升降机东侧轿厢（吊笼），准备到 1 号楼 16 层搭设脚手架。6 时 59 分，施工升降机操作人员解某玉启动轿厢，升至 2 层时添载 1 名施工人员后继续上升。7 时 06 分，轿厢（吊笼）上升到 9 层卸料平台（高度 24 m）时，施工升降机导轨架第 16、17 标准节连接处断裂、第 3 道附墙架断裂，轿厢（吊笼）连同顶部第 17 至第 22 节标准节坠落在施工升降机地面围栏东北侧地下室顶板（地面）码放的砌块上，造成 11 人死亡、2 人受伤。

经查，事故发生时，施工升降机坠落的东侧轿厢（吊笼）操作人员为解某玉。解某玉未取得建筑施工特种作业资格证（施工机司机），为无证上岗作业。

二、事故直接原因

调查认定，事故施工升降机第 16、17 节标准节连接位置西侧的两条螺栓未安

---

① 资料来源：河北应急管理厅．衡水市翡翠华庭“4·25”施工升降机轿厢坠落重大事故调查报告［EB/OL］．（2019－10－21）［2023－06－06］．https：//yjgl.hebei.gov.cn/portal/index/getPortalNewsDetails?id = 93a0c0cc － 4ffd － 4688 － afeb － ced41ae43c86&categoryid = 3a9d0375 － 6937 － 4730 － bf52 － febb997d8b48.

装、加节与附着后未按规定进行自检、未进行验收即违规使用，是造成事故的直接原因。

三、责任追究

（一）免予追责人员

解某玉，女，广厦建筑公司翡翠华庭项目工地事故施工升降机操作人员，无证操作事故施工升降机。鉴于在该起事故中遇难，免予追究其法律责任。

（二）已移送司法机关采取刑事强制措施人员（13 人）

1. 广厦建筑公司（6 人）

赵某军，男，群众，安全科长，涉嫌重大责任事故罪，已于 2019 年 5 月 17 日被公安机关刑事拘留，2019 年 5 月 31 日被检察机关批准逮捕。

刘某，男，群众，二分公司经理，主持公司全面工作，涉嫌重大责任事故罪，已于 2019 年 5 月 17 日被公安机关刑事拘留，2019 年 5 月 31 日被检察机关批准逮捕。

刘某，男，群众，二分公司副经理、现场实际负责人，涉嫌重大责任事故罪，已于 2019 年 5 月 1 日被公安机关刑事拘留，2019 年 5 月 14 日被检察机关批准逮捕。

于某森，男，群众，翡翠华庭项目经理，涉嫌重大责任事故罪，已于 2019 年 5 月 12 日被公安机关刑事拘留，2019 年 5 月 24 日被检察机关批准逮捕。

刘某义，男，群众，翡翠华庭项目工长，协助刘军负责现场管理，涉嫌重大责任事故罪，已于 2019 年 5 月 12 日被公安机关刑事拘留，2019 年 5 月 24 日被检察机关批准逮捕。

张某，男，群众，翡翠华庭项目安全员，涉嫌重大责任事故罪，已于 2019 年 5 月 1 日被公安机关刑事拘留，2019 年 5 月 14 日被检察机关批准逮捕。

2. 恒远管理公司（1 人）

姜某，男，群众，翡翠华庭项目现场监理员，涉嫌重大责任事故罪，已于 2019 年 5 月 1 日被公安机关刑事拘留，2019 年 5 月 14 日被检察机关批准逮捕。

3. 老程塔机公司（5 人）

程某，男，群众，法定代表人、总经理，涉嫌重大责任事故罪，已于 2019 年 5 月 1 日被公安机关刑事拘留，2019 年 5 月 14 日被检察机关批准逮捕。

程某明，男，群众，生产经理，涉嫌重大责任事故罪，已于 2019 年 5 月 17 日被公安机关刑事拘留，2019 年 5 月 31 日被检察机关批准逮捕。

程某，男，群众，安全员、安拆工，涉嫌重大责任事故罪，已于 2019 年 5

月 1 日被公安机关刑事拘留，2019 年 5 月 14 日被检察机关批准逮捕。

王某东，男，群众，安拆工，涉嫌重大责任事故罪，已于 2019 年 5 月 12 日被公安机关刑事拘留，2019 年 5 月 24 日被检察机关批准逮捕。

胡某仓，男，群众，安拆工，涉嫌重大责任事故罪，已于 2019 年 5 月 12 日被公安机关刑事拘留，2019 年 5 月 24 日被检察机关批准逮捕。

4. 衡水市住房和城乡建设局节能办（1 人）

于某华，男，中共党员，衡水市住房和城乡建设局节能办职工。违规在恒远管理公司兼职，担任翡翠华庭项目总监，涉嫌重大责任事故罪，已于 2019 年 5 月 17 日被公安机关刑事拘留，2019 年 5 月 31 日被检察机关批准逮捕。

（三）建议企业内部处理人员（2 人）

许某国，男，群众，友和地产公司工程部经理、翡翠华庭项目负责人。

姬某彬，男，中共党员，恒远管理公司副总经理（技术负责人）。

（四）建议给予地方政府及相关监管部门党政纪处分人员（9 人）

王某昆，中共党员，衡水市人民政府副市长。

王某勇，中共党员，衡水市住房和城乡建设局党组书记、局长。

梁某江，中共党员，衡水市住房和城乡建设局党组成员、副局长。

李某平，中共党员，衡水市住房和城乡建设局建设工程管理科科长。

吴某明，中共党员，衡水市建材办主任。

李某华，中共党员，衡水市建材办副主任。

张某兵，中共党员，衡水市建材办监督科科长。

王某章，中共党员，衡水市建设工程安全监督站站长。

于某华，衡水市住房和城乡建设局节能办职工。

（五）建议对事故单位及责任人员的行政处罚

1. 对事故相关企业的行政处罚

广厦建筑公司。该公司未落实企业安全生产主体责任，未及时消除生产安全事故隐患，对事故的发生负有责任。依据《建筑法》第七十一条第一款和《建设工程安全生产管理条例》第六十五条第（二）项规定，建议由省住建厅报请住房和城乡建设部给予降低资质等级的行政处罚；依据《建筑施工企业安全生产许可证动态监管暂行办法》第十四条第二款第（三）项规定，建议由省住建厅给予暂扣安全生产许可证 120 日的行政处罚；依据《安全生产法》第一百零九条第（三）项规定，建议由衡水市应急管理局给予其 150 万元罚款的行政处罚。

老程塔机公司。该公司安全生产责任制落实不到位，对事故的发生负有责任。依据《建设工程安全生产管理条例》第六十一条第一款规定，建议由省住建厅给予吊销资质的行政处罚；依据《建筑施工企业安全生产许可证动态监管暂行办法》第十四条第一款规定，建议由省住建厅给予吊销其安全生产许可证的行政处罚；依据《安全生产法》第一百零九条第（三）项规定，建议由衡水市应急管理局给予其 150 万元罚款的行政处罚。

恒远管理公司。该公司未认真履行监理职责，对事故发生负有责任。依据《建设工程安全生产管理条例》第五十七条第（三）项规定，建议由省住建厅报请住房和城乡建设部给予降低资质等级的行政处罚；依据《安全生产法》第一百零九条第（三）项规定，建议由衡水市应急管理局给予其 110 万元罚款的行政处罚。

友和地产公司。该公司安全生产责任制落实不到位，对事故的发生负有责任。依据《安全生产法》第一百零九条第（三）项规定，建议由衡水市应急管理局给予其 110 万元罚款的行政处罚。

2. 对事故企业相关责任人行政处罚

车某峰，群众，广厦建筑公司法定代表人、总经理。未有效履行主要负责人安全生产工作职责，对事故发生负有责任。依据《生产安全事故报告和调查处理条例》第四十条第一款规定，建议由省住建厅吊销其安全生产考核合格证书；依据《安全生产法》第九十二条第（三）项规定，建议由衡水市应急管理局对其处以 2018 年年收入（109280 元）百分之六十的罚款，计人民币 65568 元。

张某旺，中共党员，广厦建筑公司副总经理。对公司安全生产规章制度执行不力，未组织对下属公司在建施工项目进行安全检查，未按规定每月召开公司安全生产例会，对施工现场安全管理人员缺失的情况失查，对事故升降机司机解某玉无证上岗作业情况失查，对事故发生负主要领导责任。建议给予其留党察看一年的党纪处分；依据《生产安全事故报告和调查处理条例》第四十条第一款规定，建议由省住建厅吊销其安全生产考核合格证书；由广厦建筑公司按照内部规定给予其撤职处理，并报衡水市住房和城乡建设局备案。

赵某军，群众，广厦建筑公司安全科长。对公司安全生产规章制度执行不力，未对下属公司在建施工项目进行安全检查，对施工现场安全管理人员缺失的情况失查，对施工现场安全生产指导不力，对施工现场违规使用事故施工升降机的情况失查，对事故施工升降机司机解某玉无证上岗作业情况失查。依据《生产安全事故报告和调查处理条例》第四十条第一款规定，建议由省住建厅吊销其安全生产考核合格证书。

于某森，群众，广厦建筑公司翡翠华庭项目经理。在衡水广厦建筑公司

“挂证”，实际未履行项目经理职责，对事故发生负有责任。依据《建设工程安全生产管理条例》第五十八条，建议由省住建厅报请住建部吊销其执业资格证书、终身不予注册；依据《生产安全事故报告和调查处理条例》第四十条第一款规定，建议由省住建厅吊销其安全生产考核合格证书。

张某，群众，广厦建筑公司翡翠华庭项目专职安全生产管理人员。在事故施工升降机安装过程中未进行现场监督，对事故发生负有责任。依据《生产安全事故报告和调查处理条例》第四十条第一款，建议由省住建厅吊销其安全生产考核合格证书。

程某，群众，老程塔机公司法定代表人、总经理。未认真履行主要负责人安全生产管理职责，对事故发生负有管理责任。依据《生产安全事故报告和调查处理条例》第四十条第一款，建议由省住建厅吊销其安全生产考核合格证书。

程某，群众，老程塔机公司安全员、安拆工。事故施工升降机安装现场负责人，未按照事故施工升降机使用说明书、操作规程对事故施工升降机进行安装和紧固螺栓。安装作业完成后，未按照施工升降机安全技术标准、安装使用说明书要求进行自检、调试、试运转，未能发现事故升降机导轨架第 16、第 17 标准节西侧两条连接螺栓漏装的重大安全隐患，未按规定出具自检合格证明。在 2019 年 4 月 17 日事故施工升降机加节安装过程中，违规进行了非安装程序的物料运输。未按规定向使用单位进行交接。依据《生产安全事故报告和调查处理条例》第四十条第一款，建议由省住建厅吊销其安全生产考核合格证书；依据《特种设备安全法》第九十二条规定，建议由省住建厅吊销其特种作业人员操作资格证书。

王某东，群众，老程塔机公司安拆工。未按照专项施工方案、施工升降机使用说明书、操作规程进行安装和紧固螺栓。安装完成后，未按规定进行自检、调试、试运转，未能发现事故升降机导轨架第 16、第 17 标准节西侧两条连接螺栓漏装的重大安全隐患。依据《特种设备安全法》第九十二条规定，建议由省住建厅吊销其特种作业人员操作资格证书。

胡某仓，群众，老程塔机公司安拆工。未按照专项施工方案、施工升降机使用说明书、操作规程进行安装和紧固螺栓，仅凭经验进行安装作业，未能发现事故升降机导轨架第 16、第 17 标准节西侧两条连接螺栓漏装的重大安全隐患。依据《特种设备安全法》第九十二条规定，建议由省住建厅吊销其特种作业人员操作资格证书。

王某阳，中共党员，恒远管理公司法定代表人、总经理。未有效履行主要负责人安全生产工作职责，对事故发生负有责任。建议给予其留党察看一年的党纪处分；依据《安全生产法》第九十二条第（三）项规定，由衡水市应急管理局对其处以2018年年收入（49791.56元）百分之六十的罚款，计人民币29875元。

孙某，群众，衡水友和地产公司法定代表人、董事长、总经理。未有效履行主要负责人安全生产工作职责，对事故发生负有责任。依据《安全生产法》第九十二条第（三）项规定，建议由衡水市应急管理局对其处以2018年年收入（296318.81元）百分之六十的罚款，计人民币177791元。

（六）对当地政府及有关监管部门的处理建议

建议衡水市住房和城乡建设局向衡水市委、市政府作出深刻书面检查。

建议衡水市委、市政府向河北省委、省政府作出深刻书面检查。

四、防范措施

（1）进一步筑牢安全发展理念。党中央、国务院始终高度重视安全生产工作，习近平总书记多次就安全生产工作作出重要指示批示。各地各部门要认真学习贯彻习近平总书记重要指示精神，牢固树立安全生产红线意识和底线思维。要深刻吸取事故教训，举一反三，坚决落实安全生产属地监管责任和行业监管责任，督促企业严格落实安全生产主体责任，深入开展隐患排查治理，有效防范化解重大安全生产风险，坚决防止发生重特大事故，维护人民群众生命财产安全和社会稳定。

（2）深入开展建筑领域专项整治。各级建筑行业主管部门要严格落实《河北省党政领导干部安全生产责任制实施细则》，切实做好建筑行业三年专项整治工作。一要突出起重吊装及安装拆卸工程安全管理，紧抓建筑起重机械产权备案、安装（拆卸）告知、安全档案建立、检验检测、安装验收、使用登记、定期检查维护保养等制度的落实，严格机械类专职安全生产管理人员配备以及相应资质和安全许可证管理，严查起重机械安装拆卸人员、司机、信号司索工等特种作业人员持证上岗情况。二要严格过程监管，督促施工单按照有关技术规范要求，在工程开工前、单项工程或专项施工方案施工前、交叉作业时以及施工过程中作业环境或施工条件发生变化时等，认真组织相关管理人员及施工作业人员做好安全技术交底工作，严查书面安全技术交底、交底内容针对性及操作性等方面存在的问题。三要强化执法监察，保持建筑行业领域打非治违高压态势，对非法违法行为严厉处罚，推动企业主体责任落实。

（3）严格落实建设单位安全责任。建设单位要加强对施工单位、监理单位的安全生产管理。与施工单位、监理单位签订专门的安全生产管理协议，或者在合同中约定各自的安全生产管理职责。严格督促检查施工单位现场负责人、专职安全管理人员和监理单位项目总监理工程师、专业监理工程师等有关专业人员资格情况，确保具备资格条件的人员进场施工。认真开展监理单位履约情况考核与评价，对监理公司监理人员不到位等问题及时发现与纠正。切实加强施工现场安全管理，对施工单位、监理单位的安全生产工作要统一协调、管理，定期进行安全检查，发现存在安全问题的要及时督促整改，确保安全施工。

（4）严格落实总承包单位施工现场安全生产总责。按要求配备相应的施工现场安全管理人员，将安全生产责任层层落实到具体岗位、具体人员；与安装等相关分包单位签订的合同中明确双方的安全生产责任，严格按要求对安装单位编制的建筑起重机械等专项施工方案的有效性、适用性进行审核；专项施工方案实施前，按要求和安装单位配合完成方案交底和安全技术交底工作；施工升降机首次安装、后续加节附着作业及拆卸实施中，施工总承包单位项目部应当对施工作业人员进行审核登记，项目负责人应当在施工现场履职，项目专职安全生产管理人员应当对专项施工方案实施情况进行现场监督；建筑起重机械首次安装自检合格后，必须经有相应资质的检验检测机构监督检验合格；建筑起重机械投入使用前（包括后续顶升或加节、附着作业），应当组织出租、安装、监理等有关单位进行验收，验收合格后方可使用；使用单位应当自建筑起重机械安装验收合格之日起30日内，将建筑起重机械安装管理制度、特种作业人员名单，向工程所在地建设主管部门办理使用登记，登记标志置于或附着于该设备的显著位置；强化施工升降机使用管理，建筑起重机械司机必须具有特种作业操作资格证书，作业前应对司机进行安全技术交底后方可上岗；建筑起重机械在使用过程中，严格监督检查产权单位对建筑起重机械进行的检查和维护保养，确保设备安全使用。

（5）切实落实监理单位安全监理责任。监理单位要完善相关监理制度，强化对监理人员管理考核。一要严格按要求对建筑起重机械安装单位编制的专项施工方案的有效性、适用性进行审查，签署审核意见，加盖总监理工程师执业印章。二要严格审查安装单位资质证书、人员操作证等；专项施工方案实施前，按要求监督施工总承包单位和安装单位进行方案交底和安全技术交底工作；专项施工方案实施中，应当对作业进行有效的专项巡视检查。三要参加起重机械设备的验收，并签署验收意见；发现施工单位有违规行为应当给予制止，并向建设单位报告；施工单位拒不整改的应当向建设行政主管部门报告。

（6）切实加强建筑起重机械安全管控。建筑起重机械安装单位要按照标准规范，编制安拆专项施工方案，由本单位技术负责人审核，保证专项施工方案内容的完整性、针对性；专项施工方案实施前，按要求组织方案交底和安全技术交底工作；专项施工方案实施中，拆装人员必须取得相应特种作业操作资格证书并持证上岗，专业技术人员、专职安全生产管理人员应当进行现场监督；安装完毕后（包括后续顶升或加节、附着作业），严格按规定进行自检、调试和试运转，经检测验收合格后方可投入使用。

（7）切实抓好安全生产教育培训。要加强员工安全教育培训，科学制定教育培训计划，有效保障安全教育培训资金，依法设置培训课时，切实保证培训效果，不断提高员工的安全意识和防范能力，有效防止“三违”现象，确保建筑施工安全。

（8）夯实政府及部门监管责任。各地党政领导要认真执行《河北省党政领导干部安全生产责任制实施细则》，严格落实“党政同责、一岗双责”安全生产责任制。地方政府要严格落实属地监管责任，督促相关行业部门及有关企业认真落实安全生产职责，要将安全生产工作同其他工作同部署、同检查、同考核，构建齐抓共管的工作格局。建设行业主管部门要按照“三个必须”的要求，严格落实行业监管责任。衡水市住房和城乡建设局要进一步加强对建筑起重机械等危大工程的安全监管，完善建筑起重机械安全监督管理制度，改进当前管理体制，切实提高全市建筑起重机械管理水平，坚决防范类似事故再次发生。

一案五问一改变

1. 我对该事故的最深感触是什么？

2. 如果该事故中暴露的问题就出现在我身边，我该怎么办？

3. 如果该事故就发生在我身上，我的亲人和朋友会如何？

4. 我从该事故中汲取了什么教训？

5. 学习事故案例后我最想对同事和亲人说什么？

为避免同类事故，在今后的工作中我将做出以下改变：

5月

甘肃省庆阳市合水县“5·4”较大坍塌事故案例①

2019 年 5 月 4 日 18 时 01 分，庆阳市合水县六乡镇截污控源工程何家畔镇何家畔村（管网部分）工程，在施工过程中发生一起基槽壁土方坍塌的较大事故，造成 4 人死亡，直接经济损失 348 万元。

一、事故经过

2019 年 5 月 4 日 7 时上班后，按照牛某成安排，李某平组织杨某庆、薛某旺、孙某荣等 20 多名工人先对何家畔九年制学校对面的路面渗水砖进行剥离，挖掘机进行土方开挖，挖成宽度 1 m、深度 4.9 m 的基槽，开挖土方堆放在基槽北侧边沿。至 12 时下班前，基槽掘进长度 60 m。14 时上班后，挖掘机对剩余约 10 m 长的基槽继续进行开挖，作业人员跟进开展清槽、敷设管道。至 17 时 10 分，此段基槽全线贯通。牛某成要求将开挖的基槽处管道全部敷设完成后再下班（天气预报将有强降雨）。此时，赵某辉、何某全清理平整槽底，薛某旺、孙某荣、赵某宏铺设管道，其他作业人员在基槽采用竹架板作挡板、扣件式钢管作支撑实施局部简易支护作业。17 时 40 分许，位于“一缕阳光文汇店”门前的基槽北侧槽壁局部坍塌，赵某辉腰部及以下被土方掩埋，何某全见状立即大声喊叫：“土埋住人了！”正在 10 m 以外进行管道敷设作业的薛某旺、孙某荣、赵某宏听到呼救，立即赶来施救。孙某荣边挖坍塌土方边对身边的赵某宏喊：“你赶快上地面把基槽边沿的土往外挖，我们在下面继续刨人”。当赵某宏爬至基槽上部正把基槽边沿堆积的土方往外挖时，基槽北侧槽壁随即发生大面积坍塌，赵某辉、孙某荣、何某全、薛某旺被坍塌的土方掩埋。赵某宏滑落槽内并被土方埋

① 资料来源：庆阳市应急管理局．合水县“5·4”较大坍塌事故调查报告［EB/OL］．(2019－12－03)［2023－06－06］．https：//yjgl. zgqingyang. gov. cn/xwzx/tzgg/content_126345.

至膝盖处，当即被在场人员救出。

事故发生后，牛某成立即拨打110、120求救，同时向何家畔镇政府、县住建局、庆阳市生态环境局合水分局、县应急局进行报告。接报后，合水县政府立即启动应急预案，县政府主要负责人带领有关部门人员相继赶赴现场指挥事故救援。市应急局接合水县应急局事故报告后，主要负责人带领相关人员及时赶赴现场，指导救援和善后工作。事故现场，左某东指挥挖掘机将基槽边沿的土方进行转移。待挖掘机将土方转移后，救援人员采用铁锹挖、徒手刨的方法将被掩埋人员逐一救出。18时50分孙某荣和薛某旺被救出，19时10分赵某辉、何某全被救出，由120救护车送往医院进行抢救。4人经抢救无效先后死亡。

二、事故直接原因

该工程项目在开挖基槽时未按照设计要求采取放坡、基槽壁未采取支护，基槽北侧堆放大量土方，基槽土质疏松、土壤含水率大，致使沟槽北侧土层局部剪切破坏是导致本起事故发生的直接原因。

三、责任追究

牛某成，何家畔镇截污控源工程项目实际负责人，违法借用庆阳嘉通建设公司资质进行工程项目招投标和施工，聘用不具备相应资质和能力的人员从事工程项目管理工作，在施工中违反有关安全生产的法律法规，不执行危险性较大的分部分项工程安全管理规定，未按照规定对从业人员进行安全生产教育和培训，不认真排查整改安全隐患，违章指挥、盲目赶进度，对该起事故发生负有直接责任，涉嫌重大责任事故罪，建议移送司法机关追究刑事责任。

李某，庆阳嘉通建设公司法定代表人，违法出借本公司资质，允许牛某成借用庆阳嘉通建设公司资质进行工程项目招投标和施工，对何家畔镇截污控源工程项目部中标人员长期不到岗未予以纠正，对事故发生负有重要管理责任，建议由庆阳市应急局依据《中华人民共和国安全生产法》第九十二条规定，对其处以上年度收入百分之四十罚款。

刘某，庆阳嘉通建设公司何家畔镇截污控源工程项目经理，长期不到岗履行项目管理职责，对事故的发生负直接管理责任，建议由庆阳市住建局依据《建设工程安全生产管理条例》第五十八条规定，处以吊销执业资格证书，5年内不予注册的处罚。

帅某龙，庆阳嘉通建设公司何家畔镇截污控源工程安全员，长期不到岗履行安全生产管理职责，对事故的发生负直接管理责任，建议由庆阳市住建局依据

《建筑施工企业主要负责人、项目负责人和专职安全生产管理人员安全生产管理规定》第三十三条规定，吊销其安全生产考核合格证书。

孙某强，庆阳恒宇监理公司何家畔截污控源工程土建工程监理员，未执行有关法律法规和工程建设强制性标准，履行监理职责不力，对施工单位拒不整改安全隐患的行为未及时向有关主管部门报告，对该起事故发生负有直接监理责任，建议由庆阳市住建局依据《建设工程安全生产管理条例》第五十八条规定，对其监理工作处以停止执业一年的处罚。

赵某军，庆阳恒宇监理公司何家畔截污控源工程监理部设备安装监理，长期不到岗，未依法履行监理职责，对该起事故发生负有直接监理责任，建议由庆阳市住建局依据《建设工程安全生产管理条例》第五十八条规定，对其监理工作处以停止执业一年的处罚。

梁某兰，庆阳恒宇监理公司何家畔截污控源工程监理部总监理工程师，负责项目监理全面工作，长期不到岗，未依法履行项目监理职责，对事故的发生负有直接监理责任，建议由庆阳市住建局依据《建设工程安全生产管理条例》第五十八条规定，处以吊销执业资格证书，5 年内不予注册的处罚。

巨某龙，庆阳恒宇监理公司法定代表人，未依法履行监理单位主要负责人管理职责，对中标监理人员长期不到岗未予以纠正，对监理项目巡查、检查不力，对事故发生负有监理管理责任，建议由庆阳市应急局依据《中华人民共和国安全生产法》第九十二条规定，对其处以上年度收入百分之四十罚款。

兰某，庆阳市生态环境局合水分局污控股科员，负责办理合水县六乡镇截污控源工程业务，未严格履行建设工程管理职责，对何家畔镇截污控源工程存在的安全隐患未按规定采取措施，对该起事故发生负有监管责任，建议由合水县按照干部管理权限，依据《安全生产领域违法违纪行为政纪处分暂行规定》第八条规定，给予政务警告处分。

杨某军，庆阳市生态环境局合水分局副局长，分管合水县六乡镇截污控源工程业务，未认真履行建设工程管理职责，对何家畔镇截污控源工程存在的安全隐患未按规定采取措施，对该起事故发生负有主要领导责任，建议由合水县依据《安全生产领域违法违纪行为政纪处分暂行规定》第八条规定，给予政务记过处分。

董某平，庆阳市生态环境局合水分局局长，负责合水分局全面工作，未认真履行何家畔镇截污控源工程管理职责，对该起事故发生负有重要领导责任，建议由合水县依据《甘肃省行政过错责任追究办法》第二十八条规定，对其进行诫勉谈话，并责令其向合水县政府作出书面检查。

常某明，合水县何家畔镇武装部长，临时负责何家畔镇截污控源工程的监督管理和协调工作，对该工程项目属地安全管理职责履行不力，对事故发生负有属地管理领导责任，建议由合水县依据《甘肃省行政过错责任追究办法》第二十八条规定，对其进行诫勉谈话。

姜某娟（以工代干），合水县建筑工程质量监督安全监察站安监股股长，对何家畔镇截污控源工程施工现场未严格按照规范进行安全检查、复查，对事故发生负有监督责任，建议由合水县按照人员管理权限，依据《甘肃省行政过错责任追究办法》第二十八条规定，对其进行诫勉谈话。

郭某超，合水县建筑工程质量监督安全监察站站长，未认真履行何家畔镇截污控源工程安全生产监督职责，未有效督促指导工作人员履行安全监察职责，对事故发生负有重要监管责任和领导责任，建议由合水县依据《安全生产领域违法违纪行为政纪处分暂行规定》第八条规定，给予政务记过处分。

安某涛，合水县住建局副局长，分管工程质量、施工安全监管工作，对何家畔镇截污控源工程监管工作指导不力、管理不细，对事故发生负有行业监管主要领导责任，建议由合水县依据《甘肃省行政过错责任追究办法》第二十八条规定，对其进行诫勉谈话，并责令其向合水县政府作出书面检查。

张某斌，合水县住建局局长，负责住建局全面工作，对何家畔镇截污控源工程监管工作领导不力，对事故发生负有行业监管重要领导责任，建议由合水县政府依据《甘肃省行政过错责任追究办法》第二十八条规定，对其进行诫勉谈话。

四、防范措施

（1）切实加强对安全生产工作组织领导。各县（区）要深入学习贯彻落实习近平总书记关于安全生产工作的重要指示、批示精神和中央、省、市关于安全生产工作的决策部署，牢固树立安全发展理念，切实加强对安全生产工作的组织领导，强化红线意识，强化安全生产责任落实，强化地方党委政府的领导责任，强化安全保障水平，强化应急处置能力。要深刻吸取事故教训，高度重视和切实加强对建设领域的安全监管，深化重点行业领域安全整治，建立健全双重预防机制，防风险、除隐患、遏事故，切实提升安全生产管理水平。

（2）切实加强对建设领域安全监管。市、县建设行政主管部门要严格落实“管行业必须管安全、管业务必须管安全、管生产经营必须管安全”的总要求，切实加强建设工程领域安全监管，常抓不懈。要坚持问题导向，突出重点，主动作为，严格执行《中华人民共和国安全生产法》《中华人民共和国建筑法》《建设工程安全生产管理条例》《建筑工程施工发包与承包违法行为认定查处管理办法》等法律法规，严厉打击违法发包、转包、分包、“挂靠”等乱象。要针对建筑施工领域存在的突出问题，制定工作方案，细化工作责任，迅速开展专项整治行动，重拳出击，铁腕整治，有效防范事故。

（3）严格落实安全生产主体责任。建设、勘察、设计、施工、监理等单位要严格执行安全生产法律法规，坚持安全第一、预防为主、综合治理的方针，强化和落实生产经营单位的主体责任，建立健全和落实安全生产责任制度、各项规章制度和作业安全规程，强化施工现场安全管理，狠抓从业人员安全教育培训，严格按照施工技术标准及规范施工，确保施工安全。

（4）突出抓好危险性较大分部分项工程安全管理。建设、勘察、设计、监理、施工等单位应根据各自职责建立健全危险性较大分部分项工程安全管控体系，特别要落实危险性较大分部分项工程过程管理措施。要加强危险性较大分部分项工程安全专项施工方案的编制和论证，严格专项方案的实施，明确岗位职责和责任人员，真正做到有交底、有检查、有整改、有验收，有效管控安全风险，彻底消除隐患。

（5）加强安全宣传和教育培训。各县（区）要切实加大对建筑施工企业的安全宣传和教育培训力度，认真开展三级安全教育培训、特种作业人员培训、“三类人员”安全教育培训，借助“两微一端”等新媒体，做好企业负责人、项目负责人、安全员、特种作业人员和从业人员的安全教育培训，切实提高管理人员的安全素养和业务能力，增强从业人员的安全意识和自我防护能力，不断夯实安全生产基础。

一案五问一改变

1. 我对该事故的最深感触是什么？

2. 如果该事故中暴露的问题就出现在我身边，我该怎么办？

3. 如果该事故就发生在我身上，我的亲人和朋友会如何？

4. 我从该事故中汲取了什么教训？

5. 学习事故案例后我最想对同事和亲人说什么？

为避免同类事故，在今后的工作中我将做出以下改变：

玉林市碧桂园凤凰城五期“5·16”施工升降机高空坠落较大事故案例①

2020年5月16日19时50分左右，玉林市二环北路的玉林碧桂园凤凰城五期AI标1号、2号、5号楼工程在建工地发生1起施工升降机坠落事故，造成现场施工人员6人死亡，直接经济损失约873万元。

一、事故经过

2020年5月16日19时40分左右，施工升降机司机周某明驾驶施工升降机，搭载塔吊指挥覃某江、混凝土工人杨某胜、混凝土工人杨某鼎、混凝土工人杨某流、混凝土工人罗某飞共6人，准备到A1标段1号、2号、5号楼项目的5号楼楼顶进行浇筑造型混凝土。原计划是搭乘施工升降机到32层（该楼地面以上32层），然后再通过到楼顶的楼梯通道走上到楼顶层面。19时50分，施工升降机笼体底部上升到5号楼33层楼面（最高附墙以上，按照技术标准，施工升降机驾驶员应该在第32层层站时制动升降机停靠），施工升降机笼体发生侧翻，最终坠落到地面造成事故（连带32层1个附墙，最上面5个标准节等），事故造成搭乘施工升降机的6人中的3人当场死亡，另外3人重伤经送医后，于20时30分抢救无效死亡。

事故发生后，施工方广东龙越建筑工程有限公司分别向玉州区公安派出所、消防、医院、应急、住建等部门报案，请求派人救援。相关单位接到报案后，迅速派出警员和消防救援队伍以及医院急救中心的医务人员赶赴事故现场开展施救，全力抢救伤员。经现场救援人员的全力施救，现场发现救援出来的3人已无

① 资料来源：广西玉林市人民政府．玉林市玉林碧桂园凤凰城五期“5·16”建筑施工较大事故调查报告［EB/OL］．（2021－02－08）［2023－06－07］．http：//www.yulin.gov.cn/zwgk/qtzdxxgk/aqsc/anquanshigudiaochabaogao/t7925501.shtml.

生命体征，3 人重伤经送医院后，于 20 时 30 分抢救无效死亡。

二、事故直接原因

事故施工升降机导轨架顶部往下第 5 节标准节与第 6 节标准节连接位置左侧 2 根高强度螺栓缺失、未安装有效的上限位装置及上极限装置，广东龙越建筑工程有限公司将未经验收合格的施工升降机投入使用、施工升降机司机周建明违规操作，是造成事故的直接原因。

三、责任追究

（一）建议免予追责人员（1 人）

周某明，广西北流航博建筑机械租赁有限公司施工升降机司机，违规操作施工升降机，驾驶施工升降机右吊笼底部越过最高一道附墙（最高层门 32 层在最高附墙下），违反了《吊笼有垂直导向的人货两用施工升降机》5. 10、《施工升降机安全使用规程》10. 3，对事故的发生负直接责任。鉴于其本人在事故中死亡，建议免予追究其责任。

（二）建议追究刑事责任人员（7 人）

顾某保，广西北流航博建筑机械租赁有限公司的法定代表人、总经理，未按规定督促落实安拆人员岗位职责；没有保证其单位安全生产投入的有效实施；没有按规定有效的落实航博公司的安全生产教育和培训；没有及时督促、检查在事故施工升降机顶升加节中存在的安全事故隐患并及时消除。违反了《中华人民共和国安全生产法》第十八条第（一）、（三）、（四）、（五）项的规定。对事故的发生负主要领导责任，涉嫌重大责任事故罪，建议由司法机关依法追究其刑事责任。

陈某永，广西北流航博建筑机械租赁有限公司施工升降机顶升加节操作工人，未按施工升降机安装工艺规定要求进行顶升加节操作，违反《建筑起重机械安全监督管理规定》第十三条第一款规定的要求；在安装作业完成后未按规定进行自检、调试、试运转，未按规定出具自检合格证明，违反了《建筑起重机械安全监督管理规定》第十四条的规定；未能及时发现并消除事故施工升降机导轨架顶部的第 5 节、第 6 节标准节连接安装存在的安全事故隐患。对事故的发生负直接责任，涉嫌重大责任事故罪，建议由司法机关依法追究其刑事责任。

林某海，广西北流航博建筑机械租赁有限公司员工，未取得相应的操作资质而参与施工升降机顶升加节操作，违反了《建设工程安全生产管理条例》第二十五条的规定；未按施工升降机安装工艺规定要求进行顶升加节操作，违反

《建筑起重机械安全监督管理规定》第十三条第一款规定的要求；安装作业完成后未按规定进行自检、调试、试运转，未按规定出具自检合格记录，违反了《建筑起重机械安全监督管理规定》第十四条的规定。未能及时发现并消除事故施工升降机导轨架顶部的第5节、第6节标准节连接安装存在的安全事故隐患；对事故的发生负直接责任，涉嫌重大责任事故罪，建议由司法机关依法追究其刑事责任。

姚某宝，广西北流航博建筑机械租赁有限公司专职安全管理员，对陈某永、林某海在顶升加节的违规操作（林某海未持证上岗、未按安装工艺操作顶升加节）没有加以制止和组织整改，违反了《建筑起重机械安全监督管理规定》第十三条第二款的规定；安装作业完成后未按规定组织自检、调试、试运转，未按规定出具自检合格记录，违反了《建筑起重机械安全监督管理规定》第十四条的规定；未及时发现并消除事故施工升降机导轨架顶部的第5节、第6节标准节连接安装存在的安全事故隐患。对事故的发生负有直接责任，涉嫌重大责任事故罪，建议由司法机关依法追究其刑事责任。

肖某明，广东龙越建筑工程有限公司玉林碧桂园凤凰城五期A1标段1号、2号、5号楼工程项目负责人，未按规定履行职责；未履行督促落实设备管理人员张某龙、专职安全生产管理员吴某霖按规定对施工升降机顶升加节进行现场监督检查的职责；施工升降机未验收合格就投入使用，违反了《建设工程安全生产管理条例》第二十一条第二款、《危险性较大的分部分项工程安全管理规定》第十七条第一、二款、《建筑起重机械安全监督管理规定》第十六条第一款的规定。对事故的发生负主要领导责任，涉嫌重大责任事故罪，建议由司法部门依法追究其刑事责任。

张某龙，广东龙越建筑工程有限公司项目专职设备管理人员，未按《建筑起重机械安全监督管理规定》第十八条第（五）项规定的要求对施工升降机顶升加节进行现场严格监督检查，未制止安拆方的违规操作行为；未按《建筑起重机械安全监督管理规定》第十六条第一款规定的要求出具验收记录并违规投入使用。对事故的发生负有主要责任，涉嫌重大责任事故罪，建议由司法部门依法追究其刑事责任。

吴某霖，广东龙越建筑工程有限公司专职安全生产管理员（5月14日顶升加节安装现场的专职安全生产管理员），未按规定对施工升降机顶升加节进行现场监督检查职责，未制止安拆方的违规操作行为，违反《建筑工程安全生产管理条例》第二十三条第二款的规定；施工升降机未经组织验收合格即违规投入使用，违反《建筑起重机械安全监督管理规定》第十六条第一款规定的要求。

对事故的发生负有主要责任，涉嫌重大责任事故罪，建议由司法部门依法追究其刑事责任。

（三）建议给予行政处罚人员（10 人）

陈某生，广西北流航博建筑机械租赁有限公司技术负责人，没有履行危险性较大的分部分项工程现场监督职责，对事故施工升降机顶升加节进行定期巡查，违反了《建筑起重机械安全监督管理规定》第十三条第二款的规定；未能及时发现并消除顶升加节存在的安全事故隐患，未按规定出具自检合格记录，违反了《建筑起重机械安全监督管理规定》第十四条的规定。对事故的发生负有责任。建议由建设行政主管部门依法对其进行处理。

杨某，广东龙越建筑工程有限公司项目生产经理，未履行岗位职责（违反其公司规章制度：危险作业安全管理规范；违反《玉林碧桂园凤凰城五期 A1 标段 1 号、2 号、5 号楼工程施工组织设计方案》第八章：施工安全措施）。未对施工升降机顶升加节进行安全技术交底并督促检查安全工作落实，违反《建筑起重机械安全监督管理规定》第十六条第一款规定，将未经验收合格的施工升降机投入使用。对事故的发生负有次要责任，建议由建设行政主管部门依法对其进行处理。

黄某远，广东龙越建筑工程有限公司项目技术负责人，未履行岗位职责（违反公司规章制度：危险作业安全管理规范；违反《玉林碧桂园凤凰城五期 A1 标段 1 号、2 号、5 号楼工程施工组织设计方案》第八章：施工安全措施），未按规定严格审查顶升加节施工方案；违反《建筑起重机械安全监督管理规定》第十六条第一款规定的要求，对验收工作把关不严，对现场工作缺乏检查、流于形式，未按规定出具验收记录。对事故的发生负有次要责任，建议由建设行政主管部门依法对其进行处理。

王某，广东龙越建筑工程有限公司广西公司总经理，作为广东龙越建筑工程有限公司广西公司的负责人，对玉林碧桂园凤凰城五期 A1 标段 1 号、2 号、5 号楼工程项目部安全生产管理工作存在的安全事故隐患没有及时督促整改予以消除，对该事故的发生负有一定责任，建议由应急管理部门依法对其进行处理。

曾某高，广西至佳建设工程咨询有限公司项目监理见证员，未严格履行岗位职责，未按《建设工程安全生产管理条例》第十四条第二款规定的要求对施工升降机顶升加节进行严格监督检查，对安拆工人未持证上岗违规操作没有马上制止；未按《建筑起重机械安全监督管理规定》第十六条第一款规定的要求，出具验收旁站记录。对事故发生负有次要责任，建议由建设行政主管部门依法对其进行处理。

蒋某成，广西至佳建设工程咨询有限公司项目安全监理，未严格履行岗位职责，未按《建设工程安全生产管理条例》第十四条第二款规定的要求对施工升降机顶升加节进行严格监督检查，对安拆工人未持证上岗违规操作没有马上制止；未按《建筑起重机械安全监督管理规定》第十六条第一款规定的要求出具验收旁站记录。对事故发生负有次要责任，建议由建设行政主管部门依法对其进行处理。

杜某政，广西至佳建设工程咨询有限公司项目总监理，未严格履行岗位职责，未督促相关监理人员落实各自岗位职责，对施工升降机顶升加节验收把关不严，未按《建筑起重机械安全监督管理规定》第十六条第一款规定的要求出具验收记录。对事故发生负有次要责任，建议由建设行政主管部门依法对其进行处理。

宁某，广西至佳建设工程咨询有限公司法定代表人、总经理，未能及时督促玉林碧桂园凤凰城五期 A1 标段 1 号、2 号、5 号楼工程监理项目部在该项目监理过程中发现的安全隐患对施工方严格监督落实整改，对该项目施工建设中暴露的安全隐患问题虽以文件和会议形式在施工方、业主方、监理方等几方安全例会中进行通报，但未能及时向主管部门汇报，对隐患整改治理的督促不够坚决彻底。对该事故的发生负有一定责任，建议由玉林市应急管理部门依法对其进行处理。

王某，玉林市盛享碧桂园房地产开发有限公司项目总经理，是该项目安全生产管理的第一责任人，对玉林碧桂园凤凰城五期 A1 标段 1 号、2 号、5 号楼工程项目安全生产管理工作存在的生产安全事故隐患没有及时督促整改予以消除，对广东龙越建筑工程有限公司申请变更项目经理的事项没有及时组织协调办理，对该事故的发生负有一定责任，建议由玉林市应急管理部门依法对其进行处理。

梁某诚，玉林市盛享碧桂园房地产开发有限公司项目安全主管，对项目建设未定期进行安全检查；对监理公司在日常监督中提出的安全隐患没能及时去协调整改予以消除；没能对广东龙越建筑工程有限公司、广西至佳建设工程咨询有限公司存在的问题及时督促跟踪落实整改。建议由建设行政主管部门依法对其进行处理。

（四）建议给予党纪、政务处分人员

对于在事故调查过程中发现的监管部门和公职人员履职方面的问题以及对相关责任人的责任追究，由玉林市纪委监委机关严格依纪依法予以追究。

（五）建议行政处罚事故责任单位（4 家）

广西北流航博建筑机械租赁有限公司。广西北流航博建筑机械租赁有限公司施工现场管理缺失。没有落实专业技术人员现场监督，未按规定确保安全生产条件，违反了《中华人民共和国安全生产法》第四条的规定；未按规定配备足够的专业技术人员和安全生产管理人员，违反《广西壮族自治区建筑起重机械安全使用管理规定》第十一条第一项第2、3、4、5目的规定；未按规定落实从业人员的安全生产教育和培训；未按规定组织特种作业人员上岗作业，违反《中华人民共和国安全生产法》第二十五条第一款、第二十七条第一款、《建设工程安全生产管理条例》第二十五条、《建筑起重机械安全监督管理规定》第十三条第一款的规定；未按规定组织对事故施工升降机进行自检、调试、试运转；未按规定出具自检合格记录，违反了《建筑起重机械安全监督管理规定》第十四条的规定。对事故的发生负主要责任，建议玉林市应急管理部门及建设行政主管部门分别依法对其进行处理，并将该公司纳入安全生产联合惩戒管理。

广东龙越建筑工程有限公司。广东龙越建筑工程有限公司安全生产主体责任不落实，安全管理混乱。未按规定及时配备项目负责人，违反了《中华人民共和国安全生产法》第四条的规定；未按规定配备足够的专职安全生产管理员，违反《建设工程安全生产管理条例》第二十三条第一款、《建筑施工企业安全生产管理机构设置及专职安全生产管理人员配备办法》第十三条第一项第3目的规定；未按规定督促落实专职设备管理人员、专职安全生产管理人员对事故施工升降机顶升加节进行现场监督检查，违反了《建设工程安全生产管理条例》第二十六条第一款第（七）项、《建筑起重机械安全监督管理规定》第十八条第五项的规定；未按规定组织安拆、监理等有关单位对施工升降机顶升加节操作后进行验收，未按规定出具验收合格记录，将未经验收合格的施工升降机投入使用，违反《建筑起重机械安全监督管理规定》第十六条第一款的规定。对事故的发生负主要责任，建议玉林市应急管理部门及建设行政主管部门分别依法对其进行处理，并将该公司纳入安全生产联合惩戒管理。

广西至佳建设工程咨询有限公司。广西至佳建设工程咨询有限公司施工现场管理不到位。对航博公司执行施工升降机顶升加节施工未严格监督，对施工升降机顶升加节存在的安全事故隐患未按规定及时汇报行业主管部门，违反了《建筑起重机械安全监督管理规定》第二十二条第（四）、（六）项、《建设工程安全生产管理条例》第十四条第二款的规定；项目监理部未按规定严格把关施工升降机验收手续，违反了《建筑起重机械安全监督管理规定》第十六条第一款的规定。对事故的发生负有责任，建议由玉林市应急管理部门和建设行政主管部门分别依法对其进行处理。

玉林市盛享碧桂园房地产开发有限公司。玉林市盛享碧桂园房地产开发有限公司作为建设单位即发包方，安全生产责任不落实，未对广东龙越建筑工程有限公司、广西至佳建设工程咨询有限公司的安全生产工作进行统一协调管理，未定期进行安全检查，对广东龙越建筑工程有限公司申请变更项目经理的事项没有及时办理，未对广东龙越建筑工程有限公司、广西至佳建设工程咨询有限公司存在的问题及时进行纠正，违反了《中华人民共和国安全生产法》第四十六条第二款的规定；对监理单位报告的安全事故隐患没有及时处理，违反了《建筑起重机械安全监督管理规定》第二十三条第二款的规定。对事故的发生负有责任，建议由玉林市应急管理部门和建设行政主管部门分别对其进行处理。

（六）相关建议

1. 玉林市建设工程质量安全管理站

玉林市建设工程质量安全管理站（以下简称市质安站）作为全市建设工程安全生产监督管理部门，对辖区内建筑工程和建筑起重机械设备日常安全生产监督不到位，履行建筑工程安全生产职责不认真，监督检查工作存在形式主义，未发现广西北流航博建筑机械租赁有限公司对施工现场管理不到位，职工安全生产教育和培训不符合规定等问题，未能发现广东龙越建筑工程有限公司未及时配备项目经理。建议责令市质安站向玉林市住房和城乡建设局作出深刻书面检查；由玉林市住房和城乡建设局主要负责人对市质安站班子进行谈话提醒；取消市质安站 2020 年度单位的评优评先资格；对市质安站关于履行建筑工程安全生产职责不认真，监督检查工作存在形式主义等问题现象，在全市住建系统进行通报，要求全市建筑工程安全生产监管机构汲取教训、举一反三、引以为戒；建议有关部门将建设工程质量安全管理站 2020 年度的绩效考评结果降一个等次。

2. 玉林市住房和城乡建设局

玉林市住房和城乡建设局作为全市建筑工程安全生产监督管理行业主管部门，对全市建筑工程安全隐患排查、安全生产检查工作组织领导不力，监督检查不到位；对涉事企业安全生产隐患排查不彻底等问题监督管理缺失。建议责令玉林市住房和城乡建设局向玉林市委、市人民政府作出深刻书面检查；由玉林市人民政府分管安全生产工作的领导对玉林市住房和城乡建设局班子进行谈话提醒。

四、防范措施

（1）要严格落实建设单位安全生产主体责任。建设单位要加强对施工单位、监理单位的安全生产管理。严格督促检查施工单位现场负责人、专职安全管理人员和监理单位相关人员资格情况，确保具备资格条件的人员进场施工。要切实加强施工现场安全管理，加强对施工单位、监理单位的安全生产工作协调、管理，定期进行安全检查，发现存在问题和安全隐患要及时督促整改，确保安全施工。不得在安全条件不允许和隐患排查治理不到位的情况下，盲目压缩建设工期。

（2）要严格落实总承包单位施工现场安全生产责任。各施工单位要按规定配备相应的施工现场安全管理人员，将安全生产责任层层落实到具体岗位、具体人员；对安装单位编制的建筑起重机械等专项施工方案的有效性、适用性进行严格审核；专项施工方案实施前，要按要求和安装单位配合完成方案交底和安全技术交底工作；施工升降机首次安装、后续顶升加节附着作业实施中，施工总承包单位项目部要对施工作业人员进行审核登记，项目负责人要在施工现场履职，项目专职安全生产管理人员要对专项施工方案实施情况进行现场监督；建筑起重机械顶升加节、附着作业后，要组织出租、安拆、监理等有关单位进行验收，验收合格后方能投入使用；使用单位要自安装验收合格之日起30日内将建筑起重机械安装管理制度、特种作业人员名单，向建设主管部门办理使用登记；要强化施工升降机使用管理，建筑起重机械司机必须具有特种作业资格操作证，作业前要对司机进行安全技术交底后方可上岗；要严格监督检查产权单位对建筑起重机械进行的检查和维护保养，确保设备安全使用。

（3）要切实落实监理单位安全监理责任。各监理单位要认真履行职责，进一步完善相关监理制度，要强化对监理人员管理考核。一是严格要求对建筑起重机械安装单位编制的专项施工方案的有效性、适用性进行审查。二是要严格审查安装单位资质证书、人员操作证等；专项施工方案实施前，按要求监督施工总承包单位和安装单位进行方案交底和安全技术交底工作；专项施工方案实施中，应当对作业进行有效的专项巡视检查。三是要参加起重机械设备的验收，并签署验收意见。

（4）要切实加强建筑起重机械安全管控。建筑起重机械安装单位安装要标准规范，按规定编制安拆专项施工方案，并由本单位技术负责人审核，保证专项施工方案内容的完整性、针对性；专项施工方案实施前，按要求组织方案交底和安全技术交底工作；专项施工方案实施中，安拆人员必须取得相应特种作业操作资格证书并持证上岗，专业技术人员、专职安全生产管理人员应当进行现场监督；安装完毕后（包括后续顶升加节、附着作业），严格按规定进行自检、调试和试运转，经检测验收合格后方可投入使用。

（5）要切实抓好安全生产教育培训。要加强员工安全教育培训，科学制定教育培训计划，有效保障安全教育培训资金投入，确保培训效果，不断提高员工的安全意识和防范能力，有效防止“三违”现象，确保建筑施工安全。

（6）要强化政府及部门监管责任落实。各级政府和行业主管部门要认真学习贯彻习近平总书记关于安全生产工作作出的重要指示精神，牢固树立安全生产红线意识和底线思维。深刻吸取事故教训，举一反三，坚决落实安全生产属地监管责任和行业监管职责。要认真落实“党政同责、一岗双责”安全生产责任制，要将安全生产同其他工作同部署、同检查、同考核，构建齐抓共管的工作格局。建设行业主管部门要按照“三个必须”的要求，严格落实行业监管责任，深入开展建筑施工领域专项整治，开展隐患大排查大整治，进一步加强对建筑起重机械等危大工程的安全监管，完善建筑起重机械安全监督管理制度，切实提高全市建筑起重机械管理水平，有效防范化解重大安全生产风险，坚决防范杜绝类似事故再次发生。

一案五问一改变

1. 我对该事故的最深感触是什么？

2. 如果该事故中暴露的问题就出现在我身边，我该怎么办？

3. 如果该事故就发生在我身上，我的亲人和朋友会如何？

4. 我从该事故中汲取了什么教训？

5. 学习事故案例后我最想对同事和亲人说什么？

为避免同类事故，在今后的工作中我将做出以下改变：

上海市长宁区昭化路148号①幢厂房“5·16”重大坍塌事故案例①

2019年5月16日11时10分左右，上海市长宁区昭化路148号①幢厂房发生局部坍塌，造成12人死亡，10人重伤，3人轻伤，坍塌面积约1000 m^2，直接经济损失约3430万元。

一、事故经过

5月16日11时10分左右，昭化路148号①幢厂房内，沙某平找来的15名人员在2层东南侧就餐，隆耀公司4名人员在2层东南侧临时办公室商谈工作，刘某军、沙某平分别找来的6名人员分别在2层（A－3轴）扎钢筋、1层柱子（A－4轴）底部周围挖掘、2层楼梯间楼板拆除时，厂房东南角1层（南北向A0－B轴，东西向3－7轴）突然局部坍塌，引发2层（南北向A0－D轴，东西向1－7轴）连锁坍塌，将以上25名人员埋压。

二、事故直接原因

经调查认定，昭化路148号①幢厂房1层承重砖墙（柱）本身承载力不足，施工过程中未采取维持墙体稳定措施，南侧承重墙在改造施工过程中承载力和稳定性进一步降低，施工时承重砖墙（柱）瞬间失稳后部分厂房结构连锁坍塌，生活区设在施工区内，导致群死群伤。具体分析如下。

1. ①幢厂房1层承重砖墙（柱）本身承载力不足

（1）昭化路148号①幢厂房主楼建造于1963年，原建为单层（原设计考虑

---

① 资料来源：上海市人民政府．上海市人民政府关于同意《上海市长宁区昭化路148号①幢厂房“5·16”坍塌重大事故调查报告》的批复［EB/OL］.（2019－09－29）［2023－06－07］. https://www.shanghai.gov.cn/nw44391/20200824/0001－44391_62892.html.

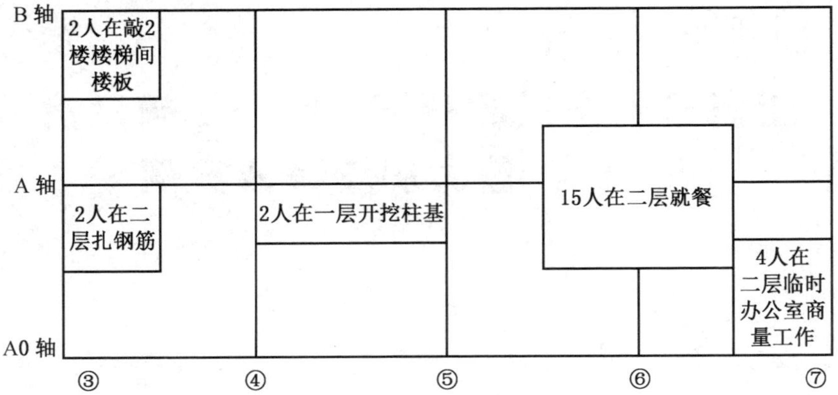

坍塌区域人员位置示意图

后期加层)，基础混凝土强度 150 号（C13），主体结构混凝土强度 200 号（C18），承重砖墙 75 号粘土砖（MU7.5）、50 号混合砂浆（M5），钢筋屈服强度 2100 kg/cm^2（210 MPa）。1972 年后改扩建为 2 层（局部 3 层），南北侧加建了南区、北区等，且南区、北区均与主楼部分连接。改建后厂房为预制装配式单向内框架结构，南侧采用带扶壁柱的承重墙，楼面采用预制空心板。加建屋面采用钢屋架、槽型屋面板，2 层竖向采用混凝土柱、砖墙、砖柱混合承重。

（2）厂房结构体系混乱。按照本次改造前的状态验算，材料强度按照砖 MU7.5、砂浆 M5（设计值），底层 A 轴砖柱及翼墙抗力与荷载效应之比约为 0.48，局部构件承载力不足，处于较危险状态。5 月 1 日后，南侧 A 轴进行过墙体窗洞扩大（拆墙）等施工，翼墙仅剩 200～300 mm，整体稳固性不足，存在明显薄弱环节和安全隐患。根据事发前施工现场底层 6/A、7/A 翼墙凿除照片、A 轴其他承重柱及翼墙粉刷层凿除、翼墙穿孔等情况计算，其比值降为 0.42，局部构件承载力进一步下降，危险性加大。

底层 A 轴砖柱（含翼墙）受压承载力严重不足，处于危险状态，对施工扰动极为敏感，失稳后极易引起结构连续倒塌。

2. 现场未采取维持墙体稳定措施情况

（1）①幢厂房改造方案情况。①幢厂房改造方案主要包括：普遍插建 1 夹层；A－D 轴原有钢屋架拆除，增加 2 层、3 层钢柱，A－D 轴加建 3 层。

从结构加固方案看（仅主楼区域），结构加固包括底层和 2 层部分混凝土柱和扶壁柱加固、增加 2 层钢柱等；设计要求结构加固自基础面开始，要求施工前，必须做好必要的施工支撑，确保施工期间安全。此外，结构加固方案要求承重砖墙不能拆除。

（2）经调查，琛含公司、隆耀公司在本次改造中未采取有效的维持墙体稳定和事前补强的针对性施工措施。

3. 地坪开挖进一步降低厂房结构安全性

刘某军等人对①幢厂房东南侧的墙基、地坪开挖，开挖深度 1.0 ~1.5 m，削弱了地坪土对柱、墙的约束作用，降低厂房结构安全性。

三、责任追究

（一）移交司法机关人员（8 人）

许某强，琛含公司法定代表人、执行董事兼总经理，昭化路 148 号项目建设方负责人。建设项目未立项、报建；结构设计图纸未经审查，未取得施工许可证违法组织施工；将工程发包给个人和不具备结构改造资质的单位；收到该区域工程停工通知单、知道①幢厂房承重砖墙（柱）本身承载力不足，依然组织人员进行施工。对事故发生负有直接责任。

陈某伟，隆耀公司实际控制人。超资质承揽工程；违规允许个人挂靠；安排人员挂名项目经理，对承包项目未实施实际管理。对事故发生负有直接责任。

陈某华，自然人，施工现场负责人。违规挂靠隆耀公司；在没有施工许可证，施工图未经审查，无施工组织设计、无安全技术交底的情况下进行施工；项目施工现场内违规设置办公区、生活区。对事故发生负有直接责任。

龚某玮，自然人，施工现场负责人。违规挂靠隆耀公司；在没有施工许可证，施工图未经审查，无施工组织设计、无安全技术交底的情况下进行施工；项目施工现场内违规设置办公区、生活区。对事故发生负有直接责任。

刘某军，自然人，挖掘、拆旧、敲墙等施工负责人。知道改造工程存在安全隐患，仍然组织工人盲目施工。对事故发生负有直接责任。

沙某平，自然人，结构加固施工负责人。知道改造工程存在安全隐患，仍然组织工人盲目施工。对事故发生负有直接责任。

吴某宇，许某强委派其负责现场安全、施工管理等工作。未履行管理职责；明知建设项目未立项、报建，结构设计图纸未经审查，未取得施工许可证的情况下，未制止违法违规施工。对事故发生负有直接责任。

曹某楠，自然人，与龚某玮、陈某华合伙挂靠隆耀公司。在没有施工许可证，施工图未经审查，无施工组织设计、无安全技术交底的情况下进行施工。对事故发生负有直接责任。

（二）建议给予党纪、政务处分的人员（16 人）

1. 相关国有企业人员（5 人）

陈某美，中共党员，上汽集团公司副总裁，分管集团安全生产、存续资产工作。未认真督促业务部门严格按照集团公司关于厂房租赁安全管理规定开展工作。对事故发生负有领导责任，建议给予诫勉谈话。

潘某明，群众，上汽集团公司规划部总经理，负责集团厂房租赁安全管理工作。未严格落实集团厂房租赁安全管理相关规定，对下属企业以租代管等问题失察。对事故发生负有管理责任，建议给予诫勉谈话。

姜某，中共党员，上汽资产公司总经理，公司安全生产第一责任人。未有效督促相关部门落实安全生产责任制，未尽到对出租场所统一协调、管理责任。以租代管，未按规定督促落实租赁方对装修、改造等进行报备；对出租场所建筑结构改变情况失察。对事故发生负有领导责任，建议给予记过处分。

于某，中共党员，上汽资产公司资产管理部执行总监，负责厂房租赁安全管理工作。未按上级集团公司规定，对出租厂房进行安全性检测；未严格执行公司厂房租赁安全管理规定，未尽到对出租场所统一协调、管理责任。以租代管，对出租场所安全检查流于形式；未按规定督促落实租赁方对装修、改造等进行报备；对出租场所建筑结构改变情况失管。对事故发生负有管理责任，建议给予记过处分。

雷某云，中共党员，上海汽车资产经营有限公司行政办公室安全专员，负责公司安全生产综合管理。现场检查发现昭化路 148 号厂房有施工状况后，未按公司相关规定督促承租方报备施工情况，安全检查流于形式。对事故发生负有管理责任，建议给予记过处分。

2. 相关政府工作人员（11 人）

陈某文，中共党员，时任长宁区委副书记、副区长，分管建设管理等工作。未认真督促建设行业管理部门建立有效的隐患排查机制。对事故发生负有领导责任，建议给予通报批评。

赵某樑，中共党员，长宁区建管委党工委书记、主任，全面负责长宁区建管委工作。未尽到建设行业管理责任。对行业监管和街道属地管理环节上存在盲区和薄弱环节失察。对事故发生负有领导责任，建议给予党内警告处分。

宋某均，中共党员，长宁区建管委副主任，分管区建管中心安全生产工作。未尽到建设行业管理责任。对行业监管和街道属地管理环节上存在盲区和薄弱环节失管。对区建管中心安全生产工作管理不力。对事故发生负有领导责任，建议给予记过处分。

沈某，中共党员，长宁区建管中心党支部书记、主任，全面负责区建管中心工作。对区建管中心管理人员发现昭化路148号一期项目未办理相关建设手续后，未依法对相关单位进行行政处罚的情况失察；对未能及时发现该工地①幢厂房违法施工情况失察；对开出该工地停工指令单后，群众多次举报该工地夜间施工未认真核查的情况失察。对事故发生负有领导责任，建议给予记过处分。

陈某，中共党员，华阳路街道党工委书记，全面负责华阳路街道党工委工作。落实党政同责、一岗双责工作不到位。对事故发生负有领导责任，建议给予通报批评。

林某岳，中共党员，华阳路街道党工委副书记、街道办事处主任，街道安全生产第一责任人。未建立有效的事故隐患发现机制，对管辖区域内存在的“六无工程”情况失察。对事故发生负有领导责任，建议给予诫勉谈话。

许某松，中共党员，华阳路街道党工委副书记，分管街道平安办。未能有效消除街道属地管理和行业监管环节上存在盲区和薄弱环节；对监督检查不到位，未及时发现“六无工程”的情况失察。对事故发生负有领导责任，建议给予警告处分。

史某磊，中共党员，长宁区建管中心副主任，负责工程质量监管、建筑市场综合执法等工作。对区建管中心管理人员发现昭化路148号一期项目未办理相关建设手续后，未依法对相关单位进行行政处罚的情况失管；对未能及时发现该工地①幢厂房违法施工情况失管。对事故发生负有管理责任，建议按照干部管理权限由长宁区给予处理。

高某，中共党员，长宁区建管中心副主任，负责工地安全生产、网格化市民热线、信访投诉等工作。对区建管中心管理人员开出该工地停工指令单后，群众多次举报该工地夜间施工未认真核查的情况失管。对事故发生负有管理责任，建议按照干部管理权限由长宁区给予处理。

李某兴，民建成员，长宁区建管中心质量监督科监督一室主任。在日常检查过程中，未能及时发现昭化路148号①幢厂房违法施工情况，建议区建管中心按照有关规定予以处理。

薛某，致公党党员，长宁区建管中心安全与市场行为科安全监督一室主任。在发现昭化路148号一期项目未办理相关建设手续后，未依法对相关单位进行行政处罚，建议区建管中心按照有关规定予以处理。

（三）相关单位的处理建议

事故暴露出长宁区政府、上汽集团公司安全生产工作组织领导不力，在监督检查、出租厂房管理等方面存在履职不到位的问题。

建议区建管委、华阳路街道、区规划资源局向长宁区委、区政府作出深刻检查。

建议上汽集团公司对上汽进出口公司、上汽资产公司予以通报批评。

建议市国资委、市应急局，对上汽集团公司进行约见警示谈话。

建议上海市安全生产委员会办公室对长宁区政府进行约见警示谈话。

建议对长宁区政府向上海市政府作出书面检查。

（四）行政处罚建议

琛含公司。建议给予 230 万元罚款。

隆耀公司。建议给予吊销其建筑装修装饰工程专业承包二级资质、吊销安全生产许可证处罚。给予 230 万元罚款。

上汽资产公司。建议给予 230 万元罚款。

建议建设行业管理部门对昭化路 148 号一期改造项目中所涉及无证施工的比安公司、光敏公司，依法予以行政处罚。依法吊销顾某莎（安全资质证书：苏建安 A（2017）0009635）、陈某伟（安全资格证书：苏建安 A（2017）0009636）、曹某亮（安全资格证书：苏建安 B（2017）0600330）3 名人员安全资质证书。

许某强，琛含公司法定代表人、执行董事兼总经理。建议给予处上一年收入百分之六十的罚款。自刑罚执行完毕之日起，五年内不得担任任何生产经营单位的主要负责人。

顾某莎，隆耀公司法定代表人。建议给予处上一年收入百分之六十的罚款。

姜某，上汽资产公司总经理。建议给予处上一年收入百分之六十的罚款。

曹某亮，隆耀公司项目部经理。作为施工单位项目经理，长期未到岗履职，对事故发生负有责任。建议吊销其二级建造师注册资格，终身不予注册。

（五）其他处理意见

同丰公司内部管理不严。未签订设计书面合同情况下，公司人员承接设计任务后，在未见到昭化路 148 号①幢厂房项目批准文件的情况下，未经公司同意、未办理公司盖章手续的情况下，在结构设计图上加盖公司“工程施工图设计出图专用章”，并将结构设计图交给琛含公司。建议市建设行业管理部门依法予以处理。

陈某，同丰公司副总经理兼房屋事业部总经理。作为公司分管负责人，对公司人员承接设计任务后，在未见到昭化路 148 号①幢厂房项目批准文件的情况下，未经公司同意、未办理公司盖章手续的情况下，在结构设计图上加盖公司“工程施工图设计出图专用章”，并将结构设计图交给琛含公司的情况失管、失察。建议同丰公司依据企业有关规定予以处理。

俞某亮，同丰公司房屋事业部房屋设计所所长。承接设计任务后，在未见到昭化路148号①幢厂房项目批准文件的情况下，未经公司同意、未办理公司盖章手续的情况下，在结构设计图上加盖公司“工程施工图设计出图专用章”，并将结构设计图交给琛含公司。建议同丰公司依据企业有关规定予以处理。

（六）对相关租赁转让、装饰设计单位的调查情况

经调查，未发现相关租赁转让单位沅弘公司、别馆公司、泽月公司，装饰设计单位惟昔公司，与本次事故发生存在直接或者间接关系。

四、防范措施

（1）进一步健全安全生产责任体系，牢固树立安全发展理念。长宁区委、区政府要牢固树立安全发展理念，始终把人民群众生命安全放在第一位，坚守发展决不能以牺牲安全为代价这条不可逾越的红线。要进一步健全党政同责、一岗双责、齐抓共管、失职追责的安全生产责任体系，加强对属地安全生产工作的指导力度，督促各部门落实安全生产监管职责。要认真剖析导致事故发生的原因、充分认识事故暴露出来的问题，全面梳理安全生产管理规范，认真开展隐患排查治理工作，积极协调工作中存在的突出问题，畅通行业主管部门和属地街镇管理机构的信息沟通，建立健全联动机制和信息共享机制，及时消除行业监管与属地管理之间存在的盲区与薄弱环节。

（2）进一步深化隐患排查和风险管控，履行安全监管职责。各行业主管部门要坚决落实管行业必须管安全的要求，切实履行安全生产监管职责。建设行业主管部门要督促各参建单位严格遵守法律法规的要求，切实履行项目开工、勘察设计、质量安全监管、工程报备等手续。规划部门要完善执法检查机制，主动开展监督执法，确保违规行为早发现、早处理。国资管理部门要加强对国有企业履行安全生产主体责任的监管，结合城市更新特点，强化对国有企业利用老旧厂房进行二次创业的安全监管，督促企业认真落实主体责任，杜绝“以租代管，只租不管”的行为。尤其是要加强房屋全生命周期管理，健全覆盖住宅、非居住房屋、公共建筑的安全排查和处置机制，探索建立房屋使用安全信息管理系统，明确房屋所有权人主体责任，努力形成安全生产齐抓共管的格局。

（3）进一步夯实安全生产基础工作，履行安全生产主体责任。各类企业和主要负责人要增强安全生产工作的紧迫感和责任感，严格按照有关法律法规和标准要求，依法设置安全生产管理机构，配足安全管理人员，按照实际配备技术管理力量。要建立健全安全生产责任制，完善管理制度，进一步夯实企业安全生产各项基础工作，切实履行安全生产主体责任。

针对事故所暴露出来的问题，各类工程，特别是装饰装修工程，参建单位要进一步强化安全意识，在对既有建筑物装饰装修作业时，未经技术鉴定或原设计单位确认不得擅自改变建筑主体承重结构或使用功能。对超过设计使用年限的既有建筑物，在无建筑结构安全鉴定时不得进行装饰装修活动。同时，加强施工现场的安全管控，对改扩建、小型工程等做好风险排查评估，落实应急措施。上汽集团应督促下属单位对昭化路 148 号地块厂房的安全性进行检测，要建立健全房屋安全检查、周期检测、维修使用等管理制度，严格遵照《安全生产法》有关规定，加强对承租单位、承包单位的安全生产工作的统一协调、管理，定期进行安全检查，坚决杜绝以租代管。

（4）进一步优化安全监管方式，提升建筑施工现场本质安全水平。创新城市安全治理方式，积极运用信息技术手段，提高城市科学化、精细化、智能化管理水平。理顺未纳入施工许可管理的建筑施工活动的安全监管职责，明确和落实行业监管和属地管理职责。充实和加强基层监管执法力量，落实监督检查和执法责任。要建立行业主管部门牵头、相关部门参与配合的联合监管执法工作机制，充分发挥街镇管理机构、城市网格化平台作用，加大对“六无工程”、既有项目的隐蔽违法违规现象的发现和移交查处力度，以“零容忍”的态度严肃查处建筑施工企业各类违法违规行为。

（5）全面排查装饰装修工程的违规行为，强化参建主体动态监管。对于一般类装修工程，根据项目规模、参建单位的管理水平和信用等级等因素采用随机抽查的方式，重点就承诺事项的履约情况开展全面排查。总投资额 100 万至 1000 万元之间的工程，每季度在建项目抽取比例不少于该类装修工程总数的 30%。总投资额 1000 万元及以上的工程，每季度在建项目抽取比例不少于该类装修工程总数的 50%。对特殊类装修工程，加强项目安全质量的监督管理。

进一步完善事中事后监管制度。在依法依规合理利用存量用地、厂房建设过程中，探索制定针对老旧厂房改（扩）建的设计技术规范和施工验收地方标准，采取分级管控的方式强化对装饰装修工程的监管。在常态化日常监督管理基础上，积极开展专项安全、质量检查。同时根据装饰装修项目特点，深入开展安全隐患和风险的排查整治。强化停止施工后的跟踪监管，确保令行禁止。

加强对项目参建各方日常动态管理，督促建设、设计、施工、监理等参建单位严格按照项目申报内容和行政管理规定进行设计、施工和监理等经营活动。建设、规土、消防、房管、城管、文物等部门要建立健全诚信体系建设，要按照各自职责分工加强对项目参建各方日常动态管理，将有关违规信息记入责任企业和直接责任人员的信用档案，对违法违规相关信息要在上海市建设市场管理信息平台上予以曝光。

（6）充分发挥舆论监督、群众监督等社会监督的作用，形成全社会共治安全的良好格局。要充分发挥城市网格化、街镇属地管理的信息互通互联作用，强化对施工现场动态的掌控。充分发挥舆论监督、群众监督等社会监督的作用，建立有奖举报制度，对于各类违法违规施工行为实施有奖举报。充分发挥相关行业协会作用，鼓励行业协会制定自律规则、完善行规行约，推动实现行业自我管理、自我约束的机制。

一案五问一改变

1. 我对该事故的最深感触是什么？

2. 如果该事故中暴露的问题就出现在我身边，我该怎么办？

3. 如果该事故就发生在我身上，我的亲人和朋友会如何？

4. 我从该事故中汲取了什么教训？

5. 学习事故案例后我最想对同事和亲人说什么?

为避免同类事故，在今后的工作中我将做出以下改变:

河源市龙川县麻布岗镇“5·23”较大坍塌事故案例①

2020 年 5 月 23 日 12 时 10 分许，龙川县麻布岗镇违法建筑施工工地远东花园发生 1 起较大事故，造成 8 人死亡、1 人轻伤，直接经济损失 1068 万元。

一、事故经过

5 月 23 日 12 时 10 分许，9 名工人在远东花园第 4 栋（以下称涉事建筑）顶层（第 20 层）天面浇筑“花架”（构架）混凝土作业时，花架模板发生倾覆向外坍塌，造成 8 人坠落遇难，1 人坠落到脚手架上被反弹回第 20 层天面受轻伤。

二、事故直接原因

涉事建筑建设单位远东公司未取得用地、规划、报建、施工等合法手续，进行违法违规建设，将涉事建筑发包给不具备相应资质的施工队施工，施工过程中，在施工荷载作用下，致使本身处于不稳固状态下的模板支撑体系（木支撑架）向外倾覆坍塌，引发伤亡事故。

三、责任追究

市政府事故调查组认定，远东公司无视国家有关城乡规划、建设、安全生产以及行政许可等法律法规，违法违规建设施工，安全生产责任长期不落实。

龙川县住房和城乡建设部门、麻布岗镇村镇办没有认真履行建筑主管部门安

① 资料来源：河源市应急管理局．河源市龙川县麻布岗镇“5·23”较大坍塌事故调查报告公布［EB/OL］．(2020-09-17)［2023-06-17］．http://www.heyuan.gov.cn/hysyjj/gkmlpt/content/0/395/post_395003.html#5500.

全监管责任，对远东花园违法建筑等长期存在的违法建设行为没有制止和查处，组织开展违法建设整治、住房和城乡建设领域“打非治违”工作不力，严重失职失察。龙川县自然资源局、麻布岗自然资源所履行监管职责不到位、执法不严格。麻布岗镇党委政府对远东花园建筑物违法违规建设长期未予报告和查处，属地管理责任严重缺失。麻布岗镇向前村“两委”不正确履职，违规为涉事企业非法占用耕地进行房地产开发提供方便。龙川县党委政府落实地方党政领导干部安全生产责任制规定不到位，属地监管责任落实不到位。市住房和城乡建设部门、市自然资源部门分别对龙川县住房和城乡建设部门、龙川县自然资源部门指导、监督和检查不够。

对钟某年等6名涉嫌犯罪的人员，检察机关已批准逮捕。对张某峰等5名违纪违法人员，河源市纪委监委采取了留置措施，进行审查调查。对事故涉及的有关公职人员，河源市纪委监委按照有关规定成立了责任追究审查调查组进行审查调查；有关公职人员的追责问责处理意见，河源市纪委监委另行公布。

四、防范措施

一是各级党委政府和有关部门要深刻吸取事故惨痛教训，切实担负起防范化解安全风险的重大责任，把确保人民生命安全放在第一位落到实处。

二是各级各部门要严格按照上级要求部署，加强源头管控，严厉打击建筑工程违法违规建设，有效遏制违法违规建设行为，特别是住房和城乡建设部门要重拳打击违法建设行为，切实消除各类事故隐患。

三是各级各部门要严厉查处违反城乡规划、土地管理、农业农村、交通运输、水利、生态环境、安全生产和消防安全、林业等领域违法建设行为，严格执行联合惩戒“黑名单”制度，依法对安全生产领域失信的建筑施工企业及其主要负责人按规定纳入全国安全生产领域联合惩戒“黑名单”，依法对“黑名单”企业实施惩戒措施。

四是各级政府和住房和城乡建设部门要深化建设施工领域“打非治违”和安全隐患排查治理，发现一起查处一起。

五是各级政府和有关部门要加大隐患排查力度，加强农村建房安全监管。

六是自然资源部门要严肃查处土地违法行为，对新增违法用地行为“零容忍”，重点依法严查违法占用土地特别是违法占用耕地和永久基本农田建设行为。

七是各级党委政府和有关部门要依法督促建设、施工、设计、监理等建设工程各方落实主体责任，坚决杜绝施工现场“三违”（违章指挥、违规作业和违反劳动纪律）行为。

一案五问一改变

1. 我对该事故的最深感触是什么？

2. 如果该事故中暴露的问题就出现在我身边，我该怎么办？

3. 如果该事故就发生在我身上，我的亲人和朋友会如何？

4. 我从该事故中汲取了什么教训？

5. 学习事故案例后我最想对同事和亲人说什么？

为避免同类事故，在今后的工作中我将做出以下改变：

6 月

北京通成达水务建设有限公司"6·12"一般生产安全事故案例①

2017 年 6 月 12 日 17 时 20 分左右，在怀柔区北房镇安各庄村北，北京通成达水务建设有限公司在进行小城镇污水处理市场化建设配套管网工程（第五标段）开挖管沟施工作业过程中，发生坍塌事故，此起事故造成 2 人死亡，直接经济损失 210 万元。

一、事故经过

2017 年 6 月 12 日 17 时 20 分左右，在怀柔区北房镇安各庄村北，北京通成达水务建设有限公司进行小城镇污水处理市场化建设配套管网工程（第五标段）开挖管沟施工作业过程中，劳务分包单位北京洪港华运建筑劳务有限公司工人白某民在管沟沟槽的底部用手扶测量标尺进行管沟复测辅助工作时，管沟沟槽北内侧槽邦突然发生少量坍塌，将白某民下半身埋压，另 1 名测标高工人高某树在对白某民进行施救过程中，沟槽北内侧槽邦再次发生坍塌，将 2 名工人埋压，现场人员立即救援，并拨打 120。约 20 min 后将 2 人救出，经 120 医护人员现场抢救无效死亡。

二、事故直接原因

劳务分包单位北京洪港华运建筑劳务有限公司施工现场负责人张某富在实施污水管沟沟槽开挖过程中，未按照《施工组织设计》要求进行施工，当管沟沟槽开挖深度超过 1.5 m 时，管沟沟槽南北两侧未采取有效安全防护措施。

---

① 资料来源：北京市应急管理局．北京通成达水务建设有限公司"6·12"一般生产安全事故调查报告［EB/OL］.（2017－11－08）［2023－06－17］. http：//yjglj. beijing. gov. cn/art/2017/11/8/art_7466_434. html.

三、责任追究

劳务分包单位北京洪港华运建筑劳务有限公司施工现场负责人张某富，在实施污水管沟沟槽开挖过程中，未按照《施工组织设计》要求进行施工，当管沟沟槽开挖深度超过1.5 m时，管沟沟槽南北两侧未采取有效安全防护措施，导致事故发生，对此次事故的发生负有直接责任，其行为违反了《北京市建设工程施工现场安全防护标准》第2.06条的规定，依据《中华人民共和国刑法》第一百三十四条的规定，涉嫌重大责任事故罪，建议由公安机关对张某富依法立案侦查。

劳务分包单位北京洪港华运建筑劳务有限公司法定代表人、总经理于某水，作为本单位的主要负责人，对北京洪港华运建筑劳务有限公司安全管理不到位，未及时督促、检查本单位的安全生产工作，未及时发现并消除生产安全事故隐患，对事故的发生负有领导责任，其行为违反了《中华人民共和国安全生产法》第十八条第（五）项的规定，依据《中华人民共和国安全生产法》第九十二条第（一）项的规定，建议由区安全监管局给予其上一年年收入30%罚款的行政处罚。

总包单位北京通成达水务建设有限公司总经理何某，作为本单位的主要负责人，对北京通成达水务建设有限公司安全管理不到位，未及时督促、检查本单位的安全生产工作，未及时发现并消除生产安全事故隐患，对事故的发生负有管理责任，其行为违反了《中华人民共和国安全生产法》第十八条第（五）项的规定，依据《中华人民共和国安全生产法》第九十二条第（一）项的规定，建议由区安全监管局给予其上一年年收入30%罚款的行政处罚。

劳务分包单位北京洪港华运建筑劳务有限公司对施工现场的安全管理松懈，对施工作业人员安全培训教育不到位，未及时发现并消除事故安全隐患，安全生产责任制落实不彻底，对事故的发生负有主要管理责任，其行为违反《中华人民共和国安全生产法》第二十五条第一款、第三十八条第一款的规定，依据《中华人民共和国安全生产法》第一百零九条第（一）项的规定，建议由区安全监管局给予北京洪港华运建筑劳务有限公司45万元罚款的行政处罚。

总包单位北京通成达水务建设有限公司对施工现场安全管理松懈，安全生产责任制落实不到位，对施工作业人员安全教育不到位，对劳务分包单位施工过程中违规作业行为未能及时发现并制止，对事故的发生负有重要管理责任，其行为违反《中华人民共和国安全生产法》第二十五条第一款、第三十八条第一款的规定，依据《中华人民共和国安全生产法》第一百零九条第（一）项的规定，建议由区安全监管局给予北京通成达水务建设有限公司40万元罚款的行政处罚；依据《北京市建设工程施工现场生产安全事故及重大隐患处理规定》第九条第（一）项的规定，建议由区住建委按有关规定和程序暂扣该公司安全生产许可证30日。

监理单位北京燕波工程管理有限公司对施工现场安全监理不到位，没有及时发现施工过程中的违规行为，对事故的发生负有监理责任，其行为违反《中华人民共和国安全生产法》第二十五条第一款、第三十八条第一款的规定，依据《中华人民共和国安全生产法》第一百零九条第（一）项的规定，建议由区安全监管局给予北京燕波工程管理有限公司35万元罚款的行政处罚；依据《北京市建设工程施工现场生产安全事故及重大隐患处理规定》第十七条第（一）项的规定，建议由区住建委按有关规定和程序暂扣该公司在北京建筑市场招投标资格15日。

劳务分包单位北京洪港华运建筑劳务有限公司项目安全员杨某志、总包单位北京通成达水务建设有限公司项目经理崔某永、生产经理魏某英、安全主管秦某山、安全员赵某、监理单位北京燕波工程管理有限公司项目总监理姜某、项目安全监理曲某生、项目现场监理苏某良对事故的发生负有一定的管理责任，由所属单位按照本单位规定严肃处理，并将处理结果报事故调查组。

建设单位北京市怀柔区水务工程项目建设管理中心主任汪某红，对工程安全教育不到位，在发现第五标段中标单位存在劳务分包的情况下，对工程安全教育情况的检查只针对中标单位，对中标单位与劳务分包公司、劳务分包公司与一线施工工人的安全教育情况是否真正落实督促提醒不足，对发现的问题隐患整改情况跟进监督检查不到位，对事故的发生负有管理责任，根据《北京市行政问责办法》第八条第二款规定，建议由水务局对汪某红同志进行通报批评，责令作出书面检查，并将处理结果报事故调查组并抄送区监察委。

区水务局安监办主任王某辉，对施工方落实从业人员安全教育情况监督检查抓得不实，对检查中发现安全隐患后的整改情况跟进监督不够，在发现该项目其他标段存在未按规定放坡或支护的情况下，对发现问题隐患没有引起高度重视，对存在同类隐患的工程跟进监督检查不够，对实际落实情况跟进监督检查不细致。对事故的发生负有监管责任，根据《北京市行政问责办法》第八条第二款规定，建议由区水务局对王某辉同志进行通报批评，责令作出书面检查，并将处理结果报事故调查组并抄送区监察委。

区水务局副局长刘某录，分管水务工程项目建设管理中心、安监办，在怀柔区小城镇污水处理市场建设配套管网工程中，水务工程项目建设管理中心和安监办之间及与属地镇政府在安全生产工作上缺乏有效衔接、配合，对水务工程安全生产工作统筹协调不到位，对事故的发生负有领导责任，根据《北京市行政问责办法》第八条第二款规定，建议刘某录同志向区政府作出书面检查，并将处理结果报事故调查组并抄送区监察委。

针对此起事故所暴露的行业和属地在安全监管中存在问题和不足，建议由区监察委对区水务局、北房镇政府发送监察建议书。

四、防范措施

（1）北京通成达水务建设有限公司和北京洪港华运建筑劳务有限公司要强化对从业人员的安全教育培训，进一步加强对作业现场的安全管理，使一线作业人员增强自身安全防护意识，牢固掌握并严格执行安全生产管理制度和安全规定，严格按照安全管理规定及相关法规、规范进行操作。

（2）北京通成达水务建设有限公司和北京洪港华运建筑劳务有限公司的主要负责人要全面掌握本单位的安全生产状况，及时督促、检查本单位的安全生产工作，建立并落实隐患排查治理制度，发现事故隐患要及时进行消除，确保施工安全。

（3）北京通成达水务建设有限公司要切实加强对施工现场的安全管理，进一步强化安全生产规章制度和安全操作规程的落实，特别是要加强对所属项目分包单位施工现场的安全巡视，发现有不符合安全生产规定的情况及时纠正处理，彻底消除安全隐患。

（4）北京燕波工程管理有限公司要认真履行监理职责，切实加强对施工现场的安全监理，特别是对容易发生安全事故的施工环节，要监督施工方严格执行安全规定，确保施工安全。

（5）区水务局要进一步加强对本行业在建工程的安全监管，结合本起事故，进一步加强对水务工程安全生产工作统筹协调工作，落实安全生产监管责任。在本行业内对在施工程深入开展安全生产大检查，排查事故隐患，严防类似事故再次发生。

（6）北房镇政府要切实加强安全生产事故隐患排查治理体系建设，在体系建设的系统性、细致性上下功夫，采取有效措施努力提高村级安全员的安全生产管理水平，并针对辖区内的在建工程增加安全检查的频次，打牢安全生产监管的基础。

一案五问一改变

1. 我对该事故的最深感触是什么？

2. 如果该事故中暴露的问题就出现在我身边，我该怎么办？

3. 如果该事故就发生在我身上，我的亲人和朋友会如何？

4. 我从该事故中汲取了什么教训？

5. 学习事故案例后我最想对同事和亲人说什么？

为避免同类事故，在今后的工作中我将做出以下改变：

龙潭长江大桥南锚碇工程“6·22”沉井模板坍塌较大事故案例①

2021年6月22日14时35分，中交二公局第二工程有限公司龙潭长江大桥工程南京栖霞区境内南锚碇建设工地，在沉井第九节接高施工过程中，发生一起模板坍塌事故，事故造成3人死亡，12人受伤，直接经济损失约958万元。

一、事故经过

2021年6月12日上午，项目部召开生产调度会，布置南锚碇沉井第九节接高施工任务，项目部常务副经理、总工、副经理、安全总监，工程技术部、生产管理部、安全管理部、质量环保部等部门负责人及施工队伍现场负责人参加会议。来安华新公司现场负责人陈某文和江苏瀚盛公司现场负责人叶某峰在会上提出，是否能不拆除劲性骨架直接浇筑混凝土，项目部未予明确答复。

6月13日，开始沉井第九节接高钢筋模板安装施工。

6月20日，沉井第九节钢筋节段已全部安装到位，模板安装完成约44%。6月21日下午，来安华新公司陈某文安排施工，钢筋班组自北向西拆除已安装模板作业区域内的劲性骨架，此时，模板未闭合，缆风绳和型钢桁架等模板固定措施也没有安装。（据事故后勘察，沉井西侧约65 m长度范围的7个钢筋节段、从西北角起北侧约28 m长度范围的3个钢筋节段内的劲性骨架立柱支腿均被割除，从西北角起西侧约39 m长度范围内的劲性骨架水平联系杆被拆除。）

6月22日，项目部下达的工作任务为模板安装、加固和顶面钢筋绑扎。中午下班前，第九节模板安装完成约80%，来安华新公司负责的南侧半幅、北侧半

---

① 资料来源：南京市应急管理局. 龙潭长江大桥南锚碇工程“6·22”沉井模板坍塌较大事故调查报告[EB/OL].（2022-02-24）[2023-06-17]. http://safety.nanjing.gov.cn/njsaqscjdglj/202202/t20220224_3302276.html.

幅模板已全部安装到位，西侧还剩 16 块模板未安装。14 时左右，工人进场施工，在西侧施工场地，按照来安华新公司陈某文安排，秦某才组织木工班组 8 人，在第九节作业平台安装模板和走道板；谢某高组织钢筋班组 10 人，在第九节作业平台和钢筋节段内绑扎钢筋、穿模板拉杆和拆劲性骨架水平杆；信号司索工王某奎在最上层作业平台指挥工地西侧塔吊。约 14 时 24 分，王某奎指挥塔吊司机将一块 4 m 高模板吊到钢筋节段外侧靠西南端位置，模板就位后，作业平台上的工人用螺栓紧固。约 14 时 35 分，井壁西侧模板系统中部偏北处率先出现失稳，瞬间向外倾覆坍塌，带动南北两侧模板整体向井孔内倾覆，并将靠近北端的梯笼挤倒。坍塌过程持续约 15 秒。共有 15 名工人（来安华新公司 13 人、江苏瀚盛公司 2 人）随坍塌的模板体系坠落至地面，或被挤压在坍塌的模板和钢筋节段中。

二、事故直接原因

沉井第九节钢筋模板安装施工，在未设置缆风绳和型钢桁架的情况下，提前割断沉井西侧（约 65 m 长度范围内）和北侧（约 28 m 长度范围内）钢筋节段内的劲性骨架立柱支腿，造成西侧长 73 m、高 7 m 的模板和钢筋节段平面外稳固性严重不足，在当时水平风荷载（东南向阵风与坍塌方向一致）与偏心荷载（悬挑操作平台作业人员荷载）的作用下，发生顺风向先西侧向外、后连带南北侧向内的整体倾覆坍塌。

三、责任追究

（一）建议移交司法机关追究刑事责任人员（4 人）

林某明，项目部常务副经理，对事故发生负有管理责任。因涉嫌重大责任事故罪，已于 2021 年 6 月 27 日被公安机关采取刑事强制措施，建议由司法机关依法追究刑事责任。

陈某文，来安华新公司施工段现场负责人，对事故发生负有直接责任。因涉嫌重大责任事故罪，已于 2021 年 6 月 27 日被公安机关采取刑事强制措施，建议由司法机关依法追究刑事责任。

梁某达，项目部总工程师，对事故发生负有管理责任，建议由司法机关依法追究刑事责任。

杨某锋，中铁大桥监理公司副总监理工程师，对事故发生负有责任，建议由司法机关依法追究刑事责任。

（二）建议问责的单位和人员

对于在事故调查中发现的有关单位及人员履职不到位等问题线索及相关材料，商请市纪委监委移送有权处理单位，按照干部管理权限予以追责问责。

（三）建议给予行政处罚的单位和人员

中交二公局二公司，安全生产主体责任落实，对沉井第九节接高施工安全风险管控措施落实不力，放任劳务队伍违章作业，对大面积提前拆除劲性骨架的违规行为监管缺位。编制专项施工方案内容不完善，变更施工方案程序不完备，组织安全技术交底不细致，对方案实施的技术督导不到位，对事故发生负有重要责任，建议由应急管理部门依据《安全生产法》第一百零九条规定给予行政处罚。

中铁大桥监理公司，现场巡检不力，未按要求对施工方案安全保证措施落实情况进行监督检查，对施工单位违规行为和安全隐患没有及时监督整改。未严格审查施工方案变更，未督促项目部开展专家论证和安全风险评估。未针对工艺变化调整加强现场监理工作，未按规定组织监理技术交底，对事故发生负有重要责任，建议由应急管理部门依据《安全生产法》第一百零九条规定给予行政处罚。

来安华新公司，安全生产责任制落实不到位，未按照专项施工方案施工，未按规定开展安全生产教育培训，对班组人员严重违章行为未采取安全管理措施加以制止，对事故发生负有责任，建议由交通运输部门对其安全生产教育培训、特种作业人员持证上岗方面的违法行为给予行政处罚。

马某勇，中交二公局二公司董事长，未依法履行安全生产管理职责，督促、检查本单位安全生产工作不力，对事故发生负有领导责任，建议由中交二公局按照干部管理权限处理，由应急管理部门依据《安全生产法》第九十二条规定给予行政处罚。

田某，中交二公局二公司总经理，未依法履行安全生产管理职责，督促、检查本单位安全生产工作不力，对事故发生负有领导责任，建议由中交二公局按照干部管理权限处理，由应急管理部门依据《安全生产法》第九十二条规定给予行政处罚。

（四）对其他有关责任单位和人员的处理建议

中交二公局：未履行中标单位职责，将南锚碇工程指定由下属公司中交二公局二公司施工，对中交二公局二公司及项目部施工管理混乱、严重违规作业等问题失察失管，建议由中国交建集团对其进行问责惩戒。

省交建局：对施工、监理单位落实安全生产职责检查不够到位，未有效督促项目部针对方案变更开展专家论证和安全风险评估，严格落实各项安全保证措施；未认真督促总监办针对方案变更加强现场监理工作，对事故发生负有管理责任，建议由省交通运输厅对其进行约谈，由其对大桥建设指挥部相关责任人员进行问责惩戒。

省交通综合执法局：对项目施工安全生产监管执法不够到位，未有效落实对危大工程重大风险管控情况的监督检查，对事故发生负有监管责任，建议由省交通运输厅对其进行约谈，由其对交通工程质量执法监督局相关责任人员进行问责惩戒。

先某权，项目部经理，中交二公局二公司副总经理，长期未在岗履行项目安全生产职责，对事故发生负有责任，责成中交二公局二公司按照安全生产责任制规定予以处理。

张某辉，项目部副经理，对项目部生产总负责，未落实“管生产必须管安全”，对专项施工方案只签字不审核，未按专项施工方案组织施工。未督促、指导生产管理部对作业班组开展施工技术交底和安全技术交底，对分管部门现场监督检查不到位的问题失察失管，对事故发生负有责任，责成中交二公局二公司按照安全生产责任制规定予以处理。

罗某斌，项目部安全总监，未认真履行安全监督职责，对项目施工安全风险辨识不全面，安全风险管控不到位，对安全技术交底不清、现场违规割除劲性骨架、特种作业人员无证上岗等问题监督不到位，对事故发生负有责任，责成中交二公局二公司按照安全生产责任制规定予以处理。

王某民，项目部生产管理部部长，对本部门人员检查生产过程安全保证措施落实情况督促、指导不力，未按规定组织施工技术交底和安全技术交底，未落实施工方案在现场有效执行，未采取有效措施加强对施工现场重大风险管控，对事故发生负有责任，责成中交二公局二公司按照安全生产责任制规定予以处理。

耿某云，项目部工程技术部部长，编制施工方案安全保证措施不细化，缺乏操作性，变更专项施工方案没有根据生产实际进行验算，没有组织专家论证。未按规定编制安全技术交底内容，未向生产管理、安全管理等部门进行书面安全技术交底，对事故发生负有责任，责成中交二公局二公司按照安全生产责任制规定予以处理。

苏某，项目部生产管理部技术员，对作业班组施工技术交底、安全技术交底内容不详细，未按规定检查专项施工方案安全保证措施落实情况，对现场违规割除劲性骨架的隐患未能及时指出并制止，对事故发生负有责任，责成中交二公局二公司按照安全生产责任制规定予以处理。

王某堂，中铁大桥监理公司总监理工程师，安全监理责任制落实不到位，未按规定审查危大工程补充专项施工方案，未按规定组织监理人员技术交底。对现场监理人员履职不力、监理人员配备不符合要求等问题监督、检查不力，对事故发生负有责任，责成中铁大桥监理公司按照安全监理责任制规定予以处理。

陈某华，中铁大桥监理公司安全副总监理工程师，分管南锚碇工程安全监理工作。安全监理责任制落实不到位，对项目部安全生产工作监督检查不力，对长时间存在的事故隐患未及时制止并提出整改意见。对现场监理人员未按规定履职的情况监督、检查不力，对事故发生负有责任，责成中铁大桥监理公司按照安全监理责任制规定予以处理。

刘某，中铁大桥监理公司现场监理，未认真履行工程监理职责，现场巡检不力，对施工单位未按专项施工方案施工，在模板未闭合、缆风绳和型钢桁架等安全措施未落实情况下，提前拆除劲性骨架的违章行为未采取措施制止，对事故发生负有责任，责成中铁大桥监理公司按照安全生产责任制规定予以处理。

黄某，中铁大桥监理公司现场监理，未认真履行工程监理职责，现场巡检不力，对施工单位未按专项施工方案施工，在模板未闭合、缆风绳和型钢桁架等安全措施未落实情况下，提前拆除劲性骨架的违章行为未采取措施制止，对事故发生负有责任，责成中铁大桥监理公司按照安全生产责任制规定予以处理。

四、事故主要教训

（1）重生产轻安全，底线思维缺失。相关参建单位没有正确处理安全与发展的关系，没有坚守“发展决不能以牺牲人的生命为代价”的安全生产红线，抓安全生产工作重部署轻落实，重制度轻执行，重台账轻现场。对施工方案变更后安全风险较原方案明显增大，建设方、总承包方、监理方均未按照规范要求重新进行辨识，在方案系统性论证、安全技术措施的有效性等方面，没有提出任何调整和改进意见，对项目现场日常安全监管严重不足。施工单位作为中央企业，对安全生产工作的极端重要性认识不到位，没有认真贯彻落实“三管三必须”要求，安全风险防控意识不强，安全责任传递逐级衰减，对作业队伍管理“宽松软”，企业发展与安全管理不同步，导致重大事故隐患没有及时消除。

（2）主体责任不落实，肆意违规作业。相关参建单位全员全岗位安全生产责任不落实，关键岗位人员安全生产责任缺失，安全要求与生产环节严重脱节。对高大模板施工安全风险意识淡薄、措施不力，没有充分吸取近年来同类事故教训，对钢筋模板施工安全风险缺乏动态辨识防控，对模板固定措施、防风措施考虑不全。专项施工方案本应为施工根本遵循，但该项目组织施工没有遵照施工方案，而是按照项目负责人“脑子里”另一套“既省时又省钱”的方案在执行，冒险蛮干，至事故发生后，项目部才拿出书面补充方案，要求相关人员熟悉内容。项目管理人员对作业工序把关不严格，检查不到位，劳务队伍主要根据工程进度要求，凭经验和感觉分配任务、开展作业，“有什么活、干什么活”，“能快则快、能省则省”，肆意违规作业。

（3）职责认知不足，监管执法缺位。交通行业监管部门受理工程质量监督手续后，主要围绕施工单位质量责任落实情况和工程实体质量开展监督检查。在日常监管过程中，也更多的是从质量管理、工艺环节质量控制及隐患排查治理台账资料等方面检查发现问题、提出整改要求，对建设项目安全生产条件落实情况和重大安全风险管控措施落实情况监督检查少。特别是在江苏省安全生产专项整治一年“小灶”和三年“大灶”期间，相关行业监管部门未有效落实《省安委会关于加强安全生产重点行业领域监管执法的实施意见》（苏安〔2020〕15 号）要求，对《安全生产法》赋予的安全生产行政处罚事项很少使用，暴露出有关部门对安全生产法律法规还不能执行到位，失之于宽、失之于软，通过严格安全监管执法有效防范遏制事故的作用还不明显。

（4）风险管控不力，管理规范滞后。目前，部分交通工程施工企业的风险管理意识还相对淡薄，加之项目建设跨度时间长、施工难度大、参建单位和施工人员综合素质参差不齐等因素影响，很多施工企业会忽视现场施工各个环节面临的风险因素，重大危险源动态辨识评估不能有效开展，一旦发生风险，将会面临严重的人员伤亡和经济损失。此外，随着交通建设行业不断发展，相关法规制度已不能满足现实需要，如对涉危险性较大的分部分项工程施工管理，需要参照建设部门颁布的标准规范执行，危大工程目录范围不够细化，对专项施工方案变更缺少程序性规定，只要求在“必要时”组织专家论证、审核，给施工单位预留较大自由空间和不安全因素。

五、防范措施

（1）提高政治站位，强化安全发展理念和底线思维。相关单位要持续深入贯彻落实习近平总书记关于安全生产重要论述，自觉提高政治站位，强化底线思维，牢固树立“人民至上、生命至上”的安全发展理念，统筹好发展和安全，严格执行安全生产专项整治三年行动要求，切实把防控化解交通工程领域系统性重大安全风险摆在突出位置。在宁中央企业要充分发挥模范带头和表率作用，切实担负起防范化解安全风险的政治责任，确保领导班子成员落实“管业务必须管安全、管生产经营必须管安全”的要求，形成更加完备的安全生产制度体系。全面开展交通工程领域安全风险评估和隐患治理体系建设，实行红橙黄蓝分级分类管控和“一企一策”“一桥一策”“一工程一措施”治理整顿，推动企业主体责任落实和本质安全水平提升。创新安全生产管理方式和技术，解决安全生产难题，并通过不断总结经验教训，推动企业安全生产管理、技术水平的进步。

（2）深刻吸取事故教训，拧紧安全生产责任链条。相关单位要进一步强化源头治理、精准治理、系统治理，健全完善安全生产责任体系，严格执行《公路水运工程安全生产监督管理办法》（交通运输部令第25号），实现安全生产全员参与和全过程管理。建设单位要加强对项目各层级施工单位、监理单位的安全生产统一协调、管理，严格危大工程安全管控流程。总承包单位要加强危大工程专项施工方案编制内审、安全交底、施工监测和安全巡视，对承担的建设工程加强定期和专项安全检查，督促落实隐患排查整改；要按相关规范配备项目管理人员，强化项目管理人员履职情况检查考核，规范开展安全生产教育培训和安全技术交底，提高三级交底质量，提高高风险施工作业交底频次，加强施工人员对施工工艺、流程和风险后果的理解和认知；要强化关键工序作业许可管控，杜绝随意动火切割关键构件等行为发生；要督促作业班组加强现场安全管理和隐患排查整改，严格执行施工方案和技术规范，严禁违章指挥、盲目施工。监理单位要严格危大工程专项施工方案审查，规范配备建设工程监理人员，加强对监理人员履职情况监督管理，加强对危大工程及重点环节监督检查，对监理过程中发现的事故隐患严格督促施工单位整改，切实杜绝监理工作流于形式。

（3）严格监管执法，提升安全生产法治保障水平。相关行业监管部门要强化责任担当，严格执行安全生产法律规定，完善监管流程，推动落实对高危行业领域、重点企业巡检、抽检、互检等执法检查全覆盖，消除监管盲区，防范和遏制生产安全事故发生。要根据本行业领域特点，科学编制执法计划和方案，组织开展交通工程安全生产排查整治行动，加强对参建单位监督管理，坚决查处安全生产违法违规行为，重大风险隐患一抓到底、彻底解决，严防漏管失控引发事故。强化法治措施，加快落实新《安全生产法》《刑法修正案（十一）》，从严从速有效移送涉嫌犯罪行为，举一反三警示教育，切实纠正违规违章现象，消除事故隐患。加强专业监管力量建设，健全安全生产执法机制，研究制定交通工程安全监督检查导则，实现高效执法检查。

（4）推动标准规范修订，强化安全风险全过程管控。相关单位要立足交通行业管理新形势和交通工程建设实际，推动促进交通工程行业领域安全生产水平提升和政策措施落地落实，深入贯彻落实《公路水路行业安全生产风险管理暂行办法》，建立健全安全风险分级管控和隐患排查治理双重预防工作机制。推动交通建设领域地方性法规、标准、制度建设，参照建筑施工行业领域经验做法，适时提高交通施工安全标准规范，明确交通建设领域危大工程范围和监管程序，规范关键节点项目及各环节、各工序的标准化管理要求，细化参建单位安全生产职责。综合运用大数据、信息化、智能化等手段，实施全过程安全风险清单化精准管控，提高施工安全整体预控能力和水平，构建交通行业安全生产标准化管理新格局，推动行业治理能力提升。

一案五问一改变

1. 我对该事故的最深感触是什么？

2. 如果该事故中暴露的问题就出现在我身边，我该怎么办？

3. 如果该事故就发生在我身上，我的亲人和朋友会如何？

4. 我从该事故中汲取了什么教训？

5. 学习事故案例后我最想对同事和亲人说什么？

为避免同类事故，在今后的工作中我将做出以下改变：

广东省佛山市顺德区“6·27”较大坍塌事故案例①

2020 年 6 月 27 日 10 时 17 分，位于佛山市顺德区高新区西部启动区 D－XB－10－03－A－04－2 地块项目 8 号楼在浇筑屋面构造梁过程中发生一起坍塌事故，造成 3 人死亡、1 人受伤。

一、事故经过

2020 年 6 月 27 日上午 8 时 15 分许，顺德新翔混凝土公司司机驾驶混凝土运输车到达事发 8 号楼施工工地。

9 时 40 分许，大城公司混凝土班班长李某海与混凝土施工工人陶某宽、李某林、程某全、杜某军、管某边 6 人在 8 号楼顶楼开始为 8 号楼楼顶屋面构造梁、柱浇筑混凝土。工人首先自西向东浇筑了 4 根柱子，然后自东向西分层浇筑屋面构造梁。

10 时 15 分许，第一车混凝土浇筑完毕，准备开始浇筑第二车混凝土时，李某海发现刚浇筑的屋面构造梁开展倾斜，便大声呼喊其他人员赶快撤离。最终，只有站在距离外脚手架西北角较近的李某海和陶某宽撤离到了安全范围。混凝土工人李某林、程某全、杜某军、管某边等四人随模架及外脚手架一起掉落到 8 号楼二层平台。

二、事故直接原因

施工单位搭设的 8 号楼屋面构造梁柱模板支架不合理，屋面构造梁存在偏心现象而未采取有效防范措施，当屋面构造梁柱浇筑混凝土时，随着荷载越来越大，

① 资料来源：佛山市人民政府. 2020 年顺德区“6·27”较大坍塌事故调查报告［EB/OL］.（2020－09－29）［2023－06－17］. http://www.foshan.gov.cn/zwgk/zdly/aqscxx/dc/content/post_4511419.html.

产生的偏心力矩也越来越大，引起斜立杆失稳导致模架向外倾覆倒塌。

三、责任追究

（一）建议追究刑事责任人员（2 人）

常某辉，男，名义上是大城公司涉事工地项目经理助理，但实际上负责涉事工地的日常施工管理工作。常某辉不具备安全管理能力，无相关执业资格及职称证书，涉事工地安全管理混乱，安全管理机构与实际不符，专职安全管理人员职责不明，工作随意；没有针对屋面构造梁模板工程编制专项施工方案；隐患排查制度未落实，检查流于形式，没有发现 8 号楼屋面构造梁模板支撑体系存在重大安全隐患并消除；屋面构造梁模板工程验收程序流于形式，验收记录弄虚作假；施工前，未对有关安全施工的技术要求作出详细说明，没有进行方案交底，没有进行技术交底；未对从业人员进行安全生产教育和培训，教育培训档案资料造假；施工方案审批表、施工日志等档案资料弄虚作假。常某辉对事故负有责任，因涉嫌重大责任事故罪，已于 2020 年 7 月 15 日被公安机关立案侦查，建议追究其刑事责任。

刘某力，男，建友公司监理部经理，涉事工地总监理工程师。对施工单位项目经理长期不在岗、安全管理混乱、安全生产资料档案弄虚作假等情况放任不管；对工程设计文件不熟悉；没有发现并督促施工单位在 8 号楼屋面构造梁施工前编制危大工程专项施工方案；没有认真审查施工组织设计中的安全技术措施是否符合工程建设强制性标准；没有结合 8 号楼屋面构造梁模板支撑体系危大工程编制监理实施细则，没有对该危大工程施工实施专项巡视检查；日常巡查没有发现 8 号楼屋面构造梁模板支撑体系存在重大安全隐患并消除，监理形同虚设。对事故发生负有重大责任，建议追究其刑事责任。

（二）建议立案侦查人员（2 人）

林某元，男，大城公司涉事工地项目经理。长期不在岗，没有依法履行安全生产有关职责，对事故发生负有责任。建议公安机关对其涉嫌刑事犯罪行为立案侦查。待其司法程序终结后，由佛山市住房和城乡建设局依法处理其行政违法责任。

吴某文，男，大城公司涉事工地项目技术负责人。未针对 8 号楼屋面构造梁模板支撑体系编制危大工程专项施工方案，事后弄虚作假编造专项施工方案应对调查；未按要求组织模板工程验收；施工前，没有进行方案交底，对事故发生负有责任。建议公安机关对其涉嫌刑事犯罪行为立案侦查。待其司法程序终结后，由佛山市住房和城乡建设局依法处理其行政违法责任。

（三）建议给予党纪处分和责任追究人员（10 人）

霍某华，男，现任顺德区住房城乡建设和水利局党组书记、局长，负责全面工作；其不正确履行职责，对建筑行业领域管理不到位，对业务科室未认真履职失察。其对此负有重要领导责任，根据《中国共产党纪律检查机关监督执纪工作规则》第三十条第（二）项之规定建议对其批评教育。

王某翔，男，时任顺德区住房城乡建设和水利局党组成员、副局长，分管建筑安全监督科，现任佛山市住房和城乡建设局建设工程消防监管科科长。其任顺德区住房城乡建设和水利局党组成员、副局长期间，不正确履行职责，对分管领域的工作管理不到位，对分管的科室未认真落实日常监督管理工作、专项检查工作失察。其对此负有主要领导责任，根据《中国共产党纪律检查机关监督执纪工作规则》第三十条第（二）项之规定建议予以诫勉。

左某志，男，现任顺德区住房城乡建设和水利局建筑安全监督科科长，主持科室全面日常管理工作，统筹安监 1 组（安监 1 组负责杏坛片区，含涉事工程工地）施工安全监督工作。其不正确履行职责，对安监 1 组人员管理不严格，对他们的日常检查工作流于形式失察；对专项检查工作部署不周全，不细致，对专项小组未认真落实重点检查内容失察。其对此负有直接责任，根据《中国共产党纪律处分条例》第三十七条、第一百二十一条之规定，建议给予党内警告处分。

胡某佳，男，现任顺德区住房城乡建设和水利局建筑安全监督科四级主任科员、安监 1 组组长，负责对杏坛片区建筑施工安全进行日常监督检查。其不正确履行职责，带队对涉事工地日常监督检查流于形式，对涉事工地施工图纸不熟悉，对设计文件发生变更后不知情；未对施工单位、监理单位履职情况进行有效监督。其对此负有直接责任，根据《中国共产党纪律处分条例》第三十七条、第一百二十一条、第一百二十二条之规定，建议给予党内严重警告处分。

黎某坤，男，顺德区住房城乡建设和水利局建筑安全监督科四级主任科员、安监 1 组组员，根据组长胡永佳安排对杏坛片区建筑施工安全进行日常监督检查。其不正确履行职责，对涉事工地日常监督检查流于形式，对涉事工地施工图纸不熟悉，对设计文件发生变更后不知情；未对施工单位、监理单位履职情况进行有效监督。其对此负有直接责任，根据《中国共产党纪律处分条例》第三十七条、第一百二十一条、第一百二十二条之规定，建议给予党内警告处分。

陈某勋，男，顺德区住房城乡建设和水利局建筑安全监督科二级科员，安监 1 组组员，根据组长胡永佳安排对杏坛片区建筑施工安全进行日常监督检查。其不正确履行职责，对涉事工地日常监督检查流于形式，对涉事工地施工图纸不熟悉，对设计文件发生变更后不知情；未对施工单位、监理单位履职情况进行有效监督。其对此负有直接责任，根据《行政机关公务员处分条例》第二十条之规定，建议给予政务记过处分。

陈某求，男，顺德区住房城乡建设和水利局建筑安全监督科政府雇员，2020 年6 月17 日对涉事工地开展专项检查时担任小组组长。其不正确履行职责，对涉事工地现场施工情况不了解，现场检查随意；没有按照专项检查的重点内容对施工现场的模板支撑进行全面检查，没有发现8 号楼屋面构造梁模板支撑体系这一重大安全隐患；对安全生产档案资料检查不细致、不认真，没有发现弄虚作假的现象。其对此负有直接责任，建议对其批评教育，2020 年年度考核不得评为优秀。

张某永，男，2016 年3 月任顺德高新技术产业开发区管理委员会副主任，分管用地管理局。其不正确履行职责，没有指导用地管理局建立完善有效的协调和监督工作机制，使监督检查工作流于形式。其对此负有重要领导责任，根据《中国共产党纪律检查机关监督执纪工作规则》第三十条第（二）项之规定，建议对其批评教育。

谭某毅，男，现任顺德高新技术产业开发区管理委员会用地管理局局长（事业编制），用地管理局负责对高新区范围内非财政性投资的企业、在建工地进行协调和监督。其不正确履行职责，对工程项目进行协调和监督的工作机制不完善，监督检查工作流于形式：聘请的日常监督检查的专家不具备相应资质能力，未将监督检查发现的在建工地安全隐患问题移交相关职能部门。其对此负有主要领导责任，根据《中国共产党纪律检查机关监督执纪工作规则》第三十条第（二）项之规定，建议予以诫勉。

周某，男，现任顺德高新技术产业开发区管理委员会用地管理局四级调研员，主要负责对高新区范围内的企业、在建工地进行监督检查。其不正确履行职责，监督检查工作流于形式，未将监督检查发现的在建工地安全隐患问题移交相关职能部门；弄虚作假，向事故调查组提交资料之前，授意他人和参与在相关安全检查材料上虚假签名，应对调查。其对此负有直接责任，根据《中国共产党纪律处分条例》第三十七条、第一百二十二条之规定，建议给予党内警告处分。

（四）对有关责任单位及人员的处理建议

广东大城建设集团有限公司对事故负有责任，建议佛山市应急管理局依据《中华人民共和国安全生产法》《生产安全事故报告和调查处理条例》（国务院令第493 号）等有关法律法规规定，对大城公司及其主要负责人黄立军（总经理，主持公司全面工作）实施行政处罚，并按有关规定将该公司及黄立军纳入全国安全生产失信联合惩戒管理；对大城公司常务副总经理兼珠三角片区公司总经理、佛山分公司经理齐华实施行政处罚。

广东建友工程建设监理有限公司对事故负有责任，建议佛山市应急管理局依据《中华人民共和国安全生产法》《生产安全事故报告和调查处理条例》（国务院令第 493 号）等法律法规有关规定，对建友公司及其主要负责人黄继强（法定代表人、总经理，主持公司全面工作）实施行政处罚，并按有关规定将该公司及黄继强纳入全国安全生产失信联合惩戒管理。

深圳机械院建筑设计有限公司对事故发生负有责任，建议佛山市应急管理局依据《中华人民共和国安全生产法》《生产安全事故报告和调查处理条例》（国务院令第 493 号）等法律法规有关规定，对深圳机械院及其主要负责人王忠礼（法定代表人兼总经理）实施行政处罚，并按有关规定将该公司及王忠礼纳入全国安全生产失信联合惩戒管理。

佛山顺德宏钜科技产业发展有限公司未依法履行安全生产职责，建议佛山市应急管理局依据《中华人民共和国安全生产法》《生产安全事故报告和调查处理条例》（国务院令第 493 号）等法律法规有关规定，对宏钜公司及其主要负责人李文杰（法定代表人、总经理，主持公司全面工作）实施行政处罚。

四、防范措施

（1）牢固树立安全发展理念。各级人民政府要坚持以人民为中心的发展理念，贯彻落实习近平总书记关于安全生产的重要指示精神，进一步健全完善“党政同责、一岗双责、齐抓共管、失职追责”的安全生产责任制，夯实安全生产“三个必须”，厘清、明确各级各部门安全生产职责，建立科学合理的考核问责机制，确保安全生产红线不可触碰。顺德区人民政府务必举一反三，深刻吸取事故教训，深入开展事故警示教育，定期研判分析安全生产形势，真正把安全生产纳入经济社会发展总体布局，整体谋划、推进、落实。顺德区住房城乡建设和水利局要结合安全生产专项整治三年行动、七大行业专项整治工作，狠抓建筑施工领域专项整治，对照“一图两清单”把方案和措施落细落实落具体；要全面深入排查工程建设领域存在的安全生产多发、共性问题，通过行业约谈通报、诚信加扣分、联合惩戒、强化执法力度等实招硬招提升企业整治重大隐患的自觉性。

（2）严格落实企业安全生产主体责任。我市广大建筑施工企业，特别是事故工程参建各方要深入学习贯彻习近平总书记关于安全生产的重要论述，反思事故教训，进一步提高认识，牢固树立安全第一、生命至上的理念，强化红线意识和底线思维，充分认识建筑行业高风险性，依法依规履行安全生产主体责任，切实增强安全风险意识，严格落实安全生产“一线三排”工作机制。佛山顺德宏钜科技产业发展有限公司要进一步规范各项承发包行为，加强风险辨识工作，依法依规履行告知备案职责和交底工作。广东大城建设集团有限公司要加强施工现场安全管理，严格落实企业负责人、项目负责人现场带班制度，认真遵守施工规程和技术规范，全面实施全员教育制度，加大风险管控和隐患排查治理力度，将隐患当事故对待，要实现对隐患发现、确认、整改、验收、公示全过程闭环管理。广东建友工程建设监理有限公司要严格履行安全监理职责，配备齐全具有相应从业资格的监理人员，编制有针对性、可操作性的监理规划和细则，加强巡视和旁站监理，加强对施工过程重点部位和薄弱环节的管理和监控，对监理过程中发现的严重安全隐患和问题，要立即责令施工单位整改并复查整改情况，对拒不整改的，要及时向行业主管部门报告。深圳机械院建筑设计有限公司、广东建同工程技术咨询有限公司顺德分公司等有关单位要严格履行职责，加强和完善审核复核机制，堵塞工作漏洞。

（3）切实加强危大工程管理。我市广大建筑施工企业，特别是事故工程参建各方，要认真组织学习《危险性较大的分部分项工程安全管理规定》，进一步加强涉及危大工程的安全管控。佛山顺德宏钜科技产业发展有限公司作为建设单位应当完善危大工程清单及其安全管理措施，项目发生变更后必须重新组织参建单位会审、辨识危大工程和重大危险源，并要求施工单位严格按照危大工程清单及其相应的安全管理措施进行施工。广东大城建设集团有限公司作为施工单位在危大工程施工前，要科学编制专项施工方案，并严格审核、论证；要完善危大工程清单审查工作机制、施工现场危大工程公告和警示机制，不折不扣落实方案交底和技术交底工作。广东建友工程建设监理有限公司作为监理单位应当将危大工程列入监理规划和监理实施细则，要针对工程特点、周边环境和施工工艺，制定安全监理工作流程、方法和措施，并监督施工单位做到“不安全不施工、不科学不施工”。

（4）优化完善监管工作机制。顺德区住房城乡建设和水利局要吸取河源龙川“5·23”事故及本次事故教训，结合安全生产专项整治三年行动、七大行业专项整治工作，狠抓建筑施工领域专项整治，对照“一图两清单”把方案和措施落细落实落具体；要进一步完善工程项目许可前审查和许可后通告工作机制，实现许可和监管环环相扣，无缝对接，堵塞漏洞。全市各级住建管理部门要正确理解简政放权的含义，正确处理简政放权与安全生产的关系，明确任何流程简化的前提是对安全生产的保障，绝不能因简政放权对安全生产造成影响。要进一步强化日常监管，加强安全技术措施及派驻施工现场管理人员的标后检查，对现场作业人员与报建人员不一致的要严肃查处；要落实各方提交危大工程清单及相关的专项施工方案的制定，把危大工程作为日常监管、安全巡查的重点，加大抽查频次和力度，确保施工现场安全生产管理体系和质量技术安全体系落实到位；要加强行业信用管理，对设计、勘察、建设、施工、监理、审图等单位违反工作守则、违反法律法规的行为坚决予以整治并落实信用惩戒。

一案五问一改变

1. 我对该事故的最深感触是什么？

2. 如果该事故中暴露的问题就出现在我身边，我该怎么办？

3. 如果该事故就发生在我身上，我的亲人和朋友会如何？

4. 我从该事故中汲取了什么教训？

5. 学习事故案例后我最想对同事和亲人说什么？

为避免同类事故，在今后的工作中我将做出以下改变：

北京鑫大禹水利建筑工程有限公司“6·30”较大生产安全事故案例[①]

2017 年 6 月 30 日 7 时 30 分左右，顺义区高丽营镇河道排污口治理十三支污水管线工程，北京鑫大禹水利建筑工程有限公司组织作业人员进行井下抹灰破管作业时，发生一起缺氧窒息死亡事故，造成 4 人死亡。

一、事故经过

2017 年 6 月 30 日，华祥兴鹏公司现场负责人牛某陆安排现场带班人员牛某所带领马某选、马某枝、马某杭和刘某标四人到 55 号井和 56 号井进行抹灰破管作业。6 时 30 分左右，5 名工人到达施工现场，将 55 号井和 56 号井井盖打开通风。7 时 30 分左右，马某选首先下井准备进行抹灰作业，约 2 min 后晕倒，马某枝、马某杭、刘某标 3 人先后下井施救，均晕倒在井下。现场带班人员牛某所最后下井施救，下至 3 m 左右感到不适随即爬上地面。

二、事故直接原因

事发污水井井下缺氧，施工负责人违章指挥，现场作业人员违章作业、违规施救是造成事故发生及事故扩大的直接原因。

经检测，事发污水井属于严重缺氧环境（井下最高氧气含量为 3.3%）。经专家组讨论认定，四名作业人员因井内环境缺氧，导致急性缺氧窒息死亡。同时，北京市顺义区公安司法鉴定中心尸检结果显示：马某选、马某枝、马某杭和刘某标符合缺氧性窒息死亡。

---

① 资料来源：北京市应急管理局．北京鑫大禹水利建筑工程有限公司“6·30”较大生产安全事故调查报告［EB/OL］．(2017－12－18)［2023－06－17］．http：//yjglj.beijing.gov.cn/art/2017/12/18/art_7466_346.html.

经调查，现场带班人员牛某所安排作业人员在未设置安全警示标识、未配备气体检测报警仪等作业防护设备、未配备呼吸防护用品等个体防护用品、未进行有限空间气体检测、未采取充分的通风换气措施、现场无有限空间作业监护人员监护情况下下井作业，致使下井作业人员发生缺氧性窒息；事故发生后，现场作业人员在未制定应急救援措施、未采取有效安全防护措施、未配备应急救援装备的情况下贸然下井施救，造成事故后果扩大。

三、责任追究

（一）建议追究刑事责任的人员（8 人）

牛某所，华祥兴鹏公司现场带班人员，负责现场作业管理。在未设置安全警示标识、未配备作业防护设备、未配备个体防护用品、未进行有限空间气体检测、未采取充分的通风换气措施、现场无有限空间作业监护人员监护情况下安排作业人员下井作业，导致事故发生；事故发生后，未及时制止现场作业人员在无应急救援措施、未采取有效安全防护措施、未配备应急救援装备的情况下下井施救，导致事故后果扩大。其行为违反了《缺氧危险作业安全规程》（GB 8958—2006）5. 1. 1、5. 3. 2、5. 3. 3、5. 3. 7、8. 1、8. 2、8. 3，《地下有限空间作业安全技术规范第 1 部分：通则》（DB11 852. 1—2012）6. 2、6. 5、6. 7、7. 1. 1、7. 1. 2，《地下有限空间作业安全技术规范第 3 部分：防护设备设施配置》（DB11/T 852. 3—2014）4. 4、5. 1、6. 1、7. 2 的规定，对事故发生负有直接责任。由公安机关立案侦查，依法追究刑事责任。

牛某陆，华祥兴鹏公司项目现场负责人，负责施工现场全面管理工作。未督促作业人员按照“先检测后作业”的原则对地下有限空间内有毒有害气体和氧含量进行检测，未安排有限空间作业监护人员现场监护，未向作业人员告知作业场所的危险因素、防范措施和事故应急措施，导致事故发生。其行为违反了《缺氧危险作业安全规程》（GB 8958—2006）5. 1. 1、5. 3. 7、7. 2 的规定，对事故发生负有直接责任。由公安机关立案侦查，依法追究刑事责任。

华某祥，华祥兴鹏公司主要负责人，负责公司全面管理工作。未对十三支工程作业实施有效管理，未及时消除现场施工人员违反有限空间相关标准进行有限空间作业的事故隐患；未组织制定本单位的有限空间作业操作规程；未组织对作业人员的安全教育培训；未针对有限空间作业组织应急演练，其行为违反了《安全生产法》第十八条第（二）、（三）、（五）、（六）项的规定，对事故发生负有直接管理责任。由公安机关立案侦查，依法追究刑事责任。

张某军，鑫大禹公司十三支工程项目部执行经理，负责项目部全面管理工作。未组织制定检查井专项施工方案、有限空间作业专项安全施工方案，未将检查井施工纳入有限空间作业进行管理；对检查井施工现场安全管理、安全技术交底、安全培训教育不到位等情况监督检查不力；未及时消除现场施工人员违反有限空间作业操作规程进行有限空间作业的事故隐患，其行为违反了《安全生产法》第二十二条第（一）、（五）、（六）、（七）项的规定，对事故发生负有直接管理责任。由公安机关立案侦查，依法追究刑事责任。

王某，鑫大禹公司十三支工程项目部生产经理，负责项目生产、安全、技术、质量等工作。对现场作业人员违反有限空间操作规程作业监督检查不力，未及时消除施工现场作业人员违反《缺氧危险作业安全规程》施工的事故隐患；发现现场作业人员未按要求进行有限空间作业后，未督促劳务单位进行有限空间作业审批，其行为违反了《安全生产法》第二十二条第（五）、（六）、（七）项的规定，对事故发生负有直接管理责任。由公安机关立案侦查，依法追究刑事责任。

孙某波，鑫大禹公司十三支工程项目部安全员，负责项目现场安全生产管理工作。发现现场作业人员未按要求进行有限空间作业后，未督促劳务单位进行事故隐患整改，未督促劳务单位按照相关规定进行有限空间作业审批；未对作业人员进行有限空间作业安全交底，安全交底记录造假；未按规定开展安全教育培训，允许工人抄袭答案，其行为违反了《安全生产法》第二十二条第（二）、（五）、（七）项的规定，对事故发生负有直接责任。由公安机关立案侦查，依法追究刑事责任。

石某兵，中水利源公司项目总监，负责项目监理全面工作。未将有限空间作业安全监理内容纳入监理规划及监理实施细则；从未组织召开过项目监理例会，未对项目实施有效监理；未督促审查有限空间作业监护人员的有限空间作业监护证持证情况，其行为违反了《水利工程施工监理规范》（SL 288—2014）4.3.5、6.5.3、6.5.4 的规定，对事故的发生负有直接监理责任。由公安机关立案侦查，依法追究刑事责任。

蔡某林，中水利源公司监理工程师，负责项目现场工程监理工作。发现作业人员违反有限空间作业规定作业的事故隐患后，未下达停止施工指令、未书面告知施工单位督促整改；未现场审查有限空间作业监护人员的有限空间作业监护证持证情况，其行为违反了《水利工程施工监理规范》（SL 288—2014）6.5.4、6.5.6 的规定，对事故的发生负有直接监理责任。由公安机关立案侦查，依法追究刑事责任。

（二）建议给予党纪、政纪处分的人员（9 人）

田某，鑫大禹公司副总经理，分管公司经营工作。对十三支工程存在的备案项目经理、项目副经理、技术负责人长期未在岗履职的情况未实施有效管理，其行为违反了《安全生产领域违法违纪行为政纪处分暂行规定》第十二条第（七）项的规定，对事故发生负有重要领导责任。依据《安全生产领域违法违纪行为政纪处分暂行规定》第十二条的规定，责成北京顺鑫农业股份有限公司给予其记大过处分。

张某峰，鑫大禹公司副总经理，分管公司安全生产管理工作。对十三支工程存在的安全隐患督促整改不到位，对于检查发现的项目部安全工作人员配备不足、安全生产管理工作未落实到位、安全技术交底缺失等隐患未有效督促整改落实，其行为违反了《安全生产法》第二十二条第（五）、（七）项、《安全生产领域违法违纪行为政纪处分暂行规定》第十二条第（七）项的规定，对事故发生负有重要领导责任。依据《安全生产领域违法违纪行为政纪处分暂行规定》第十二条的规定，责成北京顺鑫农业股份有限公司给予其记大过处分。

韩某亮，鑫大禹公司总工程师，分管公司技术管理工作。对十三支工程存在的安全隐患督促整改不到位，对项目部未制定检查井专项施工方案和有限空间作业专项安全施工方案开展施工情况失管失察，其行为违反了《安全生产法》第二十二条第（一）、（七）项、《安全生产领域违法违纪行为政纪处分暂行规定》第十二条第（七）项的规定，对事故发生负有重要领导责任。依据《安全生产领域违法违纪行为政纪处分暂行规定》第十二条的规定，责成北京顺鑫农业股份有限公司给予其记大过处分。

杨某建，鑫大禹公司经营管理部部长，负责投标、合同、成本管理工作。对十三支工程存在的备案项目经理、项目副经理、技术负责人长期未在岗履职的情况未实施有效管理，其行为违反了《安全生产领域违法违纪行为政纪处分暂行规定》第十二条第（七）项的规定，对事故发生负有重要管理责任。依据《安全生产领域违法违纪行为政纪处分暂行规定》第十二条的规定，责成北京顺鑫农业股份有限公司给予其撤职处分。

姚某洋，鑫大禹公司安全生产部部长，负责公司安全生产部工作。对十三支工程存在的安全隐患督促整改不到位，对检查发现的项目部安全工作人员配备不足、安全生产管理工作未落实到位、安全技术交底缺失等隐患未有效督促项目部整改落实，其行为违反了《安全生产法》第二十二条第（五）、（七）项、《安全生产领域违法违纪行为政纪处分暂行规定》第十二条第（七）项的规定，对事故发生负有重要管理责任。依据《安全生产领域违法违纪行为政纪处分暂行规定》第十二条的规定，责成北京顺鑫农业股份有限公司给予其撤职处分。

李某江，鑫大禹公司工程管理部部长，对项目部未制定检查井专项施工方案和有限空间作业专项安全施工方案开展施工情况失管，其行为违反了《安全生产法》第二十二条第（一）、（七）项、《安全生产领域违法违纪行为政纪处分暂行规定》第十二条第（七）项的规定，对事故发生负有重要管理责任。依据《安全生产领域违法违纪行为政纪处分暂行规定》第十二条的规定，责成北京顺鑫农业股份有限公司给予其撤职处分。

刘某林，中共党员，原顺义区水务局重点工程项目办公室主任，2009 年底至 2016 年 9 月主持重点工程项目办公室工作。作为十三支工程监理单位的发包方，未对监理单位未定期召开监理例会、监理人员对施工现场安全生产未实施有效监督等行为开展有效管理，其行为违反了《北京市水利工程建设安全生产管理暂行规定》第二十九条、《北京市行政问责办法》第八条第（二）项的规定，依据《北京市行政问责办法》第八条的规定，由监察机关对其进行通报批评。

任某东，中共党员，顺义区水利工程质量监督站主任。作为水利工程质量及安全生产监督部门负责人，对监理工作检查不严，其行为违反了《北京市水利工程建设安全生产管理暂行规定》第二十九条、《北京市行政问责办法》第八条第（二）项的规定，依据《北京市行政问责办法》第八条的规定，由监察机关对其进行通报批评。

周某文，中共党员，高丽营镇政府农业科副主任，2005 年初至今在重点办工作，负责镇域内水利工程工作，未按照相关规定要求将工程开工相关手续报区水务行政主管部门备案，其行为违反了《水利工程建设安全生产管理规定》第九条、《北京市水利工程建设安全生产管理暂行规定》第九条、《北京市行政问责办法》第八条第（十）项的规定，依据《北京市行政问责办法》第八条的规定，由监察机关对其进行通报批评。

（三）建议给予行政处罚的人员和单位

吕某江，中共党员，鑫大禹公司总经理、法定代表人。作为鑫大禹公司的主要负责人，未认真履行公司主要负责人安全生产管理职责，对十三支工程项目部安全生产工作督促检查不到位，未及时消除十三支工程项目部未制定检查井专项施工方案和有限空间作业专项安全施工方案、未将检查井施工纳入有限空间作业进行管理、项目经理不到岗履职、安全技术交底缺失、专职工作人员配备不足、培训教育不到位等事故隐患；允许备案项目经理不实际到岗履职、允许一个项目部同时管理多个在施工程，致使项目部安全管理混乱。其行为违反《安全生产法》第十八条第（五）项的规定，对事故发生负有主要领导责任。依据《安全生产法》第九十一条第二款、第三款、第九十二条第（二）项的规定，由市安全生产监督管理部门给予其上一年度收入 40% 罚款的行政处罚，并给予其撤职处分，自处分之日起五年内不得担任任何生产经营单位的主要负责人。

蒲某善，中水利源公司法定代表人、经理。对顺义区排污口治理工程（第二标段）施工监理工作督促、检查不到位，未发现并消除顺义区排污口治理工程（第二标段）监理规划及监理实施细则无有限空间作业安全监理内容、未召开监理例会、未督促审查有限空间作业监护人员持证情况等隐患。其行为违反《安全生产法》第十八条第（五）项的规定，对事故发生负有主要领导责任。依据《安全生产法》第九十二条第（二）项的规定，由市安全生产监督管理部门给予其上一年度收入40%罚款的行政处罚。

华祥兴鹏公司作为劳务分包单位，未为作业人员配备符合标准要求的安全警示标识、防护设备及个体防护用品；未制定有限空间作业操作规程；未履行有限空间作业审批程序违规实施有限空间作业和盲目施救；未对作业人员进行安全教育培训并告知作业人员违规实施有限空间作业的危害；未配备有限空间作业监护人员；未针对有限空间作业开展应急演练，其行为违反了《安全生产法》第二十五条第一款、第二十七条第一款、第四十一条、第四十二条、第七十八条和《北京市安全生产条例》第三十九条要求，对事故的发生负有直接责任。依据《安全生产法》第一百零九条第（二）项的规定，由市安全生产监督管理部门给予其65万元罚款的行政处罚。依据《对安全生产领域失信行为开展联合惩戒的实施办法》第二条第（一）项的规定，纳入联合惩戒对象管理，管理期为1年。同时，依据《建筑施工企业安全生产许可证管理规定》第二十三条的规定，由市住房城乡建设主管部门暂扣其安全生产许可证90日。

鑫大禹公司作为项目总承包单位，未制定检查井专项施工方案和有限空间作业专项安全方案；未督促劳务单位进行有限空间作业审批；未对作业人员进行有限空间作业安全交底；对作业人员安全教育培训管理不到位；未安排工程备案项目经理、项目副经理、技术负责人到岗履职；未配备足额项目管理人员及安全管理人员，其行为违反《安全生产法》第四十六条第一款、第九十四条第（六）项，《建设工程安全生产管理条例》第二十三条第一款、第二款、第三十二条第一款、第四十九条的规定，对事故发生负有主要责任。依据《安全生产法》第一百零九条第（二）项的规定，由市安全生产监督管理部门给予其64万元罚款的行政处罚。依据《对安全生产领域失信行为开展联合惩戒的实施办法》第二条第（一）项的规定，纳入联合惩戒对象管理，管理期为1年。依据《建筑施工企业安全生产许可证管理规定》第二十三条的规定，由市住房和城乡建设主管部门暂扣其安全生产许可证90日。依据《北京市水务局关于开展水务安全生产标准化建设评审工作的通知》（京水务安〔2014〕19号）的规定，由市水务行政主管部门撤销其水务安全生产标准化二级达标等级。

中水利源公司作为项目监理单位，对工程项目监督检查不到位，未对下列一系列监理安全隐患实施有效管理：项目部监理规划、监理实施细则无有限空间作业安全监理内容；项目部从未召开过监理例会；未检查落实作业人员有限空间作业持证情况；项目监理人员对发现的施工人员违规实施有限空间作业的违法行为未予以书面制止、未下达书面监理指令并督促整改；未对总包单位备案项目经理长期未到岗履职的行为下达监理指令。其行为违反了《水利工程施工监理规范》（SL 288—2014）4. 2. 3、4. 3. 5、6. 5. 3、6. 5. 4，《建设工程安全监理规程》（DB 11/382—2006）6. 1. 1、6. 1. 2、6. 1. 3、6. 1. 5、6. 2. 1、6. 2. 2 的规定，对事故发生负有监理责任。依据《安全生产法》第一百零九条第（二）项的规定，由市安全生产监督管理部门给予其 60 万元罚款的行政处罚。同时，依据《建筑施工企业安全生产许可证管理规定》第二十三条的规定，由市住房和城乡建设主管部门暂扣其安全生产许可证60 日。

四、防范措施

（1）鑫大禹公司应加强公司内部工程项目风险管控，杜绝出借资质和非法挂靠现象。加大安全投入，为工程项目配备足额安全管理人员，确保安全管理人员数量与建设工程量相匹配；坚决杜绝挪用员工资质证书投标、备案项目经理长期不到岗履职等违规行为。加大所属工程项目的安全生产现场检查力度和检查频次，完善工程项目专项施工方案及专项安全方案，及时发现并消除有限空间作业安全隐患；加强安全培训教育，督促项目部对作业人员开展安全技术交底并如实记录，督促项目部对劳务单位作业人员开展安全教育培训，保证从业人员掌握相关操作规程和安全操作技能；加强对劳务分包单位的管理，督促劳务分包单位按照相关管理制度和操作规程进行施工。

（2）中水利源公司应加强对项目监理部的监督检查，督促项目监理部实施有效监理；加强对项目监理部监理规划、监理实施细则的监督检查，完善各项安全监理内容；督促项目监理部检查落实特种作业人员持证情况；督促项目监理部对于检查发现的各项安全隐患及时下达书面监理指令并督促整改。

（3）顺义区水务局应加强对相关水务工程监理单位的监督管理，督促监理单位按照相关规定要求正确履职。高丽营镇政府应加强对发包水务工程的管理，严格按照相关规定要求履行工程开工备案手续。

（4）北京顺鑫农业股份有限公司应加强对下级生产经营单位的安全生产管理，督促所属企业认真汲取事故教训、切实落实安全生产主体责任，要求所属企业针对有限空间作业开展全面、深入的隐患排查治理，坚决杜绝挂靠、出借企业资质的违法行为。

一案五问一改变

1. 我对该事故的最深感触是什么？

2. 如果该事故中暴露的问题就出现在我身边，我该怎么办？

3. 如果该事故就发生在我身上，我的亲人和朋友会如何？

4. 我从该事故中汲取了什么教训？

5. 学习事故案例后我最想对同事和亲人说什么？

为避免同类事故，在今后的工作中我将做出以下改变：

7 月

深圳市体育中心改造提升拆除工程“7·8”较大坍塌事故案例[①]

2019 年 7 月 8 日 11 时 28 分许，位于深圳市福田区深圳市体育中心内的深圳市体育中心改造提升拆除工程工地发生一起坍塌事故，造成 3 人死亡，3 人受伤，直接经济损失 593.5 万元。

一、事故直接原因

体育馆拆除施工未按照《专项施工方案》要求用卷扬机牵引，而采用炮机牵引，牵引力不足，导致西侧两根格构柱中间切割段钢管未能全部拉出，网架未按预期倾倒，此时经 7 月 6 日和 7 月 7 日切割和牵引，现场网架结构体系已被破坏，处于高危状态。在此情况下，相关单位未按《专项施工方案》从西侧正面进行水平牵引，而是经 7 月 7 日晚会议研究，继续违背施工方案，在未经安全评估论证，也未采取安全措施情况下，盲目安排工人进入网架区域进行人工氧割、加挂钢丝绳作业。7 月 8 日 11 时 28 分许，西南侧格构柱在人工氧割过程中结构失稳，导致整个网架倒塌，造成了本次坍塌事故。

二、责任追究

刑事责任追究落实情况：对冯某某（深投控公司体育中心改造提升项目领导小组办公室副主任）、向某某（市建设集团公司总经理）、朱某某（赣江劳务公司实际控制人）、毛某某（市建设集团公司拆除工程项目部实际负责人）、王某（拆除工程施工队负责人）5 人追究刑事责任。

---

① 资料来源：深圳市应急管理局．深圳市体育中心改造提升拆除工程“7·8”较大坍塌事故防范和整改措施落实情况评估报告［EB/OL］.（2022－07－05）［2023－06－17］. http：//yjgl. sz. gov. cn/gkmlpt/content/9/9933/post_9933587. html#21971.

政务责任追究落实情况：福田区监察委员会给予孙某（福田区安监站负责人）政务记过的处分。

企业行政处罚落实情况：对市建设集团公司、赣江劳务公司、合创工程顾问公司、市体育中心管理公司4家企业进行行政处罚。

人员行政处罚落实情况：对汪某某（市建设集团公司董事长，法定代表人）、宋某某（市建设集团公司副总经理）、杨某（市建设集团公司质量安全部副部长）、郭某某（合创工程顾问公司市体育中心拆除工程项目总监理工程师）、梁某某（合创工程顾问公司市体育中心拆除工程项目监理工程师）、谢某某（拆除工程备案项目经理）、蒋某某（市建设集团公司拆除工程项目部施工员）、朱某某（市建设集团公司拆除工程项目部安全员）8人进行行政处罚。

企业内部处理：王某某（市建设集团公司技术研发中心副主任）、于某某（合创工程顾问公司市体育中心拆除工程项目安全监理员）、罗某某（深投控公司体育中心改造提升项目领导小组办公室工程管理组组长）、王某某（市建设集团公司市体育中心拆除工程技术负责人）、王某某（市建设集团公司市体育中心拆除工程项目部预算员）、李某（市建设集团公司拆除工程项目部安全员）6人进行企业内部处理。

三、防范措施

（1）强化重点建设工程项目的安全管理，依法依规科学组织工程项目建设。

（2）完善监管机制，实现拆除工程全面纳管。

（3）强化落实拆除工程各参建单位安全生产主体责任。

（4）加大危大工程管理力度，提升建筑施工领域质量安全水平。

（5）加强源头管理，强化专项施工方案的编制、论证和审查工作。

一案五问一改变

1. 我对该事故的最深感触是什么？

2. 如果该事故中暴露的问题就出现在我身边，我该怎么办？

3. 如果该事故就发生在我身上，我的亲人和朋友会如何？

4. 我从该事故中汲取了什么教训？

5. 学习事故案例后我最想对同事和亲人说什么？

为避免同类事故，在今后的工作中我将做出以下改变：

龙口市东海金域蓝湾 B 区 29 号楼 “7 · 15” 升降机坠落事故案例[①]

2016 年 7 月 15 日 17 时 35 分左右，龙口市东海园区金域蓝湾 B 区三期工程（以下简称“事故工程”）29 号楼施工现场发生施工升降机坠落事故，升降机自 18 层楼处坠落，机内共有 8 人，坠落发生后被立即送往医院，经全力抢救无效死亡。

一、事故经过

2016 年 7 月 14 日，根据事故工程 29 号楼项目经理和工地管理员的多次电话要求，机械设备租赁有限公司经理安排安装班长、安装人员到金域蓝湾 B 区三期工程 29 号楼，进行施工开降机加节作业。13 时 30 分左右，安装 2 人到达建筑工地，联系了塔吊操作人员协助进行施工开降机加节作业。两人首先拆除了施工升降机限位器，又拆除了封头，借用工地钢筋工的对讲机与塔吊操作人员协调，吊装已连接在一起的标准节（6 个标准节连接在一起），先后共吊装两次，一共安装了 12 节标准节，高度达到 23 层楼高，在第 18 层顶端水平梁上架设了第 6 道附墙架。约 18 时 30 分，安装 2 人在加装的标准节大部分仅安装了对角的 2 个螺栓、约 21 层楼高位置未架设附墙架的情况下，拉下施工升降机电闸后，下班离开工地。

7 月 15 日，因其他小区建筑工地急需对塔吊进行顶升作业，安拆人员去了另外工地进行塔吊顶升作业，未继续完成事故工程 29 号楼施工升降机的加节作业。15 日，龙口市有降雨，直到 14 时左右，雨停。14 时左右，安拆人员来到事

① 资料来源：烟台高新技术产业开发区．龙口市东海金域蓝湾 B 区 29 号楼“7 · 15”事故调查报告［EB/OL］．（2016 － 12 － 30）［2023 － 06 － 17］．http：//www. ytgxq. gov. cn/art/2016/12/30/art _ 57771 _ 2926752. html.

故工地，乘事故施工升降机至17楼，并爬到24层预埋塔吊附着套管，为一座在用塔吊顶升做准备，没有继续对施工升降机进行加节作业。约17时35分，7名木工拟到24层进行模板支护作业，连同瓦工（工地指定施工升降机操作人员，无升降机操作资格证书）一起乘施工升降机西侧吊笼上行至约19层楼时，施工升降机导轨架上端发生倾覆，第36节标准节的中框架上所连接的第6道附墙架的小连接杆耳板断裂、大连接杆后端水平横杆撕裂，导轨架自第34节和第35节连接处断开，施工升降机西侧吊笼及与之相连的第35至45节标准节坠落地面，8名乘坐施工升降机的人员随之一同坠落地面。

二、事故直接原因

（1）在施工升降机本次加节作业尚未完成、未经验收的情况下，使用单位的施工升降机操作者搭载7名施工人员上行到第19层楼，超过了安全使用高度。

（2）在导轨架第34、35节标准节连接处只有对角2个连接螺栓，达不到安装要求。

（3）第6道附墙架未安装可调连接杆，大连接杆的后水平横杆拼接补焊，不符合设计要求。

（4）使用说明书要求导轨架自由端高度不大于7.5 m，第6道附墙架以上导轨架自由端高度达到14.25 m，增加了自由端对导轨架中心产生的倾覆力矩（不平衡弯矩）。

当西侧吊笼上行至第19层楼时，吊笼和人员重量及导轨架自由端附加弯矩对导轨架中心产生的倾覆力矩作用在第6道附墙架上，超出了附墙架的承载能力，致使附墙架断裂；第35、36节标准节连接面产生分离趋势，第36节以上的导轨架及吊笼向西倾覆，倾覆力矩瞬间陡然增加，导致第35节以上导轨架失稳，第34节（东南角）上部和第35节（西北角）下部标准节撕裂，第34节和第35节标准节连同吊笼及上部导轨架倾覆坠落。

三、责任追究

（一）建议免予责任追究的人员（1人）

隋某双，男，江西省裕荣建筑工程有限公司龙口东海园区金域蓝湾B区三期工程29号楼瓦工、施工升降机操作人员，无施工升降机操作资格证书操作施工升降机，且操作不当，对事故发生负有直接负责。鉴于已在事故中死亡，免予责任追究。

（二）司法机关已采取措施人员（9人）

冯某锋，男，江西省裕荣建筑工程有限公司东海金域蓝湾 B 区 29 号楼施工现场管理员，不具备岗位执业资格，在该工程项目施工管理过程中，没有认真履行安全管理职责，现场管理混乱，安全检查流于形式，现场隐患大量存在；未审核施工升降机安装单位和安装人员资质、专项施工方案；未能及时发现和整改事故施工升降机安装、使用过程中存在的违法行为；安排无特种作业操作资格证书的人员操作施工升降机，对施工人员私自操作施工升降机的行为，制止管控不力。对此次事故的发生负有直接责任，涉嫌重大责任事故罪，已于8 月1 日被刑事拘留，8 月 15 日被批准逮捕。

欧阳某某，男，江西省裕荣建筑工程有限公司东海金域蓝湾 B 区三期工程 29 号楼项目经理，安全意识淡薄，忽视安全管理，没有认真履行安全管理职责，安全生产管理制度不健全、不落实，在龙口东海金域蓝湾 B 区《建筑工程施工许可证》(许可证号：龙建开字〔2011〕第 37 号）过期无效的情况下，违规进场施工；签定非法分包协议，将专项工程分包给不具备劳务派遣资质的包工头；未对施工队安全生产工作进行统一协调、管理，未组织对进场施工人员的安全教育培训；现场管理混乱，安全检查流于形式，现场隐患大量存在；将升降机安装业务发包给无安装资质的租赁公司，未审核施工升降机安装单位和安装人员资质、专项施工方案；未能及时发现和整改事故施工升降机安装、使用过程中存在的违法行为；安排无特种作业操作资格证书的人员操作施工升降机；对施工人员私自操作施工升降机的行为，制止管控不力。事故发生后，未按规定向政府有关部门报告生产安全事故。对此次事故的发生负有直接责任，涉嫌重大责任事故罪，已于8 月1 日被刑事拘留，8 月 15 日被批准逮捕。同时，通报江西省住房和城乡建设厅，建议对欧阳某某吊销其执业资格证书，5 年内不予注册。

单某华，男，中共党员，江西省裕荣建筑工程有限公司龙口项目部经理，在东海金域蓝湾 B 区项目施工管理过程中，没有认真履行安全管理职责，违法组织施工许可证过期无效的龙口东海金域蓝湾 B 区三期工程（施工许可证号：龙建开字〔2011〕第 37 号）开工建设；未认真落实项目部安全生产管理责任，未代表企业认真落实好施工现场的安全管理工作，未落实好进场施工单位资质、资格的监督检查职责，未落实教育培训制度，未按规定组织应急演练，对检查出来的问题和隐患未按规定处理；未对施工队的安全生产工作进行统一协调、管理；施工现场管理混乱，对已发现的多种违法违规行为管理不力；对龙口东海金域蓝湾 B 区施工和施工升降机安装使用的安全生产管理、安全检查和隐患排查流于形式，未能及时发现和整改事故施工升降机安装、使用过程中存在的违法行为。对事故发生负有重要责任，涉嫌重大责任事故罪，已于8 月1 日被刑事拘留，8

月 15 日被批准逮捕。

唐某功，男，龙口市顺和建筑工程机械设备租赁有限公司事故升降机现场安装负责人，安全意识薄弱，在施工升降机安装过程中，安装无专项技术方案，安装制度不落实、安装作业不规范；加节作业时，明知配合人员无施工升降机安拆作业操作资格证书，依然安排其参与安装作业；违规使用不合格附墙架，施工升降机加节和附着安装不规范，在已安装的部件未达到稳定状态并固定牢靠的情况下停止了安装作业，也未采取必要防护措施，没有设置明显的禁止使用警示标志。对施工人员私自操作未经验收合格施工升降机、升降机操作人员无操作资格证书等行为，制止不力。对事故发生负有直接责任，涉嫌重大责任事故罪，已于 8 月 1 日被刑事拘留，8 月 15 日被批准逮捕。提请上级发证机关吊销唐某功施工升降机、塔式起重机建筑施工特种作业操作资格证，5 年内不予注册。

谭某军，男，龙口市顺和建筑工程机械设备租赁有限公司事故升降机现场安装人员，安全意识薄弱，在没有施工升降机安拆作业操作资格证书的情况下，多次参与安装作业；加节作业时，违规使用不合格附墙架，施工升降机加节和附着安装不规范，在已安装的部件未达到稳定状态并固定牢靠的情况下停止了安装作业，也未采取必要防护措施，没有设置明显的禁止使用警示标志。对事故发生负有直接责任，涉嫌重大责任事故罪，已于 8 月 1 日被刑事拘留，8 月 15 日被批准逮捕。提请上级发证机关吊销谭某军塔式起重机建筑施工特种作业操作资格证，5 年内不予注册。

马某伟，男，龙口市顺和建筑工程机械设备租赁有限公司法定代表人、经理，未认真履行设备租赁单位和安装单位的安全管理职责和本公司安全生产第一责任人的职责，未成立安全管理机构或配备专职安全管理人员，安全生产责任制和安全管理制度不健全，安全培训教育不到位；严重违反施工升降机安装、维保、使用安全管理有关规定，无安装资质承揽施工升降机安装业务，违规从事升降机安装作业。施工升降机安装前，未编制专项施工方案，也未按要求向主管部门进行告知，且安排无施工升降机安拆作业操作资格的人员参与安装作业。安装完成后，未严格按要求进行自检、专业机构检验检测，也未经过使用单位、租赁单位、安装单位、监理单位四方联合验收，即默认使用单位投入使用；对施工单位安排无操作资格的人员操作施工升降机、未经验收合格的情况下擅自使用施工升降机的行为制止不力。对事故发生负有主要领导责任，涉嫌重大责任事故罪，已于 8 月 1 日被刑事拘留，8 月 15 日被批准逮捕。提请上级发证机关吊销其施工升降机、塔式起重机建筑施工特种作业操作资格证，5 年内不予注册。

徐某，男，山东润宏咨询有限公司东海金域蓝湾 B 区工程现场监理员，未认真履行安全生产监理职责，未依照《建筑起重机械安全监督管理规定》的有关规定，审核施工升降机特种设备制造许可证、产品合格证、起重机械制造监督检验证书、备案证明等文件；未审核施工升降机安装单位、使用单位的资质证书、安全生产许可证和特种作业人员的特种作业操作资格证书；未审核施工升降机安装、拆卸工程专项施工方案；也未监督安装单位执行施工升降机安装专项施工方案；对发现存在施工升降机未进行检验、验收等问题时，未采取有效措施要求相关单位整改；对安装单位、使用单位拒不整改的情况，也未及时向建设单位报告；日常安全监理不到位，未发现并纠正临边孔洞无防护、脚手架无水平网等现场问题和隐患。对事故发生负有直接监理责任，涉嫌重大责任事故罪，已于8月1日被刑事拘留，8月15日被取保候审。提请上级发证机关依法吊销徐某注册监理工程师证，5年内不予注册。

张某胜，男，山东润宏咨询有限公司东海金域蓝湾B区工程项目总监，未认真履行项目总监的监理职责，基本未参与施工过程的监理活动；未按照规定人数配备监理人员；未发现施工许可证过期无效，在不具备开工条件的情况下签发开工令，允许项目无证开工建设；未依照《建筑起重机械安全监督管理规定》的有关规定，严格管理施工升降机；对安装单位、使用单位拒不整改的情况，也未及时向建设行政主管部门报告；未督促该项目施工单位落实安全生产责任制度和安全教育培训制度，未督促监理指令和通知的有效落实。对事故发生负有直接领导责任，涉嫌重大责任事故罪，已于8月1日被刑事拘留，8月15日被批准逮捕。提请上级发证机关依法吊销张某胜注册监理工程师证，5年内不予注册。

刘某荣，男，中共党员，江西省裕荣建筑工程有限公司法定代表人、总经理，在东海金域蓝湾B区项目施工管理过程中，未认真履行施工管理方的安全管理职责和本公司安全生产第一责任人的职责，管理混乱，将工程违法转包给个人施工；未认真落实企业主要负责人的安全生产职责，未建立安全隐患排查治理制度，未落实教育培训制度，未按规定组织应急演练；未组织安排公司总部相关人员对龙口东海金域蓝湾B区三期工程施工现场进行安全监督检查、督促项目部加强管理；未能及时发现和整改事故施工升降机安装、使用过程中存在的违法行为。对事故发生负有领导责任，涉嫌重大责任事故罪；鉴于事故发生后，能够积极组织、参与事故抢救，积极配合调查、主动赔偿损失，于8月8日取保候审。

上述人员属于党员的，待司法机关追究确定刑事责任后，按干部管理权限依法依规给予相应的党纪处分。

（三）建议给予党政纪处分的有关责任人员（12人）

房某，男，烟台海基置业有限公司总经理。与高安市朝蓬房地产开发有限公司合作开发金域蓝湾B区三期工程，以烟台海基置业有限公司名义办理相关开发手续后，未及时发现《施工许可证》已过期废止、未安排人员重新申报《施工许可证》；未能履行建筑工程甲方安全职责，对工程项目施工以合作代管理，对项目开发施工管理不到位，对事故发生负有直接领导责任，建议南山集团有限公司撤销其烟台海基置业有限公司总经理职务。

王某海，男，中共党员，南山集团有限公司董事、总经理，主管房地产开发板块。执行的建设工程合作开发模式导致对合作开发项目管理缺失，对分管的烟台海基置业公司履行甲方安全职责不到位的问题失察，对事故发生负有重要领导责任，建议南山集团有限公司予以降级；依照《中国共产党纪律处分条例》第二十九条之规定，建议给予其党内警告处分。

迟某军，男，中共党员，龙口市建筑业管理处安监一科副科长（主持工作），主要负责泳汶河以西建筑施工现场安全、文明施工管理及企业安全管理人员培训等工作。对金域蓝湾B区三期工程施工现场履行安全生产监管工作失职，虽对施工现场进行过安全检查，但对发现的问题和隐患，尤其是塔吊、升降机未经检验合格即投入使用的问题，只下达整改通知书没有提出明确整改意见，对违规投入使用的升降机没有责令停止使用，也未对发现问题和隐患整改情况进行督促整改，对事故发生负有直接监管责任。依照《事业单位工作人员处分暂行规定》第十七条、《安全生产领域违法违纪行为政纪处分暂行规定》第八条之规定，建议给予其撤职处分；依照《中国共产党纪律处分条例》第二十九条之规定，建议给予其党内严重警告处分。

姜某伟，男，中共党员，龙口市建筑业管理处综合科副科长（主持办公室工作），负责建筑业企业市场行为监督检查管理工作。履行建筑业市场行为监督检查职责不力，未发现金域蓝湾B区三期工程施工存在转包、违法分包等违法违规问题，在监管领域负有重要领导责任。依照《事业单位工作人员处分暂行规定》第十七条、《安全生产领域违法违纪行为政纪处分暂行规定》第八条之规定，建议给予其记过处分。

王某伟，男，中共党员，龙口市建设工程招投标管理办公室科员（主持工作）。履行建筑业市场行为监督检查职责失职，未对金域蓝湾B区三期工程市场行为进行监督检查，未发现金域蓝湾B区三期工程施工存在转包、违法分包等行为，在监管领域负有重要领导责任。依照《事业单位工作人员处分暂行规定》第十七条、《安全生产领域违法违纪行为政纪处分暂行规定》第八条之规定，建议给予其记过处分。

解某，男，中共党员，龙口市建筑业管理处副主任，分管安监一科、安监二科。履行监督管理工作失职，未发现施工现场存在违法违规行为和安全隐患问题，对事故发生负有主要领导责任。依照《事业单位工作人员处分暂行规定》第十七条、《安全生产领域违法违纪行为政纪处分暂行规定》第八条之规定，建议给予其记过处分；依照《中国共产党纪律处分条例》第二十九条之规定，建议给予其党内严重警告处分。

崔某雁，男，中共党员，龙口市建筑业管理处副主任，分管办公室。指导办公室履行建筑业市场行为监督检查工作不力，未对金域蓝湾 B 区三期工程进行市场行为监督检查，未发现施工单位转包、违法分包等行为。在监管领域负有一定的责任。依照《事业单位工作人员处分暂行规定》第十七条、《安全生产领域违法违纪行为政纪处分暂行规定》第八条之规定，建议给予其警告处分。

张某，男，中共党员，龙口市建筑业管理处主任，主持建筑业管理处全面工作。工作失职，在对金域蓝湾 B 区三期工程监督管理过程中，对建筑工程施工许可证核发不规范的行为失察，违规签发了同意已废止的《施工许可证》竣工日期延期的证明；未及时发现并纠正金域蓝湾 B 区三期施工现场的违法违规行为和现场安全隐患，对事故发生负有主要领导责任。依照《事业单位工作人员处分暂行规定》第十七条、《安全生产领域违法违纪行为政纪处分暂行规定》第八条之规定，建议给予其记过处分。

林某伟，男，中共党员，龙口市住房和规划建设管理局党委委员，龙口市重点工程建设办公室主任，主持重点工作建设办公室工作，分管建筑业管理处。疏于管理，未按规定督促指导建筑业管理处履行职责，对建筑业管理处存在的失职问题失察，对事故发生负有重要领导责任。依照《安全生产领域违法违纪行为政纪处分暂行规定》第八条之规定，建议给予其记过处分。

王某来，男，中共党员，龙口市住房和规划建设管理局党委委员，分管建设工程招投标管理办公室。组织开展建筑业市场行为监督检查工作不力，未组织对东海园区金域蓝湾 B 区项目三期工程市场行为监督检查，未发现该工程转包、非法分包的问题，在监管领域负有一定的责任。依照《安全生产领域违法违纪行为政纪处分暂行规定》第八条之规定，建议给予其警告处分。

张某钢，男，中共党员，龙口市大飘山省级自然保护区管理处党工委书记、龙口市住房和规划建设管理局局长（副县级），主持住房和规划建设管理局全面工作。疏于管理，组织开展住建部“质量治理两年行动”、山东省“安全生产大排查快整治严执法”、建筑行业打非治违工作不力，对建筑业管理处存在的失职问题失察，对事故发生负有重要领导责任。依照《安全生产领域违法违纪行为政纪处分暂行规定》第八条之规定，建议给予其警告处分。

马某嘉，男，中共党员，龙口市委常委、副市长，分管城市建设工作。组织开展建筑行业“工程质量治理两年行动”、山东省“安全生产大排查快整治严执法”活动、指导建筑行业打非治违工作不力，对事故发生负有重要领导责任。依照《安全生产领域违法违纪行为政纪处分暂行规定》第八条之规定，建议给予其警告处分。

（四）对相关责任单位的处理建议

烟台海基置业公司、江西高安朝蓬房地产开发有限公司，金域蓝湾B区三期工程建设开发单位，未取得施工许可证擅自施工，造成严重后果。责令龙口市住房和规划建设管理局依照《中华人民共和国建筑法》第六十四条、《建设工程质量管理条例》第五十七条之规定，对该工程停止施工，限期1个月改正，处工程合同价款2%的罚款（1% ~2%）；依照《建设工程质量管理条例》第七十三条之规定，由龙口市住房和规划建设管理局对烟台海基置业公司总经理房鹏、江西高安朝蓬房地产开发公司总经理刘彬、项目实际负责人单德华分别处单位罚款数额10%的罚款。同时，作为事故相关单位，未认真履行项目建设单位安全管理职责，对事故发生负有一定责任，建议由烟台市安全生产监督管理局分别给予25万元行政处罚。

江西省裕荣建筑工程有限公司，金域蓝湾B区三期工程施工总承包单位，将工程项目肢解，以楼座为单位转包给多个自然人进行施工作业，以包代管，未履行总承包职责，项目部安全机构不健全，安全管理不到位。同时，未取得施工许可证擅自施工。责令龙口市住房和城乡建设局对其无证施工行为，依照《建筑工程施工许可管理办法》第十二条之规定，对该工程停止施工，限期改正（1个月）、处3万元罚款（3万元以下）；对其转包行为，依照《中华人民共和国建筑法》第六十七条、《建设工程质量管理条例》第六十二条之规定，责令改正，没收违法所得，处工程合同价款1%的罚款（0.5% ~1%）；依照《建设工程质量管理条例》第七十三条之规定，对公司法人刘裕荣处单位罚款数额10%的罚款（5% ~10%）。依据有关规定停止该企业在烟台市范围内承接新的工程项目的资格；建议通报江西省建设行政主管部门，由其依法进行处理。同时，作为主要事故单位，对事故发生负有主要责任，建议由烟台市安全生产监督管理局依据《安全生产法》第一百零九条规定给予80万元至100万元行政处罚。

龙口市顺和建筑工程机械设备租赁有限公司，事故升降的租赁、安装单位，安全生产主体责任不落实，未建立安全生产管理制度，安全培训教育不到位，未建立相关安全管理机构，配备相应的安全管理人员；公司内部管理混乱，在无起重机械设备安装工程专业承包资质、未编制施工升降机安拆专项方案的情况下，违规从事起重机械安装作业。加节作业时，违规使用不合格附墙架；施工升降机加节和附着安装不规范，对施工升降机使用过程中安全生产检查和维修保养制度不健全、不落实，未能及时发现和整改事故施工升降机存在的重大安全隐患。责令龙口市住房和规划建设管理局对其无资质承揽工程行为，依照《中华人民共和国建筑法》第六十五条、《建设工程质量管理条例》第六十条之规定，予以取缔，没收违法所得，处以工程合同价款4%的罚款（2%～4%）；依照《建设工程质量管理条例》第七十三条之规定，对公司法人马艳伟处单位罚款数额10%的罚款（5%～10%）。

同时，作为事故相关单位，对事故发生负有主要责任，建议由烟台市安全生产监督管理局依据《安全生产法》第一百零九条规定给予80万元至100万元行政处罚。

山东润宏咨询有限公司，金域蓝湾B区三期工程监理单位，对工程监理人员管理混乱，现场监理人员配备不足；对安装单位无资质安装、无专项施工方案等重大违规行为未采取有效的监理措施；在施工升降机初装完成后，未经具有相应资质的检验检测机构监督检验，且未经相关方面联合验收默许施工单位违章使用；对施工单位无特种人员上岗证擅自操作使用施工升降机未采取有效的制止措施；对建筑施工现场未履行法定安全生产监理职责。提请上级发证机关依法吊销监理单位监理乙级资质证书。同时，作为事故相关单位，对事故发生负有次要责任，建议由烟台市安全生产监督管理局依据《安全生产法》第一百零九条规定给予50万元行政处罚。

依照《烟台市住房和城乡建设局关于加强建筑市场主体管理考核工作的意见（试行）》的规定，对江西省裕荣建筑工程有限公司、山东润宏咨询有限公司本年度诚信考核直接认定为不合格，暂停其参与烟台市范围内建设生产经营活动的资格，责令限期整改，整改时间不少于6个月。

建议责成龙口市住房和规划建设管理局向龙口市委、市政府作出深刻书面检查；龙口市委、市政府向烟台市委、市政府作出深刻书面检查。

依据《烟台市安全生产工作问责制度》（烟办发〔2016〕25号）规定，建议给予龙口市政府安全生产“黄牌警告”，时限自2016年7月15日至2017年7月14日。

四、防范措施

（1）进一步强化红线意识和安全发展理念，严防事故发生。龙口市政府及其有关部门要切实提高对安全生产极端重要性的认识，牢固树立安全发展理念，落实科学发展观、正确的政绩观，强化红线意识和底线思维。要坚持发展必须安全、不安全不发展，真正把安全生产纳入经济社会发展的总体布局中去谋划、去推进、去落实。各级各有关部门和各企业单位要深刻吸取事故沉痛教训，举一反三，下大力气加强安全生产尤其是建筑行业安全生产工作。要严格落实“党政同责、一岗双责、齐抓共管”和“管行业必须管安全、管业务必须管安全、管生产经营必须管安全”的要求，加强各行业领域的安全监管，切实落实安全监管责任。要定期研究分析安全生产形势，及时发现和解决存在的问题，坚决打击企业的非法违法建设生产经营行为，严防各类事故发生。

（2）加强建筑行业安全生产工作，严格落实主体责任。各级住建部门要切实履行行业监管职责，督促各建筑企业认真落实安全生产主体责任，确保安全生产，要督促建设单位依法申请相关行政审批及施工许可证，办理安全监督和质量监督等备案手续，落实危险性较大工程安全措施；督促施工、工程监理等单位落实安全责任，加强施工现场安全管理；组织力量严厉打击无证开工和非法转包、分包行为。施工单位要在危险性较大的工程施工前编制专项施工方案，不得违法转包、分包工程。监理单位要严格履行现场安全监理职责，按需配备足够的、具有相应从业资格的监理人员，强化对危险性较大分项工程的监理；督促各参建单位严格落实建筑工程机械安装、使用和拆除等各环节的有关规定和技术规范，严格落实特种作业人员持证上岗规定，严禁违规操作、违章指挥。南山集团有限公司要慎重研究合作开发项目的发包、管理方式，不得以合作代管理，要督促所属地产开发企业切实履行建设单位安全职责，不得一包了之，确保合作开发项目施工安全。

（3）突出重点环节，全面开展起重机械专项检查工作。住建系统要立即开展以施工工地起重机械为重点的专项安全检查，重点检查进入施工现场的起重机械是否按规定办理备案登记、使用登记、安装（拆卸）告知等手续；安装（拆卸）单位是否具备专业资质，是否严格按照安全技术要求编制安装（拆除）专项施工方案；安装完成后是否严格经过自检、有资质检测机构检查检测、“四方”联合验收等程序；维护保养及特种作业人员是否持证上岗；日常安全管理是否严格按照相关规范规程操作等。对于发现的隐患，要立即整改，整改不合格的，不得继续施工或使用。

（4）加强安全培训，提升本质安全。加强企业从业人员和安全监管人员的安全教育与培训工作，不断提升本质安全。通过开展行之有效的宣传教育活动，切实增强建筑施工企业和工人的安全生产责任意识。要积极开展安全技术和操作技能教育培训，尤其要落实起重机械等特种作业人员的培训考核，认真做好经常性安全教育和施工前的安全技术交底工作。要加强对起重机械、脚手架重点设备和高空作业、现场监理、安全员等重点岗位人员的教育管理和监督检查，严格实行特种作业人员必须经培训考核合格、持证上岗制度。

一案五问一改变

1. 我对该事故的最深感触是什么？

2. 如果该事故中暴露的问题就出现在我身边，我该怎么办？

3. 如果该事故就发生在我身上，我的亲人和朋友会如何？

4. 我从该事故中汲取了什么教训？

5. 学习事故案例后我最想对同事和亲人说什么？

为避免同类事故，在今后的工作中我将做出以下改变：

上海富茂建筑劳务有限公司“7·19”较大物体打击事故案例①

2016 年 7 月 19 日 16 时左右，位于上海市通北路 489 号的在建工地，发生一起较大物体打击事故，造成 3 人死亡，直接经济损失约 450 万元。

一、事故经过

2016 年 7 月 19 日 15 时 30 分左右，彭某与韩某联系，要求其驾驶挖掘机去配合拆除围墙，并告诉韩某此事已经与陈某荣沟通。韩某随后在富茂公司 3 名作业人员的配合下（负责在行进的挖掘机下垫木方），驾驶挖掘机从项目工地惠民路临时出口处驶出，后左转至通北路，沿通北路由南往北行驶。

15 时 56 分，彭某从待拆围墙槽口处走到围墙外，查看挖掘机到位情况。

15 时 59 分左右，挖掘机到达待拆围墙外侧位置。韩某在驾驶室内用手指向围墙以示询问。随后将挖掘机转向待拆围墙位置，并伸出挖斗。当挖斗接近待拆围墙顶部时，彭某做出向上伸出右手的动作，韩某认为该手势为拆除围墙指令，随即操作挖斗将墙体上部向工地内侧推倒，坠落的砖块击中正在围墙内侧作业的叶某荣、陆某龙、蔡某辉 3 人，同在附近位置的王某新见状退后一步未受到伤害。

事故发生后，现场人员立即组织抢救，拨打 120 急救电话，并通知项目负责人。16 时 02 分，第 1 名被压人员被救出；16 时 03 分，余下 2 名被压人员被救出。16 时 09 分左右，救护车赶至现场将受伤人员送至新华医院抢救。当日 18 时 10 分，3 名伤者因伤势过重，经抢救无效先后死亡。

---

① 资料来源：上海市应急管理局. 上海市人民政府关于同意《上海富茂建筑劳务有限公司“7·19”较大物体打击事故调查报告》的批复［EB/OL］.（2016－10－13）［2023－06－17］. http://yjglj.sh.gov.cn/xxgk/xxgkml/dcpghtj/dcbg/20161013/0037－29333.html.

二、事故直接原因

挖掘机驾驶员未按照行业基本操作规程以及日常安全教育培训的要求，在未接受安全交底，未确认现场安全条件的情况下，盲目自信地将现场管理人员的手势误解为作业指令，操作挖掘机挖斗推倒上部围墙，击中在围墙内侧3名作业人员。

三、责任追究

（一）事故责任人员的责任认定及处理意见

1. 禹帅公司

韩某，挖掘机驾驶员。安全意识缺失，在未接受安全交底，未确认现场安全条件的情况下，未按照日常教育培训以及行业基本操作规程的要求，在作业前进行检查、确认、鸣号示警并确认现场指挥信息，盲目自信地将现场管理人员的手势误解为作业指令，操作挖掘机挖斗推倒围墙，对事故发生负有直接责任。

2. 富茂公司

彭某，富茂公司劳务工，配合幼儿园项目部开展现场管理工作。在事故现场交叉作业过程中安全管理措施缺失。对事故发生负有责任。

3. 江都建设公司

顾某新，江都建设公司幼儿园项目的专业分包项目经理，负责江都建设公司与江都建筑公司在幼儿园项目的总协调。江都建设公司在项目部专业分包的安全生产第一责任人。对于作业现场挖掘机作业管理不善，未根据挖掘机从事作业的实际情况，制定有针对性的操作规程及安全管理措施，并在此基础上切实加强对被派遣劳动者（挖掘机驾驶员）的日常教育培训，对事故发生负有管理责任。

4. 中建八局上海分公司

叶某荣，18街坊住宅项目部安全总监兼幼儿园项目部安全总监，实际负责现场围墙拆除工作。在事故现场交叉作业过程中安全管理措施缺失。对事故发生负有直接责任。鉴于已在事故中死亡，建议不予追究责任。

廖某，幼儿园项目现场责任工程师，围墙拆除作业过程中，安排尚处实习期间的劳务公司作业人员协调围墙拆除及相关机械调配等工作，对事故发生负有管理责任。

李某，幼儿园项目的总工程师。在作业开始前，未组织开展对作业人员进行安全技术交底工作。对事故发生负有管理责任。事故发生后组织安排相关人员制作虚假资料提供给事故调查组。

郭某勇，幼儿园项目的实际项目经理，项目部安全生产第一责任人。对项目部管理人员未严格按职责划分开展施工作业情况失察；对项目部管理人员未能及时组织开展安全技术交底工作情况失察；对管理人员在事故现场交叉作业过程中安全管理措施缺失情况失察，对事故发生负有管理责任。

逯某华，中建八局上海分公司工程管理部负责人。对项目部未严格按照职责划分开展施工作业情况失察，对事故发生负有管理责任。

张某民，中建八局上海分公司副总经理，分管生产及安全工作。未按规定安排项目管理人员到岗履职；对项目部未按照职责划分开展施工作业情况失察，对事故发生负有领导责任。

连某宁，中建八局上海分公司总经理，公司安全生产第一责任人。未按规定安排项目管理人员到岗履职；对项目部未按照职责分工开展施工作业情况失察，对事故发生负有领导责任。

5. 监理咨询公司

徐某，幼儿园项目的总监理工程师。对幼儿园项目部的项目经理长期不到岗履职的情况，以及项目部部分管理人员同时兼任两个项目的日常管理工作的情况未落实监理措施，对事故发生负有管理责任。

韩某的行为涉嫌刑事犯罪，建议司法机关依法追究其刑事责任。

建议市、区人民政府相关职能部门对顾某新、李某、郭某勇、徐某按相关法律法规依法予以行政处罚。

责成富茂公司、江都建设公司、中建八局上海分公司、监理咨询公司、对上述人员及其他相关人员按照企业有关规定给予处理。

（二）事故责任单位的责任认定及处理意见

1. 富茂公司

对作业人员的安全教育培训工作不到位，导致相关作业人员安全意识淡薄，对事故发生负有责任。

2. 江都建设公司

对挖掘机及其驾驶员在作业现场未能实施有效的安全生产工作的统一协调和管理。对事故发生负有责任。

3. 中建八局上海分公司

对项目承包单位未能实施有效的安全生产工作的统一协调和管理。对事故发生负有责任。

4. 禹帅公司

禹帅公司涉嫌违规注册。

建议上海市工商行政管理局对禹帅公司设立的情况进行调查、处理。

建议杨浦区安全监管部门对江都建设公司、中建八局上海分公司依法给予行政处罚，行业主管部门对富茂公司、江都建设公司、中建八局按相关法律法规给予处理。

建议市、区建设行政管理部门对富茂公司、江都建设公司、中建八局、监理咨询公司，依照有关规定分别实施约见警示谈话。

相关职能部门、企业对责任人员及责任单位的处理结果报市安全监管部门。

四、防范措施

（1）深刻吸取事故教训。相关企业要深刻吸取本次事故的教训，充分认识事故暴露出来的问题。技术管理部门要从本质安全角度进一步落实施工方案的编制以及安全技术交底工作，确保作业人员能全面了解并辨识施工现场的危险因素。要加强对劳务分包、劳务派遣作业人员的安全教育培训工作，特别是要严格按照国家相关规定，将劳务派遣人员纳入本单位统一管理，提高施工作业人员的安全意识和自我保护意识。项目管理部门要严格按照相关管理规定，坚决杜绝管理人员同时兼任不同项目的情况。相关企业应当严格遵照相关法律法规和行业管理办法，认真审核承包单位以及供应商的资质情况和安全管理状况，确保工程及作业内容发包至有资质的单位和个人。

（2）强化施工作业现场安全职责的落实。企业各级负责人要增强安全生产工作的紧迫感和责任感，切实履行安全生产主体责任，加强对施工作业现场的安全管理工作，加大对重点项目和重点施工环节的检查力度，督促作业人员严格执行安全生产规章制度和安全操作规程，对作业现场各类违章违规行为要采取“零容忍”的态度，确保安全生产的各项工作落到实处。对于类似挖掘机操作等存在一定危险性，但目前尚未列入特种设备操作证管理的特殊作业，企业要切实担负起安全生产主体责任，督促现场作业人员严格遵守行业规范和企业操作规程，确保作业过程的安全可控。

（3）切实履行安全监管职责。属地监管部门要按照“党政同责、一岗双责、齐抓共管”的原则，坚决落实管行业必须管安全的要求，切实履行安全生产属地监管的职责。要认真贯彻落实《市安全监管局关于印发上海市工贸行业遏制重特大事故实施方案的通知》（沪安监执法〔2016〕60 号）的要求，将事故防范工作摆在重中之重的突出位置，切实加强组织领导，结合实际制定本区、本行业具体工作方案，抓住关键时段、关键环节，落实监管措施，细化责任分工，促进安全生产各项工作全面推进，确保属地安全生产形势稳定可控。

一案五问一改变

1. 我对该事故的最深感触是什么？

2. 如果该事故中暴露的问题就出现在我身边，我该怎么办？

3. 如果该事故就发生在我身上，我的亲人和朋友会如何？

4. 我从该事故中汲取了什么教训？

5. 学习事故案例后我最想对同事和亲人说什么？

为避免同类事故，在今后的工作中我将做出以下改变：

即墨区青岛方冠市政工程有限公司“7·27”较大窒息事故案例[1]

2020年7月27日17时左右，青岛方冠市政工程有限公司在青岛市即墨区灵山产业园污水转输工程进行管道水压试验时，发生一起阀门井下作业窒息事故，造成2名工作人员死亡，1名村民在主动施救过程中死亡，直接经济损失333万元。

一、事故经过

2020年7月27日，丁字湾公司组织管道水压试验。7时30分至8时，各参建单位有关人员和方冠公司侯某茂、宫某玉、杨某雷、曹某信、王某民等人分别到达施工现场。7时30分左右，在将沿线阀门井盖打开通风后，侯某茂安排工作人员用手持鼓风机向FM16号井、PQ1号井等井内吹入空气，在使用气体检测仪检测井内有毒气体和氧含量符合要求后，开始对管道注水加压。9时30分左右，PQ3号井的仪表显示压力已达到0.7 MPa。10时30分左右，区市政公用事业服务中心监督员王某伟和王某虹到达施工现场，与侯某茂等人在PQ3号井位置观察压力表情况，王某伟提出将FM16号井的阀门打开，查看压力是否下降，以验证全段压力测试是否合格。经侯某茂电话通知，宫某玉带领王某民到FM16号井，王某民下井打开阀门待压力下降后，关闭阀门出井。11时30分左右，王某伟、王某虹和侯某茂等人离开现场。宫某玉、杨某雷、曹某信、王某民一起外出吃午饭。12时30分左右，杨某雷自行回家，宫某玉、曹作信、王某民3人返回工地。15时左右，宫某玉离开工地回家。16时左右，宫某玉手机通知杨

① 资料来源：山东省人民政府．即墨区青岛方冠市政工程有限公司“7·27”较大窒息事故调查报告[EB/OL]．（2022-12-30）[2023-06-17]．http：//www.shandong.gov.cn/art/2022/12/30/art_305296_10331790.html.

某雷检查井下阀门是否关紧，杨某雷手机安排曹某信带人去关闭阀门，并保持管道压力。曹某信回复已经和王某民在去阀门井的路上。

20 时 30 分左右，杨某雷接到王某民父亲电话，称王某民一直没回家，手机未接。杨某雷随即手机联系曹某信未通，又拨打王某民手机无人接听。杨某雷和妻子开车赶往工地，在附近饭店寻找，未发现两人。22 时 50 分左右，杨某雷接到曹某信妻子手机称曹某信未回家，其儿子曹某洋已外出寻找，一直没有消息。期间，杨某雷手机联系宫某玉，告知两名工人没有回家，并询问阀门井的具体位置。23 时左右，杨某雷、曹某洋、曹某健和王某民的父母到达管道水压试验位置沿途寻找。23 时 30 分左右，在找到 FM16 号阀门井边时，发现地上有两部手机，其中一部为曹某信所有。杨某雷用手机电筒向井内照射，能看到井内有水，但看不到有人的情形。曹某洋立即拨打 110 和 119、120 报警。此时，曹某健在没有发出提示的情况下自行爬入 FM16 号阀门井口，杨某雷拉拽阻挡不及，曹某健沿井壁爬梯下行，用手机电筒照明搜索，约下至爬梯中间高度时其喊到“人在这里”，继而滑落至井底，井上人员反复呼喊无反应。杨某雷等人再未贸然下井，一起等待出警救援。

二、事故直接原因

方冠公司临时工作人员曹某信、王某民违反《山东省城市市政公用管网有限空间作业安全操作规程》，于 FM16 号阀门井下作业中断超过约 5 h 后，在未重新进行通风和检测，并设置监护人员的情况下，未佩戴使用个人防中毒窒息防护用具再次下井作业；该阀门井因前后 2 次人员下井作业呼吸耗氧，加之井底及渗积雨水中高密度的蚊虫和孑孓约 5 h 的持续耗氧致使井下氧气浓度下降至 9.4% 以下，导致 2 人因缺氧窒息死亡。

村民曹某健自发主动搜寻失联亲属过程中，未采取任何防护措施进入 FM16 号阀门井施救，因缺氧窒息死亡。

三、责任追究

（一）因在事故中死亡不再追究责任人员

曹某信、王某民，方冠公司临时工作人员，在工作时违反有限空间安全作业规程，对事故的发生负有直接责任，因 2 人已在事故中死亡，不再追究其责任。

（二）追究刑事责任人员

杨某雷，方冠公司合同员工，在事故当日《有限空间作业票》的确认签字和作业时间等事项上弄虚作假，在明知有阀门井井下作业的情况下，不在现场组织作业，因私事提前擅离工作岗位，未对其自行招工并组织作业的 2 名临时作业人员进行现场管理和监护，对事故的发生负有主要责任。杨某雷涉嫌重大责任事故罪，建议司法机关依法追究其刑事责任。

宫某玉，方冠公司转输工程项目临时借调人员，负责现场施工管理，在事故当日《有限空间作业票》的确认签字和作业时间等事项上弄虚作假，在明知有阀门井井下作业的情况下，不在现场组织作业，擅离工作岗位；未向方冠公司项目负责人侯某茂汇报的情况下，安排对 FM16 号等阀门井进行重新通风和检测，对事故的发生负有主要责任。宫某玉涉嫌重大责任事故罪，建议司法机关依法追究其刑事责任。

王某丞，立丰公司转输工程项目经理，长期不在项目施工现场，未按规定对施工活动和安全生产进行组织管理，未依法进行安全教育培训和风险告知，未按规定进行有限空间安全作业专项培训，未组织有限空间作业应急演练，未严格履行有限空间作业审批制度，对事故的发生负有主要责任。王某丞涉嫌重大责任事故罪，建议司法机关依法追究其刑事责任。

（三）行政处罚建议

1. 方冠公司及有关人员

建议青岛市应急管理局按照《生产安全事故罚款处罚规定（试行）》（国家安监总局令第 13 号）第十五条的规定，对方冠公司处以罚款人民币五十万元以上七十万元以下的行政处罚。

建议青岛市应急管理局按照《生产安全事故罚款处罚规定（试行）》（国家安监总局令第 13 号）第十八条的规定，对方冠公司总经理曲某集处以上一年年收入百分之四十罚款的行政处罚。

建议即墨区住房和城乡建设局按照《建设工程安全生产管理条例》（国务院令第 393 号）第六十六条的规定，对方冠公司副总经理侯某茂处以处 2 万元以上 20 万元以下的罚款的行政处罚。

2. 立丰公司及有关人员

建议青岛市应急管理局按照《生产安全事故罚款处罚规定（试行）》（国家安监总局令第 13 号）第十五条的规定，对立丰公司处以罚款人民币五十万元以上七十万元以下的行政处罚。

建议青岛市应急管理局按照《生产安全事故罚款处罚规定（试行）》（国家安监总局令第 13 号）第十八条的规定，对立丰公司总经理孙某政处以上一年年收入百分之四十罚款的行政处罚。

3. 丁字湾公司及有关人员

建议青岛市应急管理局按照《生产安全事故罚款处罚规定（试行）》（国家安监总局令第13号）第十五条的规定，对丁字湾公司处以罚款人民币五十万元以上七十万元以下的行政处罚。

建议青岛市应急管理局按照《生产安全事故罚款处罚规定（试行）》（国家安监总局令第13号）第十八条的规定，对丁字湾公司法定代表人王某处以上一年年收入百分之四十罚款的行政处罚。

4. 同盛公司及有关人员

建议青岛市应急管理局按照《生产安全事故罚款处罚规定（试行）》（国家安监总局令第13号）第十五条的规定，对同盛公司处以罚款人民币五十万元以上七十万元以下的行政处罚。

建议青岛市应急管理局按照《生产安全事故罚款处罚规定（试行）》（国家安监总局令第13号）第十八条的规定，对同盛公司总经理叶某波处以上一年年收入百分之四十罚款的行政处罚。

（四）问责建议（4人）

建议给予即墨区市政公用事业服务中心4名相关责任人党纪政务处分和组织处理。

四、防范措施

（1）严格落实企业安全生产主体责任。转输工程各参建单位要深刻吸取事故教训，切实加强建设项目的申领许可、招投标和发承包等管理。建立健全并实施落实本单位安全生产责任制及规章制度，严格落实有限空间作业的安全责任、安全管理制度和操作规程、安全教育培训、风险辨识和风险评估、作业审批、作业过程安全管理、外包作业管理、应急准备及救援处置等安全管理“八到位”，切实防范和杜绝有限空间作业生产安全事故的发生。

（2）切实加强建设工程及有限空间作业安全监管。即墨区住建局及市政服务中心要认真按照《建设工程安全生产管理条例》《建筑工程施工许可管理办法》及《房屋建筑和市政基础设施工程施工安全监督工作规程》《山东省城市市政公用管网有限空间作业安全操作规程》等规定，严格审核发放建设工程项目施工许可，切实加强施工安全监督检查，加大对有限空间安全作业的专项整治和执法检查力度，充分利用微信、新闻客户端等平台广泛开展宣传警示，扎实组织专题教育培训，坚决遏制有限空间作业事故的发生。

（3）切实强化安全生产监管责任。即墨区人民政府及有关部门要严格加强对建设工程项目的立项、许可和施工的全过程监管，要进一步强化安全发展理念和红线意识，推进安全发展、高质量发展，完善和落实“党政同责、一岗双责、齐抓共管、失职追责”的安全生产责任体系，层层压紧压实党政领导责任、部门监管责任及企业主体责任，分析研判安全风险，紧盯薄弱环节采取有力有效防控措施，及时发现问题、解决问题，加大安全生产监督考核力度，依法严厉打击违法违规行为，牢牢守住安全底线。

一案五问一改变

1. 我对该事故的最深感触是什么？

2. 如果该事故中暴露的问题就出现在我身边，我该怎么办？

3. 如果该事故就发生在我身上，我的亲人和朋友会如何？

4. 我从该事故中汲取了什么教训？

5. 学习事故案例后我最想对同事和亲人说什么？

为避免同类事故，在今后的工作中我将做出以下改变：

8 月

淮南市高新区电子八所“8·12”高坠事故案例①

2018 年 8 月 12 日 8 时 26 分，在高新区南经十四路东侧电子八所项目工地，一名工人在拆除吊篮作业时，不慎从高处坠落。事故造成一人死亡，直接经济损失约 135 万元。

一、事故经过

2018 年 8 月 12 日，中冠公司经理李某安排临时聘用的吊篮拆卸工人朱某群、闫某二人到电子八所项目工地，准备进行吊篮拆除作业。约 7 时 21 分朱某群二人到达电子八所项目施工场地门口，因车辆无通行证门卫未放行，门卫上前询问，朱某群回答是来电子八所干活，门卫要求其领导来接，他要求先进去查看活能不能干再找领导，随后门卫放行朱某群进入施工场地。7 时 35 分，朱某群从施工现场出来跟门卫交涉谎称电子八所领导让其进去，门卫随即放行。

朱某群、闫某二人进入现场后并未到电子八所车间干活，在未通知项目部情况下擅自到特种光缆试制中心 2 厂房拆除吊篮，（特种光缆试制中心 2 厂房：长 115 m，宽 67 m，高 11. 6 m，女儿墙高度 2. 1 m）朱某群、闫某在特种光缆试制中心 2 厂房屋顶进行吊篮拆除作业时，未按操作规程施工，未佩戴任何安全防护用品，二人先将吊篮篮体部分放松至地面，后将楼顶起重、固定等设备拆除成散件；闫某负责在楼顶运送零件，朱某群骑坐在女儿墙上将拆除后的零件由楼顶抛至楼下，其在没有将吊篮安全钢丝绳与吊杆分离的情况下，将吊杆高空抛下，致使钢丝绳将朱某群带下坠落，其身体先砸在吊篮篮体上，后坠落地面造成重伤。

---

① 资料来源：淮南市人民政府．关于高新区电子八所“8·12”高坠事故调查报告的批复［EB/OL］.（2018－11－15）［2023－06－17］. https：//gxq. huainan. gov. cn/content/article/97782922.

二、事故直接原因

吊篮安拆工朱某群安全意识淡薄，不具备特种作业操作资格冒险作业，违规进行吊篮安拆作业，进而导致事故发生。

三、责任追究

（一）建议免于追究责任人员（1人）

朱某群，为淮南中冠建筑机械租赁有限公司临时聘用吊篮拆卸作业工人。无特种作业操作证、安全意识淡薄、冒险作业、违规操作，进而导致事故发生。其行为违反《中华人民共和国安全生产法》第五十四条之规定，对此起事故的发生负有直接责任，鉴于朱保群在此起事故中已死亡，故不再追究其责任。

（二）建议给予行政处罚的人员（7人）

李某，淮南中冠建筑机械租赁有限公司法定代表人。安全意识淡薄，临时聘用无特种作业操作证的人员进行吊篮拆卸作业，未按规定履行安全生产管理职责，进而导致事故的发生。其行为违反《建筑起重机械安全监督管理规定》第十二条、第十三条之规定，对此起事故的发生负有管理责任。建议根据《安全生产违法行为行政处罚办法》第四十五条第（一）、（三）项之规定，给予其罚款伍仟元。

胡某永，安徽三乐建设工程有限公司电子八所项目部负责人。安全生产管理工作职责落实不到位，在签订《吊篮设备租赁安拆合同》及进行吊篮安装和拆卸工程前未尽到审查安装和拆卸人员资格的职责。其行为违反《安全生产法》第十八条、《建设工程安全生产管理条例》第二十一条之规定，对此起事故的发生负有重要管理责任。建议根据《安全生产违法行为行政处罚办法》第四十五条第（一）项之规定，给予其罚款叁仟元。

仇某贵，中电科工程建设有限公司电子八所项目部项目经理。安全生产管理工作职责落实不到位，未严格落实安全生产责任制度、安全生产规章制度，督促、检查安全生产工作不到位，对项目部落实安全生产考核制度不到位，其行为违反《安全生产法》第十八条、《建设工程安全生产管理条例》第二十一条之规定，对此起事故的发生负有重要管理责任。建议根据《安全生产违法行为行政处罚办法》第四十五条第（一）项之规定，给予其罚款贰仟元。

姚某书，中电科工程建设有限公司电子八所项目部生产经理（分管安全）。安全生产管理工作职责落实不到位，未严格落实安全生产责任制度、安全生产规章制度，督促、检查安全生产工作不到位，未严格履行施工工地封闭管理职责。

其行为违反《安全生产法》第十八条、《建设工程安全生产管理条例》第二十一条之规定，对此起事故的发生负有一定的管理责任。建议根据《安全生产违法行为行政处罚办法》第四十五条第（一）项之规定，给予其罚款壹仟元。

王某清，中电科工程建设有限公司电子八所项目部安全员。作为安全员未能严落实安全生产规章制度，对施工现场缺乏有效的安全管理，对吊篮等特种设备安全管理履职不到位，安全检查、隐患整改不到位，对此事故负有一定的管理责任。建议根据《安全生产违法行为行政处罚办法》第四十五条第（一）、（三）项之规定，给予其罚款壹仟元。

王某平，合肥工大建设监理有限责任公司电子八所项目总监。落实建设工程安全生产监理责任不到位，对吊篮施工方案和安拆人员的操作证未上报监理部等问题虽督促施工单位整改，但落实不到位。其行为违反了《安全生产法》第十八条、《建设工程安全生产管理条例》第十四条，对此起事故的发生负有主要监理责任。建议根据《安全生产违法行为行政处罚办法》第四十五条第（一）项之规定，给予其罚款贰仟元。

祖某意，合肥工大建设监理有限责任公司电子八所项目安全监理。对吊篮施工方案和安拆人员的操作证未上报监理部等问题虽督促施工单位整改，但落实不到位。未进行吊篮拆卸的旁站监理，未尽到现场巡查职责。其行为违反了《建设工程安全生产管理条例》第十四条，对此起事故的发生负有一定的监理责任。建议根据《安全生产违法行为行政处罚办法》第四十五条第（一）、（三）项之规定，给予其罚款壹仟元。

（三）建议给予行政处罚的单位

淮南中冠建筑机械租赁有限公司，安全意识淡薄，主要负责人不具有管理吊篮设备的知识水平和能力，对事故发生负有主要责任。建议依据《中华人民共和国安全生产法》第一百零九条第（一）项之规定，对其处人民币贰拾壹万元的罚款。

安徽三乐建设工程有限公司，未尽到安全生产主体责任，施工管理不到位，对吊篮安拆人员进场拆除作业不能有效监管，对事故发生负有管理责任。建议依据《中华人民共和国安全生产法》第一百零九条第（一）项之规定，对其处人民币贰拾壹万元的罚款。

中电科工程建设有限公司作为施工总承包单位，对总承包安全管理的重要性认识不足，对专业分包单位安全生产工作疏于管理，对事故发生负有管理责任。建议依据《中华人民共和国安全生产法》第一百零九条第（一）项之规定，对其处人民币贰拾万元的罚款。

合肥工大建设监理有限责任公司，落实建设工程安全生产监理责任不到位，对事故发生负有监理责任。建议根据《安全生产违法行为行政处罚办法》第四十五条第（一）项之规定，对其处人民币壹万元的罚款。

四、防范措施

（1）淮南中冠建筑机械租赁有限公司要深刻吸取事故教训，认真履行安全生产主体责任，强化安全教育培训力度，提高作业人员自我保护意识，严防范类似事故再次发生。

（2）中电科工程建设有限公司应当认真吸取事故教训，全面落实施工企业和从业人员安全生产主体责任，必须建立健全并严格贯彻实施安全生产责任制度、安全生产教育培训制度、安全生产规章制度和操作规程，加强对分包单位的安全生产工作管理，严防类似事故的再次发生。

（3）安徽三乐建设工程有限公司应当认真吸取事故教训，进一步落实企业安全生产主体责任，加强施工过程中的安全管理，认真严格审核专项施工方案和现场作业人员特种作业资格，严防类似事故的再次发生。

（4）合肥工大建设监理有限责任公司，应当严格落实对建设工程安全生产管理的工程监理责任，要组织或参加各类安全检查活动，掌握施工现场安全生产动态，按照有关规定对施工单位重点安全管理事项严格进行检查、审查和监督，尤其是对建筑起重机械使用备案登记等相关材料要严格把关，预防安全生产事故发生。

一案五问一改变

1. 我对该事故的最深感触是什么？

2. 如果该事故中暴露的问题就出现在我身边，我该怎么办？

3. 如果该事故就发生在我身上，我的亲人和朋友会如何？

4. 我从该事故中汲取了什么教训？

5. 学习事故案例后我最想对同事和亲人说什么？

为避免同类事故，在今后的工作中我将做出以下改变：

新密市郑州世鑫建筑工程有限公司“8·12”较大坍塌事故案例①

2020 年 8 月 12 日 16 时 30 分左右，位于新密市刘寨镇王沟村四组（西沟），由郑州世鑫建筑工程有限公司施工的新密市农村生活污水治理项目村级站点工程，在排污管沟开挖和管网铺设施工过程中发生一起较大土方坍塌事故，造成 3 人死亡，事故直接经济损失 300 万元。

一、事故经过

2020 年 8 月 12 日，位于新密市刘寨镇王沟村四组（西沟）东南角，新密市农村生活污水治理项目村级站点工程刘寨镇王沟村四组生活污水管网的主管道与郑州市奥达耐火材料有限公司生活污水外排管道连接处东约 50 m 处，工程施工单位郑州世鑫建筑工程有限公司组织工人进行工程三标段排污管沟开挖和管网铺设施工作业。6 时 30 分，作业人员到达现场，包括韩某某、李某某、秦某某、王某某、王某某、张某某、刘某某、王某某（SY205C 挖掘机司机）、崔某某（SY65C 挖掘机司机）、闫某某等共 15 人。班组长韩某某做好分工并强调了安全施工的要求，随后请假离开现场，由李某某临时带班负责施工。其中 5 人在排污管沟开挖和管网铺设现场西侧 100 多米的地方（西沟组内）砌窨井，李某某、秦某某、王某某、王某某、张某某、刘某某、王某某、崔某某和闫某某 9 人开挖沟槽铺设管道。李某某带班开挖沟槽铺设管道施工至 11 时 30 分下班，共铺设了 5 根直径 300 mmHDPE 双壁波纹管，长度约有 30 m。14 时左右继续施工，在排污管沟开挖和管网铺设现场闫某某和秦某某在地面负责指挥，王某某操作 SY205C 挖掘机沿着现场混凝土路面南边沿由东向西开挖出宽 1. 2 m、深 4. 6 m

① 资料来源：郑州市应急管理局. 新密市郑州世鑫建筑工程有限公司“8·12”较大坍塌事故调查报告［EB/OL］.（2020－12－29）［2023－06－17］. https：//public. zhengzhou. gov. cn/D300403X/5108722. jhtml.

的沟槽，秦某某、王某某和王某某3人负责将双壁波纹管搬运至施工现场并用绳子将其卸放到沟槽内，李某某负责沟槽底部找平，张某某、刘某某2人负责在沟槽底部连接安装管道，崔某某操作 SY65C 挖掘机负责沟槽回填并压实。

施工进行到16时30分左右，王某某到西沟组小卖部附近休息（饮水），李某某在沟槽底部面朝西清理找平，张某某和刘某某在沟槽底部连接安装管道，此时，沟槽北侧壁混凝土路面下土方突然发生坍塌，接着路面混凝土块坍塌滑落入沟槽，混凝土路面上堆放的两米多高土方随之坍塌滑落入沟槽，将沟槽底部作业人员李某某、张某某和刘某某掩埋，塌方沟槽长度有6 m左右。闫某某和秦某某立即呼喊两名挖掘机司机挖土救人，同时闫某某拨打120、119、110电话，报警求救。

事故发生后，新密市立即启动应急救援预案，成立现场抢险救援指挥部，迅速调动新密市消防大队、新密市安全生产应急救援中心等救援队伍到达现场进行抢险救援。河南省应急管理厅领导、郑州市应急管理局和新密市政府主要领导等第一时间赶赴现场指导应急救援工作。经全力救援，至19时22分，3名被埋人员相继被救出，经现场医务人员确认均已无生命体征。

二、事故直接原因

工程施工现场机械开挖排污管沟深沟槽，未按专项施工方案分层开挖，未放坡，未采取任何支护等安全措施，且将挖出的土方堆放在沟槽边缘。

三、责任追究

（一）对事故发生单位责任人员的处理建议

1. 建议由司法机关依法处理人员（1人）

高某某，郑州世鑫建筑工程有限公司新密市农村生活污水治理项目村级站点工程三标段刘寨镇现场负责人，负责刘寨镇辖区各行政村工程施工全面工作。在王沟村四组工程施工管理过程中严重缺位，在事故发生当天未按规定到现场履职，施工现场安全管理严重缺失，未严格落实施工规范和专项施工方案，致使工程排污管沟开挖和管网铺设现场出现违规盲目组织施工、作业人员冒险作业等问题，导致较大亡人事故发生。对事故发生负有直接责任。建议由司法机关依法进行处理。

2. 建议给予行政处罚和处分人员（9人）

赵某某，郑州世鑫建筑工程有限公司实际控制人。未依法履行安全生产管理职责。未建立、健全安全生产管理体系，未全面落实双重预防体系建设工作，未严格组织实施安全生产教育和培训工作，未严格督促、检查施工现场的安全生产工作，未及时发现和消除施工现场存在的生产安全事故隐患。对事故发生负有主要责任。依据《中华人民共和国安全生产法》第九十二条第（二）项之规定，建议由应急管理部门对其处以2019年年收入40%的罚款的行政处罚。

刘某某，郑州世鑫建筑工程有限公司副总经理，负责安全生产工作的组织、管理、指挥、协调等工作。未依法履行安全生产管理职责。未严格组织落实安全生产责任制、安全生产规章制度和操作规程，未严格组织实施安全生产教育和培训工作，未严格组织检查安全生产状况，未及时排查生产安全事故隐患，未及时发现阻止施工现场的盲目施工、冒险作业行为。对事故发生负有主要责任。依据《建筑施工企业主要负责人、项目负责人和专职安全生产管理人员安全生产管理规定》第三十二条第二款之规定，建议由建设行政主管部门给予其10万元罚款的行政处罚。

李某某，郑州世鑫建筑工程有限公司新密市农村生活污水治理项目村级站点工程三标段项目经理，负责项目部全面工作。未依法履行安全生产管理职责。未建立、健全项目安全生产管理体系，未严格落实项目负责人带班制度，未严格实施项目安全生产管理工作，未严格组织实施安全生产教育和培训，未按规定实施安全技术交底，未有效执行危大工程控制措施，未有效监控危大工程施工过程，未及时排查处理施工现场生产安全事故隐患。对事故发生负有责任。依据《建筑施工企业主要负责人、项目负责人和专职安全生产管理人员安全生产管理规定》第三十二条第二款之规定，建议由建设行政主管部门给予其8万元罚款的行政处罚。

孙某某，郑州世鑫建筑工程有限公司新密市农村生活污水治理项目村级站点工程三标段安全员。未依法履行安全生产管理职责。未严格督促项目落实安全生产规章制度和操作规程，未坚持在施工现场开展安全生产检查，未现场监督危大工程安全专项施工方案的实施，未及时排查发现生产安全事故隐患。对事故的发生负有责任。依据《中华人民共和国安全生产法》第九十三条之规定，建议由建设行政主管部门撤销其安全生产考核证书。

崔某某，河南顺成建设工程管理有限公司新密市农村生活污水治理项目村级站点工程三标段总监理工程师代表。未依法履行安全生产管理职责。在明知总监理工程师没有也不能到项目履行职责的情况下，没有向公司建议更换总监理工程师，而是未经总监理工程师书面授权，违规行使总监理工程师全部职权，违规在监理日志、工程验收资料、专项施工方案审批表和施工图纸会审会签表等工程监理资料上代签总监理工程师名字，对监理资料造假。未组织结合危大工程专项施工方案编制监理实施细则，未对深沟槽开挖施工实施专项巡视检查。对事故发生负有责任。依据《危险性较大的分部分项工程安全管理规定》第三十七条之规定，建议由建设行政主管部门对其处以5000元罚款的行政处罚。

王某某，中原环保新密水务有限公司副总经理，新密市农村生活污水治理项目村级站点工程项目负责人。未依法履行安全生产管理职责。未严格落实安全生产规章制度，未建立实施项目安全生产风险管控和事故隐患治理制度，未编制项目风险管控清单，未将项目风险管控纳入安全生产责任制。在项目管理中未做好设计单位、监理单位和施工单位协调管理工作，未严格督促检查施工单位、监理单位安全生产管理工作，未严格督导施工单位项目经理和监理单位总监理工程师履行项目管理职责，对专项施工方案审批表和施工图纸会审会签表上项目经理和总监理工程师的签字违规代签问题视而不见，未及时发现并消除施工现场存在的生产安全事故隐患。对事故发生负有主要责任。依据《河南省安全生产风险管控与隐患治理办法》第二十九条之规定，建议由应急管理部门依法对其实施行政处罚。依据《中华人民共和国公职人员政务处分法》第三十九条之规定，建议按照管理权限给予其警告处分。

白某某，中原环保新密水务有限公司农村水务部主任，新密市农村生活污水治理项目村级站点工程项目现场负责人。未依法履行安全生产管理职责。未认真审核专项施工方案和施工图纸，对专项施工方案审批表和施工图纸会审会签表上项目经理和总监理工程师的签字违规代签问题视而不见，未有效做好施工现场安全巡查工作，未按规定如实告知现场作业人员危大工程安全生产注意事项，未及时发现和督促整改生产安全事故隐患。对事故发生负有责任。依据《中华人民共和国安全生产法》第九十四条之规定，建议由应急管理部门依法对其实施行政处罚。依据《中华人民共和国公职人员政务处分法》第三十九条之规定，建议按照管理权限给予其记过处分。

裴某某，中原环保新密水务有限公司农村水务部工程管理员，负责新密市农村生活污水治理项目村级站点工程刘寨片区工程管理工作。未依法履行安全生产管理职责。未认真审核专项施工方案和施工图纸，对专项施工方案审批表和施工图纸会审会签表上项目经理和总监理工程师的签字违规代签问题视而不见，未有效做好施工现场安全巡查工作，未按规定如实告知现场作业人员危大工程安全生产注意事项，未及时发现和督促整改生产安全事故隐患。对事故发生负有责任。依据《中华人民共和国安全生产法》第九十四条之规定，建议由应急管理部门依法对其实施行政处罚。

陈某某，中共党员，中原环保新密水务有限公司总经理。未依法履行安全生产管理职责。未建立、健全安全生产管理体系，未全面落实双重预防体系建设工作，未健全项目安全生产管理机构，未严格组织实施安全生产教育和培训工作，未严格督促、检查施工现场的安全生产工作，未及时发现和消除施工现场存在的生产安全事故隐患。对事故发生负有重要领导责任。鉴于该同志在调查期间能够配合调查，并愿意承担责任，依据《中国共产党纪律处分条例》第一百二十一条、第十七条和第十九条之规定，建议按照管理权限责令其作出书面检查。

（二）对事故发生责任单位的处理建议

郑州世鑫建筑工程有限公司，未依法履行施工单位安全生产主体责任。未建立、健全安全生产责任制，未全面落实双重预防体系建设工作，未按规定对作业人员进行安全生产教育培训，未建立安全生产教育培训档案，未落实危大工程专项施工方案要求，未建立事故隐患排查治理制度，未设置有效的项目管理机构，项目负责人未严格落实带班制度，现场管理人员严重缺位，致使施工现场安全管理工作存在严重漏洞，未能及时消除生产安全事故隐患，导致较大亡人事故发生。对事故发生负有主要责任。依据《中华人民共和国安全生产法》第一百零九条第（二）项和《生产安全事故罚款处罚规定》（试行）第十五条第（一）项之规定，建议由应急管理部门对其处以60万元罚款的行政处罚。

河南顺成建设工程管理有限公司，未依法履行监理单位安全生产主体责任。未按照《建设工程监理规范》《建筑工程项目总监理工程师质量安全责任六项规定》（建市〔2015〕35号）规定落实建设工程监理总监理工程师负责制，公司在为项目任命总监理工程师后，未通知被任命人，在明知总监理工程师没有也不能到项目履行职责的情况下，没有申请更换总监理工程师，却违规由公司授权总监理工程师代表行使总监理工程师的全部职权，导致总监理工程师代表违规在监理日志、工程验收资料、专项施工方案审批表和施工图纸会审会签表等工程监理资料上代签总监理工程师名字，对监理资料造假。未对施工组织设计中的安全技术措施和专项施工方案进行认真审查，对施工现场存在的安全隐患认识不足，未及时签发施工停工令并要求进行整改，未对危大工程施工开展专项巡视检查。对事故发生负有责任。依据《建设工程安全生产管理条例》第五十七条之规定，建议由建设行政主管部门责令其停业整改整顿，并对其处以10万元罚款的行政处罚。

中原环保新密水务有限公司，未依法履行建设单位安全生产主体责任。未建立实施安全生产风险管控和事故隐患治理制度，未编制项目风险管控清单和将项目风险管控纳入安全生产责任制。未严格按照建设工程基本程序组织施工，未组织设计单位在施工前及时提供设计图纸等资料，对工程存在的边设计边施工等问题熟视无睹，未要求施工单位及时补充完善危大工程清单并明确相应的安全管理措施，未做好设计单位、施工单位、监理单位之间协调管理工作，未严格督促检查施工单位、监理单位安全生产管理工作，未严格督导施工单位项目经理和监理单位总监理工程师履行项目管理职责，未及时发现并消除施工现场存在的生产安全事故隐患。对事故发生负有责任。建议由新密市安全生产委员会对其进行警示约谈，并由中原环保股份有限公司对其进行通报批评。

（三）对相关监管人员和属地政府及部门的处理建议

王某某，中共党员，新密市城市管理局污水治理管理科科长。负有农村生活垃圾、污水的治理等工作职责，具体负责新密市农村生活污水治理项目的实施工作。不依规履行监管职责，对新密市农村生活污水治理项目实施工作监管不力，对该科工作中存在的问题负有直接责任。依据《中华人民共和国公职人员政务处分法》第三十九条之规定，建议由新密市纪委监委给予其记过处分。

袁某某，中共党员，原新密市行政执法局副局长（合并至新密市城市管理局后尚未重新任命）。负责项目建设、农村户厕改造和污水治理等工作，分管项目建设办公室、污水治理管理科等科室。疏于管理，对污水治理管理科不依规履行监管职责以及该科存在的对新密市农村生活污水治理项目实施监管不力的问题失察，对工作中存在的问题负有主要领导责任。依据《中华人民共和国公职人员政务处分法》第三十九条之规定，建议由新密市纪委监委给予其警告处分。

周某某，中共党员，新密市城市管理执法大队刘寨综合执法中队负责人。负责对辖区内城乡规划、城乡建设实施情况进行执法监察。未严格履行日常执法监察职责，对辖区内新密市农村生活污水治理项目建设监察不到位，对工作中存在的问题负直接责任。依据《中华人民共和国公职人员政务处分法》第三十九条之规定，建议由新密市纪委监委给予其警告处分。

郭某某，中共党员，原新密市行政执法局执法大队大队长（合并至新密市城市管理局后尚未重新任命）。负责城市管理执法大队日常管理等工作。疏于管理，对刘寨综合执法中队未严格履行日常执法监察职责以及该中队存在的对辖区内新密市农村生活污水治理项目建设监察不到位的问题失察，对工作中存在的问题负主要领导责任。鉴于该同志在调查期间能够积极配合调查，依据《中国共产党纪律处分条例》第一百二十一条、第十七条和第十九条之规定，建议由新密市纪委监委对其进行诫勉。

张某某，中共党员，新密市生活污水与生活垃圾治理领导小组副组长，新密市城市管理局局长，主持该局全面工作。疏于管理，对该局存在的未严格实施新密市农村生活污水治理项目全过程监管工作的问题失察，对工作中存在的问题负有重要领导责任。鉴于该同志在调查期间能够配合调查，并愿意承担责任，依据《中国共产党纪律处分条例》第一百二十一条、第十七条和第十九条之规定，建议由新密市纪委监委责令其作出书面检查。

新密市城市管理局，负有农村生活垃圾、污水治理工作等职责，负责牵头统筹整个新密市农村生活污水治理项目的实施，做好项目建设的指导、监管、协调、验收和绩效考核等组织协调工作。违反“三管三必须”的原则，未严格实施工程项目全过程监管工作，对工程项目建设、施工、监理等工程参建单位在工程实施过程中不落实主体责任、工程管理人员严重缺位、安全管理严重缺失、边设计边施工以及违规施工等问题失察、失管。建议责成其向新密市政府作出书面检查。

新密市政府督促新密市城市管理局履行工程管理职责不到位，建议责成其向郑州市政府作出书面检查。

四、防范措施

（一）树牢安全发展理念，落实项目参建各方主体责任

工程项目参建各方要牢固树立安全发展理念，坚持安全第一、预防为主、综合治理的方针，着力强化安全生产主体责任的落实，持续完善安全保障体系，扎实推进建筑施工安全生产治理体系和治理能力现代化。

中原环保新密水务有限公司作为项目建设单位，要切实增强事业心、责任感，不能当“甩手掌柜”，要及时督促施工单位严格按照国家规范和工程要求施工。要依照建筑施工有关法律法规，及时办理建筑工程施工许可及安全监督手续，履行施工项目安全管理首要责任。要加强对工程建设全过程质量安全管理，加强对参建各方的履约管理，严格履行法定程序。切实履行企业安全生产管理责任，严格落实安全生产责任制，加强对施工单位、监理单位的管理，加大对施工过程的管控，严格执行《危险性较大的分部分项工程安全管理规定》，查处施工单位施工组织混乱、安全管理缺失的施工行为。应及时严格落实执行新密市政府相关文件，及时严格组织设计、施工、监理开展工作。建设项目应先设计再施工，做好建设项目风险辨识和预防控制措施。要建立健全以风险辨识管控为基础的隐患排查治理制度，制定符合企业实际的隐患排查治理清单，完善隐患排查、治理、记录、通报、报告等重点环节的程序、方法和标准，明确和细化隐患排查的事项、内容和频次，并将责任逐一分解落实，推动全员参与自主排查隐患，尤其要强化对存在重大风险的场所、环节、部位的隐患排查。

郑州世鑫建筑工程有限公司作为项目施工单位，要加强施工现场的管理工

作，严格落实施工规范和专项施工方案，坚决杜绝盲目施工、冒险施工等情况的发生，决不能以牺牲作业工人生命为代价来赚取“带血”的利润。要从项目涉及农户群众广、现场施工条件复杂、现场多点同时作业、现场作业人员专业能力普遍偏低的实际情况出发，创新安全管理手段，有效落实各项管理制度，确保管理人员到岗到位，加大对现场作业队伍检查力度和安全教育培训频次，不断提升安全管理效能。要加强全员、全过程、全方位安全生产管理，做到安全责任、安全管理、安全投入、安全培训、应急救援“五到位”。要健全和执行安全生产责任制、安全生产组织管理，要严格落实安全管理规章制度，严格按照规范和方案施工。要加强施工管理人员和作业人员的安全教育和培训，切实执行安全技术交底制度，提高作业人员安全意识。应与全部管理人员和作业人员签订劳动合同，应为全部作业人员购买工伤和意外伤害保险，应按法规和管理制度做好施工日志、安全日志记录和安全检查等工作。要加强法规和建筑施工相关标准的学习培训及考核，按照《危险性较大的分部分项工程安全管理规定》（住建部 37 号令）及《关于实施〈危险性较大的分部分项工程安全管理规定〉的通知》（建质办 31 号文）规定做好危大工程施工管理。要切实做好施工准备工作，杜绝无施工图纸、无安全教育和安全技术交底、无管理人员现场指导和盯控的施工现象。

河南顺成建设工程管理有限公司作为项目监理单位，要确保监理组织健全，确保监理人员到位、履职，严格执行监理规范、监理细则以及专项施工方案等要求，严格落实巡视检查和旁站监理等规定，切实替建设单位把好质量关、安全关。要树立合规经营意识，做好项目“三控、三管、一协调”工作，落实好人员变更审查与备案制度、监理资料档案管理制度、工地监理例会及专题会议制度、危险性较大分部分项工程设计文件和施工方案审查论证制度，履行好监理职责。要按法规要求，严格落实执行安全监理责任制，及时查处违规违章施工，加强巡查和旁站等安全监理措施，及时消除施工现场存在的安全隐患。要加强法规和建筑施工相关标准的学习培训及考核，加强对施工单位实际的组织机构和安全管理人员到岗情况的检查，严格审核施工单位项目管理人员资格。及时巡查发现施工单位违规违章施工作业行为。严格执行《危险性较大的分部分项工程安全管理规定》，加强危大工程的施工监理。认真做好监理日志，严格执行安全监理检查制度。

（二）加强安全隐患治理，全面开展双重预防体系建设

项目参建各方要以全省正在全力推进的安全生产专项整治三年行动和郑州市开展的冬季施工安全生产专项整治和市政基础设施工程安全隐患排查整治专项行动为契机，督促项目在后续施工中要健全双重预防体系建设组织机构，明确各岗位职责，完善风险辨识管控，深化隐患排查治理。要按照双重预防体系建设工作要求，全面开展自查自纠，对照相关法律法规、规程规范和技术标准要求，坚决把风险分级管控挺在隐患前面，把隐患排查治理挺在事故前面，进一步检查完善隐患排查治理制度，落实检查责任，对排查出的安全风险和事故隐患，要建立问题清单、责任清单，倒排时间表，切实整改到位，确保做到“闭环”管理，及时治理纠正违法违规行为。

（三）落实安全监管制度，切实有效履行行业管理职责

作为一项具有普惠性的民生工程，新密市城市管理局要树立为民干实事、办好事、做成事的责任意识，切实提高责任担当意识，主动落实好各项安全生产监督管理制度，坚决将行业管理职责扛在肩上、抓在手上、放在心上。一是要对照建设各方安全责任清单检查各方责任是否落实；二是要运用实名制系统等信息手段检查各方管理人员是否到位；三是要对比《施工安全日志》《监理安全日志》《会议纪要》及安全隐患台账和现场实际隐患情况，检查各方安全隐患排查工作是否到位；四是要结合现场询问工人和抽查记录与图片影像资料等，检查工人安全培训是否到位。要重点检查诸如深基坑（沟槽）等危险性较大的分部分项工程管控是否到位，对检查发现的重大隐患建立动态台账，限期整改，专人督办。

新密市政府和新密市城市管理局要统筹好项目的实施，切实组织好项目实施全过程监管、协调等工作。要深刻学习领会党的十九届五中全会提出的保障人民生命安全的要义和实质，进一步织密扎牢安全生产防护网，坚决防范遏制建筑施工生产安全事故发生，切实保障人民群众生命财产安全。坚决把中央决策和习近平总书记指示以及河南省、郑州市领导的要求落到实处，下大力把党和政府的民生工程、民心工程管理好、建设好，切实增强安全生产红线意识，落实党的乡村振兴战略，真正让农村成为安居乐业的美丽家园。

一案五问一改变

1. 我对该事故的最深感触是什么？

2. 如果该事故中暴露的问题就出现在我身边，我该怎么办？

3. 如果该事故就发生在我身上，我的亲人和朋友会如何？

4. 我从该事故中汲取了什么教训？

5. 学习事故案例后我最想对同事和亲人说什么？

为避免同类事故，在今后的工作中我将做出以下改变：

峨眉山市乐都镇“8·12”罩棚坍塌较大生产安全事故案例①

2018 年 8 月 12 日 15 时 40 分左右，峨眉山市永辉工贸有限责任公司在搭建罩棚施工过程中，发生一起因局部坍塌，造成 7 名施工人员坠落，1 人当场死亡，6 人受伤，其中 4 名重伤人员抢救无效死亡的较大生产安全事故，事故直接经济损失约为人民币 600 万元。

一、事故经过

2018 年 5 月，永辉公司实际控制人易某友找到乐山市五通桥区福岭门窗经营部负责人马某岭，提出修建永辉公司的罩棚，并提前支付了马某岭 20 万元工程款，双方无书面合同。

2018 年 8 月 11 日主体结构已基本完工，剩余工程就是铺装彩钢瓦和透明玻璃纤维瓦。

2018 年 8 月 12 日上午马某岭租用的吊车，将约 90 片彩钢瓦和 30 片透明玻璃纤维瓦从地面全部吊装上罩棚钢质桁架上。

2018 年 8 月 12 日下午 1 时 30 分左右，施工现场管理人员张某富带领 11 名工人上班，分成了 3 个小队，其中 2 人在地面作业，7 人在罩棚顶端铺装彩钢瓦和焊接檩条，3 人在另一作业点，大约 3 时 40 分，现场作业人员在已经完成主体结构的钢质桁架上铺装彩钢板和焊接檩条作业时，东南向 4 榀桁架局部坍塌，致使 7 名作业工人从高处坠落，造成 1 人当场死亡，6 人受伤。

① 资料来源：四川省应急管理厅．峨眉山市乐都镇“8·12”罩棚坍塌较大生产安全事故调查报告［EB/OL］．(2021－09－24)［2023－06－17］．https：//yjt. sc. gov. cn/scyjt/anquanyinhuanbaoguangtai/2021/9/24/40611836482542cc9517c0bce30c858d. shtml.

二、事故直接原因

施工单位组织劳务人员在主体基本完工、集中堆载彩钢瓦的罩棚桁架上方作业（铺装彩钢瓦、进行檩条焊接），由于罩棚自身结构体系不合理，施工工艺和施工组织不科学，致使钢立柱偏心受压，桁架结构失稳，钢柱下无有效连接，预埋钢筋受剪脆断导致倾覆，造成局部坍塌，使未采取任何安全防护措施的7名作业人员从约13 m高处坠落，酿成伤亡事故。

三、责任追究

（一）建议移送司法机关处理的人员（3人）

马某岭（五通桥福岭门窗经营部法人）：事故罩棚的施工单位主要负责人，未履行《安全生产法》第十八条规定的安全生产管理职责，对施工现场安全生产管理保障不力，导致安全技术措施存在严重漏洞，施工方案存在重大缺陷。违反《安全生产法》第四条、第五条的规定，《建设工程安全生产管理条例》第二十条、二十一条，无资质承揽该罩棚建设工程，在没有设计和施工方案、不具备安全生产条件的情况下，盲目组织无资质的劳务人员施工，导致事故的发生，造成5人死亡、2人受伤的严重后果，对该起事故的发生负有主要责任，建议由司法机关对其涉嫌违法犯罪的行为依法追究其刑事责任。

易某友（永辉公司实际控制人）：事故罩棚的业主，未履行《中华人民共和国安全生产法》第十八条规定的安全生产管理职责，未落实安全生产主体责任，未履行任何报建手续擅自施工建设，将工程发包给不具备安全生产条件和相应资质的单位（个人），未对事故罩棚进行统一协调管理、安全检查。违反《安全生产法》第四条、第五条的规定，对事故的发生负有重要责任，导致事故的发生，造成5人死亡、2人受伤的严重后果。建议由司法机关对其涉嫌违法犯罪的行为依法追究其刑事责任。

魏某（永辉公司法人代表）：未按照《安全生产法》第十八条的规定履行企业主要负责人安全管理职责，无任何报建手续擅自施工建设，未采取管理措施及时发现和消除安全隐患。违反《安全生产法》第四条、第五条的规定，对事故的发生负有重要责任，导致事故的发生，造成5人死亡、2人受伤的严重后果。建议由司法机关对其涉嫌违法犯罪的行为依法追究其刑事责任。

（二）建议给予行政处理的人员（8人）

对峨眉山市乐都镇安办工作人员龚某旭政务立案，并给予政务警告处分。

对峨眉山市乐都镇党委委员，分管安全、违建工作副镇长李某政务立案，并给予政务警告处分。

对峨眉山市乐都镇党委副书记、镇长邓某松书面诫勉。

对峨眉山市经信局能源安全股股长姚某明政务立案，并给予政务警告处分。

对峨眉山市经信局分管安全生产工作副局长熊某书面诫勉。

对峨眉山市住建局建管股股长李某有书面诫勉。

对峨眉山市住建局副局长周某谈话诫勉。

对峨眉山市政府副市长任某谈话诫勉。

（三）建议给予行政处罚的单位和人员

乐山市五通桥区福岭门窗经营部：安全生产主体责任不落实，无资质承包该罩棚建设；安全生产管理保障不力，未按照规定对施工人员进行安全培训教育，作业人员无资质上岗，盲目组织冒险施工，导致事故的发生。鉴于对事故发生负有主要责任，建议由乐山市安全生产监督管理局依照《安全生产法》第一百零九条的规定，对其实施行政处罚。

峨眉山市永辉工贸有限责任公司：安全生产主体责任不落实，未委托有资质的单位进行施工图设计，也未进行施工图审查。将工程委托给不具备相应资质的施工单位和个人，违规建设，逃避政府监管，导致事故的发生。鉴于对事故发生负有重要责任，建议由乐山市安全生产监督管理局依照《安全生产法》第一百零九条的规定，对其实施行政处罚。

张某富，劳务作业人员组织者，现场管理（施工）人员。对施工现场管理不力，施工人员不戴安全帽，组织的高处作业、焊接作业人员无证上岗，不佩戴安全带。违章指挥，现场管理混乱，凭经验、按习惯施工，桁架严重承载；因其在事故中受重伤，深度昏迷，后于8 月 23 日死亡，调查组未能对其进行谈话调查，建议不对其作出处理。

赵某伟，罩棚施工劳务人员组织者，与张某富组织劳务人员施工，未对作业人员进行安全培训教育，无特种作业证上岗，现场管理不力，不戴安全帽、不佩戴安全带；焊接施工质量差，导致罩棚钢结构连接节点薄弱和结构构造措施缺失等众多不良结构缺陷，未采取技术、管理措施，及时发现并消除事故隐患，鉴于对事故的发生负有次要责任，建议由乐山市安全生产监督管理局依照《四川省生产安全事故报告和调查处理规定》第三十八条的规定对其实施行政处罚。

（四）其他建议

责成乐都镇政府向峨眉山市人民政府作出书面检查；责成峨眉山市委、市政府向乐山市委、市政府作出书面检查。

四、防范措施

(1) 增强安全生产红线意识，进一步强化安全生产工作。各级党委政府要深刻吸取乐都镇“8·12”罩棚坍塌较大生产安全事故血的教训，牢固树立安全发展理念，强化安全生产底线思维和红线意识，把安全生产工作摆在更加突出的位置。

(2) 进一步落实属地监管职责。各级政府要严格按照“党政同责、一岗双责、齐抓共管、失职追责”的要求，压实安全生产责任制，进一步厘清相关行业领域、行业监管部门职责，不断提高工作的针对性、有效性，切实抓好安全生产工作。各负有安全生产监管职责的部门要勇于承担责任，以严而又严、实而又实、细而又细的要求，把安全生产工作抓实抓好。要依照法定职责，加强现场监管，强化安全隐患的排查治理。

(3) 进一步强化安全生产行业部门监管职责，严厉打击非法违法行为。政府有关职能部门要按照“管行业必须管安全、管业务必须管安全、管生产经营必须管安全”和“谁主管谁负责、谁审批谁监管”的原则，认真履行职责，建立完善信息联通、执法联动、问题连治的工作机制，消除责任盲区、填补责任空白。各职能部门应按照要求，制定切实可行的监管治理措施，深入开展建筑施工等行业“打非治违”工作，加强监管，从根本上解决建设工程领域存在的隐患和问题。

(4) 进一步规范建筑施工作业行为。强化从业人员的安全教育，保证从业人员具备必要的安全生产知识，熟悉有关的安全生产规章制度和安全操作规程，掌握本岗位的安全操作技能，了解事故应急处理措施，正确佩戴和使用劳动防护用品。未经安全生产教育和培训合格的从业人员，不得上岗作业。强化分包管理，严禁以包代管、违法分包和转包，重点解决施工现场安全管理不到位、安全防护措施不到位、施工作业行为不规范等突出问题，有效遏制和减少事故的发生。

(5) 立即组织开展安全生产大检查大整治行动。各级各部门、各行业（领域）要深刻吸取此次事故的沉痛教训，采取拉网式、解剖式、延伸式、拓宽式、倒查式等安全生产检查督查方式方法，对前期开展的安全生产大检查大整治行动进行全面、彻底的“回头看”，要下真功、使狠劲、出重手，切实发现问题、解决问题，确保安全生产的标准、要求落实到操作一线、管理一线、监管一线，努力减少一般事故，坚决遏制较大以上事故发生。

一案五问一改变

1. 我对该事故的最深感触是什么？

2. 如果该事故中暴露的问题就出现在我身边，我该怎么办？

3. 如果该事故就发生在我身上，我的亲人和朋友会如何？

4. 我从该事故中汲取了什么教训？

5. 学习事故案例后我最想对同事和亲人说什么？

为避免同类事故，在今后的工作中我将做出以下改变：

临沂市沂水县金苑新都小区建筑工地“8·30”较大塔机坠落事故案例①

2016 年 8 月 30 日 16 时 30 分左右，临沂市沂水县金苑新都北区 3 号楼工地发生一起建筑塔机坠落事故，造成 3 人死亡，直接经济损失 425.2 万元。

一、事故经过

2016 年 8 月 30 日 7 时左右，闫某利安排王某发、王某德、王某军、张某利 4 名起重机械安装人员到达临沂市沂水县金苑新都北区 3 号楼进行塔机附着加节作业，塔机操作司机为施工单位的秦某隆（操作资格证号鲁 Q4T2012000011）。作业至 15 时 20 分左右，已完成 23、24 节顶升加节作业，在顶升套架准备加第 25 节的过程中，塔机套架完成第一步顶升，套架处于换步状态，塔身最上标准节顶部距离下转台底部悬空半个标准节高度，准备第二步顶升时，顶升作业的液压站出现故障，不能继续顶升，也不能降落，安装人员停止作业等待更换液压站。由于塔机加节升高，塔机司机为了避免相邻塔机的碰撞，征得安装人员王某发的同意，将起重臂向南侧旋转 45°位置，塔机司机停留在塔机驾驶室内，三名安装人员王某发、王某军、张某利回到地面，王某军、张某利和王某德休息等待，王某发因事随即离开现场。16 时左右，施工单位管理人员丁某东、开拖盘的韩某民将预更换的液压站运到现场，拖车停放在塔机西向偏南 75°、距塔身中心 26 m 处，王某军、张某利重新回到塔机套架工作平台。16 时 20 分左右，塔机起重臂旋转至液压站上方，将用于保持顶升平衡的标准节落下，随后负责地面司索工作的安装人员王某德将液压站挂到吊钩上起吊。起吊后塔机起重臂旋转到东向位置，塔机套架西侧开口结构由原设计的承受拉力逐步转换为

① 资料来源：临沂市应急管理局．临沂市沂水县金苑新都小区建筑工地“8·30”较大塔机坠落事故调查报告［EB/OL］．（2016－12－02）［2023－06－17］．http：//ajj. linyi. gov. cn/info/1023/2506. htm.

承受压力，最终导致塔机上部严重失衡，塔机套架及以上部件从失稳变形的塔身中脱出，平衡臂下压，起重臂猛然向上扬起，造成塔机安装人员王某军、张某利及塔机司机秦某隆 3 人从塔机上部坠落，经抢救无效死亡。

二、事故直接原因

事故塔机在顶升加节过程中，液压顶升机构的液压站发生故障，导致塔机套架不能继续顶升，塔机上部部件仅靠套架支承在塔身顶升爬爪上，塔身在套架内悬空半个标准节且持续时间较长；安装人员和塔机司机违规操作塔机回转，导致塔机上部部件对套架支承点的力矩发生严重失衡，造成塔机上部套架及以上部件倾覆坠落，是事故发生的直接原因。

三、责任追究

（一）司法机关已采取措施人员（3 人）

闫某利，男，项目塔机安装队负责人。涉嫌重大责任事故罪，2016 年 8 月 31 日被公安机关刑事拘留，9 月 15 日被批捕。

张某科，男，青岛建设监理研究有限公司第一分公司经理。涉嫌重大责任事故罪，2016 年 8 月 31 日被公安机关刑事拘留，9 月 15 日被批捕。

石某伟，男，山东兴沂建设集团有限公司董事长。涉嫌重大责任事故罪，2016 年 8 月 30 日被公安机关刑事拘留，9 月 14 日被取保候审。

以上人员是中共党员的，待司法机关作出处理后，建议由具有管辖权的单位及时给予相应的党纪处分。

（二）建议移交司法机关处理人员（4 人）

韩某兵，男，事故工程项目施工负责人。涉嫌重大责任事故罪，建议移交司法机关依法追究其刑事责任。

石某磊，男，山东兴沂建设集团有限公司总经理。涉嫌重大责任事故罪，建议移交司法机关依法追究其刑事责任。

李某忠，男，日照金林建筑工程有限公司沂水金苑新都项目部项目经理。涉嫌重大责任事故罪，建议移交司法机关依法追究其刑事责任。

王某乾，男，日照金林建筑工程有限公司沂水分公司经理。涉嫌重大责任事故罪，建议移交司法机关依法追究其刑事责任。

以上人员是中共党员的，待司法机关作出处理后，由具有管辖权的单位及时给予相应的党纪处分。

（三）建议给予党纪政纪处分和问责人员（4 人）

张某峰，沂水县住建局建筑安装工程管理处建筑安全监督站站长。未认真履行建筑安全生产监管职责，对建筑施工、建筑安装、建筑监理单位落实安全生产主体责任监督管理不到位，对事故的发生负有直接监管责任。根据《事业单位工作人员处分暂行规定》第十七条的规定，建议给予记过处分。

高某，沂水县住建局建筑安装工程管理处副主任，负责建筑安全监督管理工作，分管建筑安全监督站。落实安全生产监管工作不到位，对建筑施工、建筑安装、建筑监理单位落实安全生产主体责任监督管理不力，对事故发生负有主要领导责任。根据《事业单位工作人员处分暂行规定》第十七条的规定，建议给予记过处分。

武某国，沂水县住建局建筑安装工程管理处主任（副科级），主持建筑安装工程管理处全面工作。对建筑安全监督站履行职责督促不力，落实安全生产监管工作不到位，对事故发生负有重要领导责任。根据《事业单位工作人员处分暂行规定》第十七条的规定，建议给予警告处分。

于某香，沂水县住建局党委委员、副局长，负责全县建设领域安全生产工作，分管建筑安装工程管理处。督促指导建筑安装工程管理处履行安全生产工作职责不力，落实安全生产监管工作不到位，对事故发生负有重要领导责任。建议给予诫勉谈话。

（四）其他有关人员问责建议（2 人）

刘某德，沂水县住建局党委书记、局长，主持住建局全面工作。全县建设领域安全生产“大快严”行动开展不扎实，对建筑安装工程管理处履行监督管理和监察执法职责督促指导不到位，建议责令其向县委县政府作出深刻检查。

戚某启，沂水县委常委，负责城乡规划建设管理等工作，分管县住建局。对县住建局开展建设领域安全隐患排查治理工作督促指导不力，督促指导县住建局安全生产监管工作职责不到位，建议责令其向县委县政府作出深刻检查。

（五）相关行政处罚及问责建议

依据《中华人民共和国安全生产法》第一百零九条第（二）项之规定，建议由临沂市安全生产监督管理局对山东兴沂建设集团有限公司、日照金林建筑工程有限公司分别处以五十万元罚款。

依据《中华人民共和国安全生产法》第九十二条之规定，建议由临沂市安全生产监督管理局对石某伟、石某磊、刘某林分别处以其 2015 年年收入 40% 的罚款。自刑罚执行完毕或处分之日起，石某伟、石某磊、刘某林 5 年内不得担任任何生产经营单位的主要负责人。

依据《中华人民共和国安全生产法》第一百条第二款之规定，建议由临沂市安全生产监督管理局对沂水大地房地产开发有限责任公司处以五万元罚款，对其法定代表人安凤强处以一万元罚款。

依据《建筑施工企业安全生产许可证管理规定》《建筑施工企业安全生产许可证动态监管暂行办法》《山东省人民政府办公厅关于进一步加强房屋建筑和市政工程质量安全管理的意见》和《山东省建筑施工企业安全生产许可证管理办法》规定，建议由住建部门对山东兴沂建设集团有限公司和日照金林建筑工程有限公司处以暂扣安全生产许可证的处罚。

将山东兴沂建设集团有限公司、日照金林建筑工程有限公司沂水分公司纳入全市安全生产“黑名单”管理。

责成沂水县住建局向沂水县委、县政府作出深刻检查。

责成沂水县委、县政府向市委、市政府作出深刻检查。

四、防范措施

（1）严格落实安全监管责任。沂水县委、县政府要深刻汲取事故教训，严格落实“党政同责、一岗双责、齐抓共管、失职追责”责任制，深入分析本地区安全生产存在的问题和薄弱环节，认真研究落实安全生产工作措施，不断加大对辖区内建筑施工项目的安全生产监督检查力度，加大对非法违法企业的查处和打击力度，确保“属地管理”职责落实到位。各级各部门要坚持“管行业必须管安全、管业务必须管安全、管生产经营必须管安全”的原则，切实承担起本部门、本行业的安全监管职责，不断深化隐患排查治理，加强对建设单位、施工单位及相关人员教育管理，充分吸取事故教训，牢固树立安全生产意识，杜绝违法发包、转包、分包、挂靠等行为。

（2）严格落实企业主体责任。督促建筑施工企业落实安全生产主体责任，按照《建设工程安全生产管理条例》（国务院令第 393 号）和《山东省生产经营单位安全生产主体责任规定》（省政府令第 260 号）要求，建立全员安全生产责任制，将安全生产责任落实到岗位，落实到个人。建设单位要切实履行工程项目管理第一责任人的职责，加强对施工单位、监理单位质量安全行为的有效监督。施工单位要全面落实安全生产管理责任，依法依规配备足够的安全管理人员，严格现场安全作业，尤其要加强对危险性较大的分部分项工程全过程的安全管理；监理单位要严格履行现场安全监理职责，强化对总包、分包单位施工管理措施的落实，认真履行安全生产监督职责，严格审查安全生产实施方案，严格禁止无证上岗和违规操作。要切实加强从业人员安全教育培训，使从业人员熟练掌握本岗位的安全操作规程，提高安全操作技能，提升应急处置能力，降低事故发生率。

（3）严厉打击非法违法行为。住建部门要按照“全覆盖、零容忍、严执法、重实效”要求，对建筑工程项目进行全面检查，严厉打击建筑工程转包、违法分包、挂靠等违法行为，对检查发现的违法行为要按照“五个一律”的要求依法从严处罚。各级各部门要举一反三，结合安全生产大排查快整治严执法行动，认真分析研判本辖区、本行业安全生产方面存在的薄弱环节和突出问题，立即组织开展安全生产大检查。对排查发现的隐患和问题，要即查即改；对安全风险系数大、社会关注度高、一旦发生事故极易造成群死群伤的重大隐患，一律提请政府挂牌督办；对隐患严重、不能保证安全的，要责令停产停业整顿，未完成整改前不得复产；对存在严重违法行为、不具备安全生产条件且难以整改到位的，坚决落实顶格处罚、停产整顿、关闭取缔等措施，全力减少和遏制事故的发生。

（4）加强对特种设备的安全管理。住建部门要加强对房屋建筑工地和市政工程工地用起重机械的安全管理，督促相关企业严格按照《特种设备安全法》《建设工程安全生产管理条例》《建筑起重机械安全监督管理规定》的要求，切实履行设备备案、安装拆卸告知、检验检测、使用登记基本程序和日常使用、维护保养管理职责，确保专职安全生产管理人员和特种作业人员持证上岗。凡发现相关企业违反法律、法规、规章和有关技术标准强制性规定的，要及时予以纠正，依法严肃处罚，确保建筑起重机械安全生产形势稳定。

一案五问一改变

1. 我对该事故的最深感触是什么？

2. 如果该事故中暴露的问题就出现在我身边，我该怎么办？

3. 如果该事故就发生在我身上，我的亲人和朋友会如何？

4. 我从该事故中汲取了什么教训？

5. 学习事故案例后我最想对同事和亲人说什么？

为避免同类事故，在今后的工作中我将做出以下改变：

9 月

浠水县散花跨江合作示范区“9·18”较大建筑施工坍塌事故案例①

9 月 18 日上午 9 时 30 分左右，浠水散花跨江合作示范区自来水厂改扩建工程供水泵房在水泥浇筑工程中发生模板坍塌事故，事故造成 3 人死亡 2 人受伤，直接经济损失 271 万元。

一、事故经过

2016 年 7 月 28 日，黄冈市浠水县散花跨江合作示范区自来水厂送水泵房开始模板支撑搭建，至 9 月 17 日搭建完成。9 月 18 日上午 7 时左右，浠水县散花跨江合作示范区自来水厂现场负责人组织施工人员开始由北向南实施屋面梁板混凝土浇筑，9 时 30 分左右，浇至项目西南角时，已浇筑完成屋面板中部模架系统突然发生坍塌，当时正在作业面上施工的 8 名工人随整个作业面瞬间坠落，3 人安全逃离，2 人获救送往医院治疗，3 人被困于坍塌物下致死。

二、事故直接原因

支撑架体结构未抱柱抱梁，纵横向水平杆未与既有建筑结构可靠顶接措施以及承重立杆间距过大、水平步距过大、扫地杆距地面高度过大、架体上部自由端高度过大、立杆及纵横向水平杆接头在同一平面、浇捣顺序不符合规范、未按规定设置纵横向剪刀撑，钢管、扣件主要材料质量不满足规范要求等因素，造成架体侧向位移、局部失稳导致坍塌。

① 资料来源：黄冈市应急管理局. 浠水散水跨江合作示范区自来水厂改扩建工程“9·18”较大建筑施工坍塌事故调查报告［EB/OL］.（2016－12－08）［2023－06－18］. http：//ajj. hg. gov. cn/zwgk/public/6636204/278395. html.

三、责任追究

（一）公安机关已采取措施人员（6 人）

余某兵，男，散花水厂项目承包人，2016 年 9 月 26 日被浠水县公安局以涉嫌重大责任事故罪刑事拘留，9 月 30 日被浠水县检察院批准逮捕。

吴某德，男，散花水厂项目现场实际负责人，2016 年 9 月 19 日被浠水县公安局以涉嫌重大责任事故罪刑事拘留，9 月 30 日被浠水县检察院批准逮捕。

路某星，男，散花水厂项目经理（投标），2016 年 9 月 23 日被浠水县公安局以涉嫌重大责任事故罪刑事拘留，已取保候审。

周某，男，武汉五环监理有限责任公司浠水分公司负责人，2016 年 9 月 19 日被浠水县公安局以涉嫌重大责任事故罪刑事拘留，已取保候审。

蔡某平，男，现场监理人员，2016 年 9 月 19 日被浠水县以涉嫌重大责任事故罪刑事拘留，9 月 30 日被浠水县检察院批准逮捕。

章某良，男，现场监理人员，2016 年 9 月 19 日被浠水县以涉嫌重大责任事故罪刑事拘留，9 月 30 日被浠水县检察院批准逮捕。

（二）建议追究刑事责任人员（2 人）

胡某望，男，劳务分包负责人，涉嫌重大责任事故罪，建议由公安机关立案查处。

邹某清，男，武汉信立建筑劳务工程有限公司法定代表人，涉嫌重大责任事故罪，建议由公安机关立案查处。

（三）建议给予党纪政纪处分人员（9 人）

徐某磊，男，中共党员，浠水县长江经济带建设项目管理中心主任兼任浠水县长江投资开发有限公司总经理，负责全面工作。未认真履行职责，明知该项目施工相关手续不齐全，仍以集体会议形式强行推动该项目建设施工，且对该项目安全监管职责不到位，对事故发生负有重要领导责任。根据《事业单位工作人员处分暂行规定》有关规定，建议给予记过处分。

王某，男，中共党员，浠水县长江经济带建设项目管理中心副主任兼任浠水县长江投资开发有限公司副总经理，浠水散花跨江合作示范区自来水改扩建具体负责人。未认真履行职责，明知该项目施工相关手续不齐全，仍在集体讨论会上支持推动该项目建设施工，且对该项目监督检查不到位，未发现和制止该项目高支模板工程违法违规行为，对事故发生负有直接领导责任。根据《事业单位工作人员处分暂行规定》有关规定，建议给予记过处分。

陈某，男，中共党员，浠水县长江经济带建设项目管理中心副主任兼任浠水县长江投资开发有限公司副总经理，分管安全生产工作。未认真履行职责，明知在该项目施工手续不齐全情况，仍在集体讨论会上支持推动该项目建设施工，对事故发生负有主要领导责任。根据《事业单位工作人员处分暂行规定》有关规定，建议给予警告处分。

董某杰，男，中共党员，浠水县城乡规划局党组成员、副局长，分管规划审批工作。在该项目建设未取得相关手续前提下，违规办理《建设用地规划许可证》《建设工程规划许可证》，对事故发生负有主要领导责任。根据《行政机关公务员处分条例》有关规定，建议给予行政警告处分。

赵某，男，中共党员，浠水县建设工程安全生产监督管理站站长，负责对全县已办理安全监督手续的房屋和建筑工程以及市政工程进行安全监管，对未办理安全监督手续的工程进行日常巡查工作。对该项目未办理安全监督手续的情况下的违法建设行为，未采取有效措施制止，对事故负有直接领导责任。根据《事业单位工作人员处分暂行规定》有关规定，建议给予行政记过处分。

蔡某明，男，中共党员，浠水县建设工程质量监督站站长，负责检查工程质量责任主任和检测机构履行法定质量责任和义务情况、对涉及工程结构安全和主要使用功能的工程实体质量等工作。对该项目未办理质量监督手续的情况下的违法建设行为，未采取有效措施制止，对事故负有直接领导责任。根据《事业单位工作人员处分暂行规定》有关规定，建议给予行政记过处分。

詹某林，男，中共党员，浠水县住建局经济开发区分局局长、浠水县住房和建设稽查大队大队长，负责全县范围内工程建设质量与安全生产、建筑节能等当面稽查处罚。对该项目未办理《建筑工程施工许可证》、安全监督和质量监督手续的情况下的违法建设行为，未采取有效措施制止，对事故负有直接领导责任。根据《事业单位工作人员处分暂行规定》有关规定，建议给予行政记过处分。

欧某彬，男，浠水县住房和城乡建设局副局长，分管安全站、质监站、稽查大队和安全生产工作。对全县建设工程安全生产监管不力，对分管安全站、质监站、稽查大队督促履职不力，对事故负有主要领导责任。根据《行政机关公务员处分条例》有关规定，建议给予行政记大过处分。

涂某泉，男，浠水县住房和城乡建设局党组书记、局长，负责全面工作。未认真贯彻落实党和国家安全生产方针政策和法律法规，辖区内建筑施工打非治违领导不力，对该项目违法违规行为监督不力，对事故负有重要领导责任。根据《行政机关公务员处分条例》有关规定，建议给予行政记过处分。

四、防范措施

（1）强化“红线”意识，坚持依法行政。各级党委和政府、各级领导干部要牢固树立科学发展、安全发展理念，始终把人民群众生命安全放在第一位。正确处理好安全生产与经济发展的关系，严守发展决不能以牺牲人的生命为代价这条红线。深入学习贯彻中央和省委省政府关于安全生产的统一决策部署，健全完善党政同责、一岗双责、齐抓共管的安全生产责任体系。党政一把手必须亲力亲为、亲自动手抓好安全生产这件大事，要坚持依法行政，执政为民，严格依法规范建筑市场秩序，优化投资和发展环境。坚持安全生产高标准、严要求，招商引资、上项目要严把安全生产关，加大安全生产指标考核权重，实行安全生产和重大安全生产事故风险“一票否决”。

（2）严守法律底线，落实主体责任。全市建筑企业要进一步强化法律意识，认真落实安全生产主体责任，建立健全安全生产管理制度，加强对危险性较大的分部分项工程安全管理，将安全生产责任落实到岗位和个人，做到安全投入到位、安全培训到位、基础管理到位、应急救援到位，积极开展以岗位达标、项目达标和企业达标为重点的安全生产标准化建设，自觉规范建筑施工安全生产行为。建设单位和建设工程项目管理单位要切实增强安全生产责任意识，依法办理建设项目相关行政审批手续，督促勘察、设计、施工、工程监理等单位落实安全责任，加强施工现场安全管理。施工单位不违法出借资质证书或超越本单位资质等级承揽工程，不违法转包、分包工程，不擅自变更工程设计或不按设计图纸施工，按规定配备足够的安全管理人员，严格现场安全施工，尤其要加强对危险性较大的分部分项工程的安全管理。监理单位要严格履行现场安全监理职责，按需配备足够的、具有相应从业资格的监理人员，强化对危险性较大分部分项工程的监理。各参建单位要严格落实建筑施工法律法规和技术规范，严格落实特种作业人员持证上岗规定，严禁违规操作、违章指挥。

（3）强化监督管理，落实监管责任。各地各有关部门要严格落实安全生产监管责任。一是要切实加强建设工程行政审批工作的管理。严格按照国家有关规定和要求办理建设工程立项、用地、规划、中投标、建筑施工、环保节能等行政审批事项，严禁未批先建。二是要继续深入开展工程建设领域隐患排查治理和“打非治违”。坚决打击非法违法建设行为，对在工程建设中挂靠借用资质投标、违规出借资质、非法转包、分包工程、违法施工建设等行为予以严厉查处。对隐患未及时发现或限期内得不到整改的，违法违规可能导致事故发生的，以及对隐患排查治理监督不力的，都要逐级对有关单位和人员进行问责。三是要强化安全基础管理。积极推进建筑施工企业和在建工程项目安全生产标准化建设，进一步规范企业安全生产行为，夯实安全基础。要继续深化工程建设领域安全生产大检查，严格按照“全覆盖、零容忍、严执法、重实效”的总要求，实行谁检查、谁签字、谁负责，坚决纠正和处理未批先建、边批边建等违法违规行为；督促参建各企业落实安全生产主体责任，重点整治施工现场无专项施工方案、违章指挥、违规操作、违反劳动纪律等行为。

（4）加强安全培训，提升本质安全。各地各部门、各建筑施工企业要认真贯彻执行党和国家安全生产方针、政策和法律、法规，注重人的本质安全在企业本质安全中的先决性、引导性、基础性地位和作用，加强企业从业人员和安全监管人员的安全教育与培训工作，不断提升本质安全。要进一步深化我省《建筑施工企业保护工人生命安全七条规定》的宣传教育和贯彻落实工作，通过开展行之有效的宣传教育活动，切实增强建筑施工企业和工人的安全生产责任意识。要因地制宜地开展安全技术和操作技能教育培训，尤其要落实起重机械、脚手架等特种作业人员的培训考核，认真做好经常性安全教育和施工前的安全技术交底工作。要加强对起重机械、脚手架重点设备和高空作业、现场监理、安全员等重点岗位人员的教育管理和监督检查，严格实行特种作业人员必须经培训考核合格，持证上岗制度。

一案五问一改变

1. 我对该事故的最深感触是什么？

2. 如果该事故中暴露的问题就出现在我身边，我该怎么办？

3. 如果该事故就发生在我身上，我的亲人和朋友会如何？

4. 我从该事故中汲取了什么教训？

5. 学习事故案例后我最想对同事和亲人说什么？

为避免同类事故，在今后的工作中我将做出以下改变：

道真自治县林达阳光新城建设项目“9·20”较大塔式起重机坍塌事故案例①

2021 年 9 月 20 日 12 时 45 分，在建道真自治县林达阳光新城开发项目 9 号地块 3 号楼 4 号塔式起重机在标准节接高的顶升过程中发生坍塌事故，导致正在高空进行顶升作业的 3 名作业人员随塔式起重机垮塌部分高坠受伤，其中 2 名作业人员在送医途中死亡，1 名作业人员经医院抢救无效死亡，事故直接经济损失 527 万元。

一、事故经过

2021 年 9 月 18 日，道真自治县林达阳光新城开发项目施工总承包单位贵州华易公司通知事故塔吊安装公司贵州年辉公司，在 2021 年 9 月 20 日对林达阳光新城开发项目 4 号塔吊进行顶升作业。2021 年 9 月 20 日 8 时 40 分左右，贵州年辉公司塔吊安装人员白某亮、白某红、蔡某富到现场开展顶升作业。8 时 48 分，安全员王某电话通知项目安全主管郑某进进行塔吊顶升作业安全技术交底。8 时 54 分，郑某进到现场，对塔吊顶升作业人员白某红、白某亮、蔡某富进行现场安全技术交底，并完成签字手续，且将相关资料发送至项目管理群。交底完成后，郑某进交代王某拉好警戒线在此旁站，自己先去 4 号楼北侧路看一下挖机修路，然后回到作业现场同王某一起旁站。塔吊安装单位对塔吊进行检查及准备工作后，开始塔吊附墙安装作业。塔吊附墙作业至 11 时 20 分左右，郑某进让安全员王某先回项目部吃午饭。12 时 10 分，王某吃完午饭后到现场替换郑某进进行旁站，并在警戒线之外的 2 号、3 号楼之间的西大门保安室处现场旁站

① 资料来源：遵义市应急管理局．道真自治县林达阳光新城建设项目“9·20”较大塔式起重机坍塌事故调查报告［EB/OL］．（2022－02－24）［2023－06－18］．http：//yjj. zunyi. gov. cn/gzdt/gg/202202/t20220224_72676854. html.

警戒，防止无关人员进入作业现场。12 时 40 分，完成塔吊附墙作业，安装作业人员开始进行塔吊顶升作业。12 时 45 分，在顶升过程中，4 号塔吊发生坍塌事故。

二、事故直接原因

作业人员在顶升作业时未将油缸横梁放入标准节面对塔吊大臂的左面踏步的正确位置（踏步半圆座内），而是顶在踏步肩部，发生误操作。左面的失误，导致横梁右面放入标准节右面踏步半圆座的长度不足，顶升过程中横梁右面从半圆座内脱出，塔吊上部约 19 t 载荷失去油缸横梁支撑自由下落撞击标准节顶部，引发塔身剧烈晃动的同时拉断附着装置中混用且焊接不牢固的附着杆，附着杆的断裂导致附着丧失约束作用，塔身晃动并扭转，致使标准节扭曲破坏，塔吊最终垮塌。

作业人员违反顶升作业程序，违反操作规程，作业操作失误，是此次事故发生的直接原因。

三、责任追究

（一）建议刑事责任追究人员（4 人）

蔡某勇，男，贵州年辉公司监事、道真自治县林达阳光新城开发项目塔吊安拆项目负责人、4 号塔吊实际所有人、4 号塔吊安拆负责人。未按要求安排安全人员在塔吊顶升作业现场旁站，安排塔吊顶升作业人员数量、资质不符合相关规范和要求，现场管理混乱导致塔吊零部件混用。其行为违反了《中华人民共和国安全生产法》第二十一条之规定，涉嫌构成安全生产类犯罪，建议移交司法机关依法追究其刑事责任。

王某，男，贵州华易公司林达阳光新城开发项目 9 号地块专职安全员，负责 3 号 4 号楼建设安全。在明知监理、安装公司安全监管人员未到场，塔吊顶升作业人员数量、资质不符合相关规范和要求的情况下，未立即停止顶升作业。其行为违反了《中华人民共和国安全生产法》第二十五条之规定，涉嫌构成安全生产类犯罪，建议移交司法机关依法追究其刑事责任。

郑某进，男，贵州华易公司林达阳光新城开发项目安全主管，在明知监理、安装公司安全监管人员未到场，塔吊顶升作业人员数量、资质不符合相关规范和要求的情况下，未立即停止顶升作业。其行为违反了《中华人民共和国安全生产法》第二十五条之规定，涉嫌安全生产类犯罪，建议移交司法机关依法追究其刑事责任。

李某恩，男，武汉土木公司正安分公司负责人，武汉土木公司林达阳光新城开发项目总监理工程师。长期不到项目现场履行总监职责，对项目专业监理工程师长期缺位现象视而不见，未按照《建设工程监理规范》相关要求正确履行监理职责，其行为违反了《建设工程安全生产管理条例》第十四条之规定，涉嫌安全生产类犯罪，建议移交司法机关依法追究其刑事责任。

（二）建议经济处罚人员（7人）

刘某件，男，贵州年辉公司法定代表人，安全生产第一责任人。未切实履行企业安全生产主要负责人工作职责，对公司管理不到位。其行为违反了《中华人民共和国安全生产法》第二十一条之规定，对该起事故的发生负有领导责任。建议由市综合行政执法局依据《中华人民共和国安全生产法》第九十五条之规定对其处上一年年收入百分之六十的罚款。

杨某，男，贵州华易公司法人代表、总经理，安全生产第一责任人。未切实履行企业安全生产主要负责人工作职责，对公司管理不到位。其行为违反了《中华人民共和国安全生产法》第二十一条之规定，对该起事故的发生负有领导责任。建议由市综合行政执法局依据《中华人民共和国安全生产法》第九十五条之规定对其处上一年年收入百分之六十的罚款。

杨某，男，贵州同朔公司法人代表，安全生产第一责任人。未切实履行企业安全生产主要负责人工作职责，对公司管理不到位。其行为违反了《中华人民共和国安全生产法》第二十一条之规定，对该起事故的发生负有领导责任。建议由市综合行政执法局依据《中华人民共和国安全生产法》第九十五条之规定对其处上一年年收入百分之六十的罚款。

吕某，女，贵州同朔公司林达阳光新城开发项目部经理。对项目部管理不到位。其行为违反了《中华人民共和国安全生产法》第二十五条之规定，对该起事故的发生负有管理责任。建议由市综合行政执法局依据《中华人民共和国安全生产法》第九十六条之规定对其处上一年年收入百分之五十的罚款。

程某，男，贵州华易公司安全部经理。对在建道真自治县林达阳光新城开发项目安全生产情况不明、监管不力，其行为违反了《中华人民共和国安全生产法》第二十五条之规定，对该起事故的发生负有管理责任。建议由市综合行政执法局依据《中华人民共和国安全生产法》第九十六条之规定对其处上一年年收入百分之五十的罚款，并由住建部门吊销其企业主要负责人安全资格证。

陈某，男，贵州同朔公司道真自治县林达阳光新城开发项目工程部经理。其行为违反了《中华人民共和国安全生产法》第二十五条之规定，对该起事故的发生负有管理责任。建议由市综合行政执法局依据《中华人民共和国安全生产法》第九十六条之规定对其处上一年年收入百分之五十的罚款，并由住建部门吊销其企业主要负责人安全资格证。

肖某康，男，贵州华易建筑工程有限公司林达阳光新城开发项目项目部经理。其行为违反了《中华人民共和国安全生产法》第二十五条之规定，对该起事故的发生负有管理责任。建议由市综合行政执法局依据《中华人民共和国安全生产法》第九十六条之规定对其处上一年年收入百分之五十的罚款，并由住建部门吊销其企业主要负责人安全资格证。

（三）建议公司处理人员（1 人）

钱某，男，贵州华易公司副总经理，分管经营和安全工作，未按要求正确履行职责，对该起事故的发生负有重要领导责任。建议责成贵州华易公司依据公司有关规定给予辞退处理。

（四）建议移交遵义市纪委市监委进行党纪政纪处分人员（5 人）

对于在事故调查过程中发现的地方党委政府、有关部门及相关地方国企人员履职方面存在的问题线索，已移交遵义市纪委市监委，对有关人员的党纪政纪处分，由遵义市纪委市监委提出。

四、防范措施

（1）要切实强化企业主体责任的落实，提升安全生产管理水平建设单位要严格落实各项审批手续，签订相关施工合同，要完善规章制度，切实履行建设单位对施工项目的管理，杜绝手续不全，岗位人员未到位的情况下盲目组织施工。施工单位、监理单位和建筑起重设备租赁、安装单位要严格落实《中华人民共和国安全生产法》《中华人民共和国特种设备安全法》《建设工程安全生产管理条例》等法律法规规定，严禁以包代管、以租代管、违规租赁、违规安装、违规组织施工；要高度重视企业安全生产主体责任，切实完善各项规章制度，加强从业人员的管理和培训教育，对特种作业人员的资质严格把关；要加强对施工项目现场的安全管理和安全检查，落实政府部门的安全监管和行政执法指令，杜绝任何违法违规作业行为，确保工程建设过程中不发生任何安全生产事故。

（2）加大行政监管执法力度，严厉打击非法违法行为建设领域监管部门要进一步加强建设领域的打非治违工作，重点集中打击和整治建设单位不办理施工许可、质量安全监督等手续的行为和施工单位弄虚作假、转包工程、违法分包工程的行为，以及特种作业人员无操作资格证、建筑起重设备不按要求安装维保的行为。加强现场监督检查，对发现的问题和隐患，责令企业及时整改，直至责令停工。

特种设备监管监察部门要履行好特种设备综合监管职能，发挥好特种设备及经营安全生产专业委员会办公室“负责综合管理特种设备的安全监督管理职责”，齐抓共管杜绝较大及以上事故发生，切实保护人民群众的生命财产安全。

（3）健全落实安全生产责任制，确保监管主体责任到位各级党委、政府要严格落实“党政同责、一岗双责、齐抓共管、失职追责”的安全生产责任制。党委、政府要采取有效措施，及时发现、协调、解决各负有安全生产监管职责的部门在安全生产工作中存在的重大问题，认真督办重大安全隐患，及时解决建设施工中相关问题，切实维护人民群众生命财产安全。要依法依规及时办理项目建设、施工备案手续。要督促企业加强安全教育、安全培训、安全管理，有效提升全民安全常识和安全意识。

一案五问一改变

1. 我对该事故的最深感触是什么？

2. 如果该事故中暴露的问题就出现在我身边，我该怎么办？

3. 如果该事故就发生在我身上，我的亲人和朋友会如何？

4. 我从该事故中汲取了什么教训？

5. 学习事故案例后我最想对同事和亲人说什么？

为避免同类事故，在今后的工作中我将做出以下改变：

东阳市横店镇“梦上海”建设工地“9·25”较大坍塌事故案例[①]

2016 年9 月25 日上午10 时40 分许，浙江横店建筑工程有限公司承建的东阳市横店镇“梦上海”百老舞汇剧院（20 号楼）建设工地高大支模架发生坍塌事故，造成14 名现场作业人员伤亡，其中5 人死亡，9 人受伤，直接经济损失约530 万元。

一、事故经过

2016 年9 月25 日早上6 时10 分许，20 号楼工程项目部技术负责人吴某强、项目部安全员吴某峰带领泥工11 人、木工2 人及混凝土公司泵车工1 人自北往南浇筑1 号区块的柱、梁、板，到10 时40 分许，已完成约200 m^3 的混凝土浇筑，正在浇筑中间位置的梁板时，梁板突然从浇筑处坍塌，梁板的四周部位也随着坍塌，正在20 号楼顶板施工的14 名作业人员随坍塌的支模架一起坠落，被坠落的物体掩埋。正在宿舍楼吃中饭的吴某兰等人听到梁板坍塌的声音后，跑到事发现场立即开展救援，同时拨打电话向吴某报告，又紧急拨打了110、119、120 等报警电话。

二、事故直接原因

高大支模架的搭设结构设计和钢管、扣件质量不符合相关标准和规定，导致模板支架体系承载力严重不足，在混凝土浇筑荷载作用下模板支架整体失稳破坏，造成坍塌。

① 资料来源：金华市应急管理局．东阳市横店镇“梦上海”建设工地“9·25”较大坍塌事故调查报告［EB/OL］．(2017－01－13)［2023－06－18］．http：//yjglj. jinhua. gov. cn/art/2017/1/13/art_1229682538_52067486. html.

三、责任追究

（一）建议免予追究责任人员（2 人）

吴某强，20 号楼工程项目部技术负责人、现场管理人员，负责项目施工现场作业方案制定、安全技术交底工作，实际负责现场全面工作。在“梦上海”20 号楼项目的高大支模架未经过专家论证、未经过审批、未取得浇捣令的情况下擅自组织无建筑架子工操作证人员搭建高大支模架、浇筑混凝土，直接导致本次事故发生，对事故的发生负有直接责任。鉴于其已在事故中死亡，建议免予追究责任。

吴某峰，20 号楼工程项目部安全员，负责施工现场具体安全管理工作。不仅未阻止吴某强擅自搭建高大支模架、浇筑混凝土，反倒参与其中，完全未履行安全管理职责，对事故的发生负有直接责任。鉴于其已在事故中死亡，建议免予追究责任。

（二）建议追究刑事责任的人员（4 人）

吴某，20 号楼工程项目经理、工程实际承包人，负责本工程全面管理工作。无建筑施工执业资格，以虚设内部承包关系的方式挂靠横建公司非法承包“梦上海”20 号楼工程；作为工程的全面负责人，对工程的安全管理极其不到位，任由吴某强等人擅自搭建高大支模架、擅自浇筑混凝土，完全未履行对工程项目的管理职责，对事故的发生负有直接责任。建议司法机关追究其刑事责任，并报事故调查组备案。

吴某亮，横建公司工程部部长，负责公司项目进度、质量、安全等方面的工作。对 20 号楼工程项目部经理的确定、审核、把关不严，对 20 号楼工程的高大支模架专项方案未认真审核，对施工现场存在的擅自搭建高大支模架的危险施工行为未采取有效措施加以制止，对事故的发生负有直接管理责任。建议司法机关追究其刑事责任，并报事故调查组备案。

金某君，横影公司派驻 20 号楼工程专职土建现场监管员，负责“梦上海”20 号楼的现场跟踪、监管。明知施工现场存在擅自搭建高大支模架的危险施工行为而不加以有效制止，未认真履行建设单位派驻项目现场监管职责，对事故的发生负有直接责任。建议司法机关追究其刑事责任，建设主管部门对其执业资格进行审核并作出相应处理，并报事故调查组备案。

张某伟，横建公司工程部安全科科员，施工方派驻 20 号楼项目现场，负责监督管理工程现场的安全工作。未认真履行安全员职责，对项目部施工过程中安全检查不到位；针对“梦上海”20 号楼项目支模架存在的问题，虽下达过两次整改通知，但没有采取有效措施加以制止，对事故的发生负有直接责任。建议司法机关追究其刑事责任，建设主管部门对其执业资格进行审核并作出相应处理，并报事故调查组备案。

（三）建议给予行政处罚的单位和人员

横建公司，将20号楼工程违法转包给非企业人员且无建筑施工执业资格的吴某个人组织施工，没有按规定程序审查、审批危险性较大的分部分项工程专项施工方案，放任无建筑架子工操作证人员在专项施工方案未经审批、钢管和扣件质量未经抽样检测、未进行安全技术交底的情况下搭设高大支模架，上岗作业人员未经安全生产教育培训，高大支模架搭设后未经验收就进行混凝土浇筑，不排查治理事故隐患，导致本起事故发生，对本起事故发生负有责任。金华市安全监管局依法对其作出行政处罚，建设主管部门对其相关资质按照有关规定进行处理，并报事故调查组备案。

项某军，横建公司法定代表人、总经理，安全生产主要负责人。未依法履行施工单位主要负责人安全生产管理职责，将20号楼工程项目违法转包给非本企业且无建筑施工执业资格人员吴某，未督促检查和及时解决20号楼工程存在的重大安全生产问题，对事故发生负有重要领导责任。金华市安全监管局依法对其作出行政处罚。

横影公司，作为20号楼工程项目的建设方，在未取得合法的建设工程规划许可和建设工程施工许可的情况下，擅自开工建设20号楼工程，也未委托监理公司对该工程项目进行监理。对横建公司将工程违法转包给无建筑施工执业资格的吴某个人组织施工，没有按规定程序审查。现场管理人员对未经审批的高大支模架专项施工方案在未进行安全技术交底的情况下搭设等违法行为未监督制止，履行建设单位安全管理责任不到位，导致本起事故发生，对事故发生负有责任。金华市安全监管局依法对其作出行政处罚。

桑某庆，横影公司法定代表人、董事长，安全生产主要负责人。未依法履行工程建设单位主要负责人安全生产管理职责，未督促检查和及时解决20号楼工程存在的重大安全生产问题，在收到东阳市建筑业管理局下达的安全手续告知书后，未组织人员有效落实，对事故发生负有领导责任。金华市安全监管局依法对其作出行政处罚。

（四）责令企业内部处理的人员（6人）

马某兴，横店集团控股有限公司工程建设部门总监，对横建公司落实安全生产相关管理制度不到位、施工管理混乱、项目经理长期不在岗等问题失察失管，对事故的发生负有领导责任。责令横店集团控股有限公司按《劳动合同法》和企业有关制度规定追究责任，并报事故调查组备案。

张某明，横店集团控股有限公司工程建设部门工程监管部主管科员，20 号楼工程项目现场施工技术监管员，负责进度质量技术监管。明知吴某强等人擅自搭建高大支模架而未加以阻止，且未上报领导，履行监管职责不到位，对事故的发生负有主要责任。责令横店集团控股有限公司按《劳动合同法》和企业有关制度规定追究责任，并报事故调查组备案。

沈某阳，横影公司产品开发管理中心总经理，负责横店影视城所有在建工程的开发管理。对 20 号楼工程项目监督管理不到位，在收到桑小庆批示给产品开发管理中心的东阳市建筑业管理局下达的安全手续告知书后，也未及时组织落实；对事故的发生负有重要领导责任。责令横影公司按《劳动合同法》和企业有关制度规定追究责任，并报事故调查组备案。

王某，横影公司“梦上海”项目总负责人。对工程项目现场的监督管理不到位，未认真履行建设单位项目负责人职责，对事故的发生负有直接管理责任。责令横影公司按《劳动合同法》和企业有关制度规定追究责任，建设主管部门对其执业资格进行审核并作出相应处理，并报事故调查组备案。

葛某华，横建公司副总经理，分管安全工作。对 20 号楼工程项目监督管理不到位，未认真履行监督、管理职责，对事故的发生负有领导责任。责令横建公司按《劳动合同法》和企业有关制度规定追究责任，并报事故调查组备案。

杨某文，横建公司工程部安全科科长，负责项目安全管理。虽然发现 20 号楼工程的高大支模架存在安全隐患，但未采取有效措施加以制止，未认真履行安全科科长职责，对事故的发生负有直接管理责任。责令横建公司按《劳动合同法》和企业有关制度规定追究责任，建设主管部门对其执业资格进行审核并作出相应处理，并报事故调查组备案。

（五）建议给予党纪、政纪处分的人员（11 人）

单某华，中共党员，东阳市住房和城乡建设局行政审批科科长，明知“梦上海”工程项目未取得施工许可擅自施工，不催告、不报告，履行职责不到位。对事故的发生负有直接监管责任。建议给予行政撤职处分。

张某瀚，中共党员，东阳市建筑业管理局派驻横店建筑业管理处主任，履行工作职责不到位，对辖区内“梦上海”项目监督检查不到位，虽下达过停工指令，但未对该项目采取有效措施加以制止。对事故的发生负有直接监管责任。建议给予行政记大过处分。

任某生，中共党员，东阳市规划局派驻横店规划人防管理处主任，对该项目未经规划审批就先行建设的非法行为监管不到位。对事故的发生负有直接监管责任。建议给予行政记大过处分。

王某龙，中共党员，东阳市住房和城乡建设局总工程师，2015年2月分管行政审批科，作为分管领导，对“梦上海”工程项目未取得施工许可擅自施工的行为履行职责不到位。对事故的发生负有直接领导责任。建议给予行政记过处分。

吕某寿，中共党员，东阳市建筑业管理局副局长，分管工程管理，联系横店建筑业管理处。对分管职能科室开展建设项目监督检查工作的指导、督促不力，未督促横店建筑业管理处对该项目未办理质安监手续就开工建设的违法行为进行有效监管。对事故的发生负有直接领导责任。建议给予行政记过处分。

陈某，横店镇党委委员，分管横店镇建设工作，未认真落实“一岗双责”，未按照职责分工对“梦上海”项目进行有效监管。对事故的发生负有直接领导责任。建议给予行政记过处分。

任某强，东阳市规划局党组成员、总规划师，未认真履行工作职责、督促职能科室和下属单位对该项目未审批就先行建设的非法行为监管不到位。对事故的发生负有领导责任。建议给予行政警告处分。

程某忠，东阳市住房和城乡建设局党委书记、局长，未认真履行工作职责，未执行“管行业必须管安全”的要求，督促职能科室履行行业监管职责不落实、不到位。对事故的发生负有领导责任。建议给予行政警告处分。

葛某中，东阳市建筑业管理局党委书记、局长，未认真履行工作职责，未执行“管行业必须管安全”的要求，督促职能科室和下属单位履行行业监管职责不认真、不到位。对事故的发生负有领导责任。建议给予行政警告处分。

赵某亮，东阳市委常委、横店镇党委书记、镇长，负有属地监管职责。作为横店镇党委政府安全生产第一责任人，在落实安全生产工作中组织不科学，措施不到位。督促职能单位对辖区内在建工程监管工作不力。对事故的发生负有领导责任。建议给予行政警告处分。

王某仁，东阳市委常委、副市长，分管国土资源、城乡规划建设、建筑业等方面工作，在推进政府职能转变和改革过程中，未能科学有效处理好“放管服”三者的关系，造成行业主管部门之间、行业部门与乡镇在对建设工程日常监管过程中职责不清，工作落实不到位，对事故的发生负有领导责任。建议给予行政警告处分。

（六）建议责成作出深刻检查的单位

横店集团控股有限公司作为浙江横店影视城有限公司以及浙江横店建筑工程有限公司的母公司。对其下属子公司的工程项目，未明确母公司和子公司的安全监管职责和分工，导致工程项目管理职权不清，施工安全管理不到位；对子公司的安全生产工作监督检查不力，未有效督促子公司加强对施工现场的安全管理工作、落实集团相关管理制度，对事故的发生负有责任。责成横店集团控股有限公司对存在的问题进行整改并向东阳市政府作深刻检查，报事故调查组备案。

东阳市住房和城乡建设局未按照国家法律法规和“谁主管、谁审批、谁负责”的要求，明知“梦上海”项目不具备发放建设工程施工许可证的条件已开工建设，未及时督促该项目补办，也未向相关职能部门通报。对事故的发生负有责任。责成东阳市住房和城乡建设局向东阳市政府作深刻检查，并报事故调查组备案。

东阳市建筑业管理局未按照国家法律法规和“管行业必须管安全”的要求，履行行业监管职责不认真、不彻底、不到位，对检查发现的“梦上海”项目违法建设行为未能有效监管。对下属横店建筑业管理处在履行横店镇建设工程行业监管领导不力，对事故的发生负有责任。责成东阳市建筑业管理局向东阳市政府作深刻检查，并报事故调查组备案。

东阳市规划局未认真履行部门职责，在“梦上海”项目不具备发证条件时，违规发放规划许可。在项目具备相关许可条件后，没有督促建设单位及时办理建设工程规划许可证，后续未能有效监管，履行职责不到位，对事故的发生负有责任。责成东阳市规划局向东阳市政府作深刻检查，并报事故调查组备案。

横店镇政府对企业在建工程安全生产不重视，属地监管履职不力。在履行安全生产监督管理职责特别是企业建设项目的日常监管过程中，未对企业在建项目实施有效监管，强镇扩权职能落实工作不到位，对“梦上海”项目未取得合法的建设规划许可证和建筑施工许可证的非法建设行为未及时制止和整治，对事故的发生负有责任。责成横店镇政府向东阳市政府作深刻检查，并报事故调查组备案。

东阳市政府贯彻执行安全生产法律法规和政策规定以及上级的安全生产工作部署要求有缺失；督促基层政府及有关部门落实安全生产管理责任制、加强安全监管不力；在推进政府职能转变和改革过程中，未能科学有效处理好“放管服”三者的关系，造成行业主管部门之间、行业部门与乡镇在对建设工程日常监管过程中职责不清，工作落实不到位，对事故的发生负有责任。责成东阳市政府向金华市政府作深刻检查，并报事故调查组备案。

四、防范措施

(1) 各方责任主体要充分认识安全生产工作的重要性，坚持“安全第一、预防为主、综合治理”方针，坚决把发展决不能以牺牲人的生命为代价作为一条不可逾越的红线。正确处理安全与发展、安全与进度的关系，坚决打击违法建设、违规施工行为。东阳市各有关部门要对所有开发在建工程及时加强安全生产大检查，全面排查消除各类事故隐患，对报建手续不全的要立即责令停工，完善报建手续。

（2）横店集团要规范内部管理体系，严格执行国家的相关法律法规的规定，依法开发建设。要进一步明确集团与下属企业在安全生产工作中的各项职责。在履行工程建设基本程序上，要依法办理许可、安全、质量监督等相关手续。对施工单位资质证照情况要严格审验把关，严防不具备资质条件的单位和人员进场施工。要加强对施工现场的统一协调和管理，完善工程监理体系，按要求委托具备相应资质等级的监理单位对工程进行监理。全面排查事故隐患，坚决做到问题和隐患不整改不复工。要积极做好事故善后工作，事故现场清理及后续施工时，对事故现场现状要进行安全、质量技术鉴定，认真制定加固措施和专项施工方案，确保拆除施工及后续施工安全。

（3）施工单位各类人员要持证上岗，抓好作业人员安全教育和技术交底。加强对危险性较大分部分项工程的安全管理，严格专项施工方案的编制、审核论证及实施。模板支撑系统结构材料的验收、抽检和检测要符合国家规定的质量标准，严禁使用不合格材料，加强模板支撑系统搭设前的地基基础验收，严格按照国家有关规范进行混凝土浇筑作业，建立健全事故应急预案，确保安全生产。

（4）东阳市国土、规划、建筑行业主管、综合执法等部门要加强建设工程行政审批管理和信息互通机制，坚决杜绝非法违法建设行为。国土资源部门要进一步加强国土资源管理的行政执法和土地规划执行情况；规划部门要加强城乡规划编制、审批、实施、修改的监督检查工作，依法查处违法建设行为；建筑行业主管部门要加强建设工程安全生产监督管理，依法审核发放施工许可证并履行安全监管责任；城市管理综合执法部门要认真履行职责，加大巡查力度，依法查处各类非法违法建设行为。

（5）横店镇政府要正确处理发展和安全的关系，切实履行属地管理职责，严格落实乡镇安全生产第一责任人的责任。切实加强辖区内在建工程安全监管，督促建筑企业严格落实主体责任，督促工程建设各方主体严格遵守国家建筑领域相关法律法规规定和程序，深入开展安全生产领域“打非治违”和隐患排查治理工作。

（6）东阳市委、市政府要进一步明确各级各部门安全生产工作职责，进一步完善安全生产网格化管理长效机制，确保安全生产行业管理、综合监管和属地管理落到实处。科学处理发展经济与安全生产工作的关系，全力抓好辖区内重点建设项目安全生产工作，坚决纠正对重点建设项目安全生产管理“宽、松、软”的问题，认真组织开展“打非治违”专项行动，严厉打击各类非法违法生产经营建设行为，防止事故的发生。

一案五问一改变

1. 我对该事故的最深感触是什么？

2. 如果该事故中暴露的问题就出现在我身边，我该怎么办？

3. 如果该事故就发生在我身上，我的亲人和朋友会如何？

4. 我从该事故中汲取了什么教训？

5. 学习事故案例后我最想对同事和亲人说什么？

为避免同类事故，在今后的工作中我将做出以下改变：

日照市莒县山东彼那尼荣安水泥有限公司“9·25”脚手架坍塌较大事故案例[①]

2022年9月25日4时25分许，日照市莒县山东彼那尼荣安水泥有限公司预热器分解炉改造施工过程中发生脚手架坍塌事故，造成5人死亡、2人受伤，直接经济损失845.8万元。

一、事故经过

2022年9月14日，恒耐公司项目部经理谷某安排张某兴、张某勇、李某伟、张某等4人搭设分解炉内脚手架，9月21日搭设完成。张某兴主要负责脚手架搭设，其他3人配合。脚手架采用落地式满堂脚手架，底部从分解炉约23.5 m标高处开始搭设，搭设至约88 m标高处，总高度64.5 m。其中，23.5～61 m部分为在原有炉内搭设，61～88 m部分为在新增炉体内搭设。原有炉体内脚手架搭设方式为：10根立杆放置在分解炉下锥体斜面和底面上；4根水平杆呈“井”字形分布，端部放置在锥体斜面上，两个方向又分别放置了3根水平杆，共10根水平杆，水平杆的交叉处采用直角扣件连接形成网格结构，作为底层水平支撑平面；底层支撑面以上，向上每1.7 m按照底层支撑面的搭设方式，采用4根水平杆呈“井”字分布，端部顶靠在炉壁上，与其他6根水平杆形成网格结构；立杆采用直角扣件固定在水平杆上接长。新增炉体内脚手架搭设方式为，用4根6 m水平杆呈“井”字形分布，端部搁置在托砖板上作为支撑，每层托砖板处均按此设置，两个方向再各布置3根水平杆，交叉处采用直角扣件连接形成网格结构并形成施工作业面；每个托砖板平面向上1.7 m由10根水平杆

---

① 资料来源：山东省人民政府．日照莒县山东彼那尼荣安水泥有限公司“9·25”脚手架坍塌较大事故调查报告［EB/OL］．（2023-01-20）［2023-06-18］．http：//www.shandong.gov.cn/art/2023/1/20/art_305296_10334791.html.

形成施工作业面。

9 月 24 日 19 时，分解炉耐火材料施工夜班人员 38 人进场（夜班工作时间为 19 时至次日 7 时），分别在 4 个作业面工作，C2 作业面 13 人，其中炉内作业人员 12 人；C3 作业面 11 人，其中炉内作业人员 7 人；锥体作业面 7 人；烟室作业面 7 人。25 日 4 时许，上料卷扬机发生故障，导致 C2 作业面因缺少 B 型耐火砖而无法继续镶贴。4 时 15 分许，C2 作业面人员发现脚手架西北侧有轻微倾斜；4 时 20 分许，C2 作业面在将一箱 A 型砖（264 块）运至炉内后，炉内 9 名人员陆续离开镶贴工位到炉外平台休息。4 时 23 分许，C3 作业面发现脚手架架管松动，呼叫炉外人员找工具维修；4 时 25 分许，C3 作业面人员听到脚手架两声异响后，脚手架随即发生坍塌。C2 作业面尚未来得及离开炉内的王某林等 3 人和 C3 作业面炉内作业人员李某峰等 7 人随着脚手架坍塌坠落；其中，3 人在工友帮助下脱困，7 人被困。事故最终造成王某林、李某峰、李某荣、钱某有、钱某成 5 人死亡，郑某彦、曲某鑫 2 人受伤。

经全力科学施救，8 时，被困人员王某林被救出；10 时 30 分、10 时 51 分、11 时 18 分，被困人员曲某鑫、李某峰、郑某彦先后被救出；12 时 24 分、14 时 10 分、15 时 50 分，被困人员钱某成、李某荣、钱某有先后被救出。经送医抢救，2 人生还，5 人经抢救无效死亡。

二、事故直接原因

经综合分析研判，认定事故发生的直接原因是，脚手架搭设存在结构性缺陷，钢管、扣件质量不达标，施工荷载过大，致使架体超过极限承载力，失稳整体坍塌。

一是架体存在结构性缺陷。未采用对接扣件接长，造成立杆竖向承载能力降低；新增炉体部分脚手架支撑体系不合理，水平杆承受立杆传递的竖向荷载；立杆数量不足，部分立杆间距过大，部分立杆轴向应力严重超过钢管标准设计值；未设置竖向及水平剪刀撑，导致架体整体刚度不足；未设置有效连墙件，导致架体与炉体结构未形成有效连接。

二是钢管、扣件等材料质量不合格。经检测，脚手架搭设使用的钢管壁厚低于标准，外径不合格率达到 33%，壁厚不合格率达到 75%。部分钢管锈蚀严重，个别钢管上存在打孔现象。扣件安装破坏、抗滑移性能、抗破坏性不合格率达到 42%。

三是架体施工荷载过大。炉体内的脚手架上同时存在 C2、C3 竖向两个交叉作业面。经模拟计算，C2 作业面炉内脚手架所能承受的极限施工荷载为

1100 kg。事故发生前 C2 作业面炉内脚手架实际荷载达到 2242. 72 kg，超过该作业面脚手架所能承受极限荷载 1 倍，导致 C2 作业面炉内架体首先破坏坍塌，坍塌物层层叠加，对下层架体冲击力层层加强，致使架体整体坍塌。

三、责任追究

（一）已采取强制措施人员（7 人）

谷某，恒耐公司项目部经理。在施工作业中违反有关安全管理规定，对事故发生负有责任。因涉嫌重大责任事故罪，2022 年 10 月 1 日被莒县公安局刑事拘留，10 月 15 日被莒县检察院批准逮捕。建议依法追究刑事责任。

孙某民，恒耐公司项目部管理人员。在施工作业中违反有关安全管理规定，对事故发生负有责任。因涉嫌重大责任事故罪，2022 年 10 月 1 日被莒县公安局刑事拘留，10 月 15 日被莒县检察院批准逮捕。建议依法追究刑事责任。

孟某海，恒耐公司项目部管理人员。在施工作业中违反有关安全管理规定，对事故发生负有责任。因涉嫌重大责任事故罪，2022 年 10 月 1 日被莒县公安局刑事拘留，10 月 15 日被莒县检察院批准逮捕。建议依法追究刑事责任。

张某兴，恒耐公司项目部架子工。在施工作业中违反有关安全管理规定，对事故发生负有责任。因涉嫌重大责任事故罪，2022 年 10 月 1 日被莒县公安局刑事拘留，10 月 15 日变更强制措施为取保候审。建议依法追究刑事责任。

于某东，彼那尼公司副总经理（2022 年 9 月 21 日兼任生产管理部经理）。在施工作业中违反有关安全管理规定，对事故发生负有责任。因涉嫌重大责任事故罪，2022 年 10 月 3 日被莒县公安局刑事拘留，10 月 15 日变更强制措施为取保候审。建议依法追究刑事责任。

万某财，彼那尼公司生产管理部工艺专工（2022 年9 月21 日前任生产技术部经理）。在施工作业中违反有关安全管理规定，对事故发生负有责任。因涉嫌重大责任事故罪，2022 年 10 月 3 日被莒县公安局刑事拘留，10 月 5 日变更强制措施为取保候审。建议依法追究刑事责任。

段某元，彼那尼公司安全环保部经理（2022 年 9 月 21 日任安全总监）。在施工作业中违反有关安全管理规定，对事故发生负有责任。因涉嫌重大责任事故罪，2022 年 10 月 3 日被莒县公安局刑事拘留，10 月 15 日变更强制措施为取保候审。建议依法追究刑事责任。

上述人员是中共党员的，建议相关纪检监察机关加强与司法机关沟通协调，在具备作出党纪处分条件后，及时作出相应处理。

（二）建议给予党纪政务处分和组织处理人员（15 人）

杨某峰，中共党员，东莞镇应急中心主任。未认真履行对彼那尼公司安全检查工作职责，协助莒县有关部门依法履行水泥行业安全生产监督管理职责不力。对事故发生负有直接监管责任，建议给予党内严重警告、政务降级处分。

宋某星，东莞镇党委委员、副镇长，分管应急管理和工业信息化工作。未认真履行对彼那尼公司安全检查工作职责，协助莒县有关部门依法履行行业安全生产监督管理职责不力。对事故发生负有主要领导责任，建议给予党内严重警告处分，免去副镇长职务。

刘某，中共党员，东莞镇副镇长，分管生态环境工作。疏于对彼那尼公司超低排放改造项目备案后开工建设情况监管，对彼那尼公司项目监督检查不力。对事故发生负有主要领导责任，建议给予党内警告处分。

邵某华，东莞镇党委副书记、镇长。未认真落实地方党政领导干部安全生产责任制，未认真履行对辖区内生产经营单位安全生产状况监督检查职责，协助莒县有关部门依法履行水泥行业安全生产监督管理职责不力。对彼那尼公司改造项目安全生产工作疏于管理。对事故发生负有重要领导责任。10 月 1 日，莒县县委同意其引咎辞去东莞镇党委副书记、镇长职务，建议给予党内警告处分。

荆某胜，东莞镇党委书记。未认真落实党政领导干部安全生产责任制，未认真履行对辖区内生产经营单位安全生产状况监督检查职责，协助莒县有关部门依法履行水泥行业安全生产监督管理职责不力。对彼那尼公司改造项目安全生产工作管理不到位。对事故发生负有重要领导责任。10 月 1 日，莒县县委同意其引咎辞去东莞镇党委书记职务，建议给予党内警告处分。

陈某彩，中共党员，莒县工业和信息化局技改科科长。未对彼那尼公司项目建设情况进行现场核查，未发现项目建设内容超出备案事项，履行企业投资项目事中事后监管职责不到位。对事故发生负有直接监管责任，建议给予党内严重警告、政务降级处分。

朱某峰，莒县工业和信息化局党组成员、副局长，分管安全生产工作。疏于管理，未有效指导督促行业加强安全管理。对事故发生负有主要领导责任，建议给予党内严重警告处分，免去副局长职务。

李某辉，莒县工业和信息化局党组书记、局长。未认真贯彻落实国家法律法规政策，未有效指导督促行业加强安全管理，对重点行业企业监管失察。对事故发生负有重要领导责任。10 月 1 日，莒县县委同意其引咎辞去莒县工业和信息化局党组书记、局长职务，建议给予党内警告处分。

耿某明，莒县应急管理局党委委员、副局长、基础科科长，分管工贸行业安全生产监管工作。未按规定督促指导安全生产工作，致使现场检查不深入、不细致，对彼那尼外包施工中存在的问题监管失察。对事故发生负有主要领导责任，建议给予党内严重警告处分，免去副局长职务。

刘某元，莒县应急管理局党委书记、局长提名人选。疏于管理，未按规定督促指导安全生产工作，对彼那尼外包施工中存在的问题监管失察。对事故发生负有重要领导责任。10 月 1 日，莒县县委同意其引咎辞去莒县应急管理局党委书记职务，不再提名为莒县应急管理局局长人选，建议给予党内警告处分。

孟某晓，日照市生态环境局莒县分局大气科科长。未认真落实水泥行业超低排放改造项目监督管理职责，对彼那尼公司建设项目现场监督检查不力，事中事后监管不到位。对事故发生负有直接监管责任，建议给予政务记大过处分。

翟某京，日照市生态环境局莒县分局党组副书记，分管大气污染防治工作。对彼那尼公司超低排放改造项目备案后开工建设情况监管督促不力，对未依法加强对彼那尼公司超低排放改造项目监管失察。对事故发生负有主要领导责任，建议给予党内警告处分。

崔某吉，日照市生态环境局莒县分局党组书记、局长。未认真贯彻落实国家法律法规政策，疏于管理，对未依法加强对彼那尼公司超低排放改造项目监管失察。对事故发生负有重要领导责任，建议给予政务警告处分。

尹某华，莒县政府党组成员、副县长，分管工业和信息化工作。未认真履行地方党政领导干部安全生产责任制，对莒县工业和信息化局未认真履行水泥行业安全生产主管职责问题失察。对事故发生负有重要领导责任，建议给予政务警告处分。

王某强，莒县县委常委、副县长，分管应急管理工作。未认真履行地方党政领导干部安全生产责任制，对莒县应急管理局未认真履行水泥企业安全生产监督管理和检查职责的问题失察。对事故发生负有重要领导责任，建议对其诫勉谈话。

（三）行政处罚建议

恒耐公司。建议按照《中华人民共和国安全生产法》第一百一十四条第（二）项的规定，由日照市应急管理局对其处 149 万元罚款。

彼那尼公司。建议按照《中华人民共和国安全生产法》第一百一十四条第（二）项的规定，由日照市应急管理局对其处 149 万元罚款。

韩某伟，中共党员，恒耐公司法定代表人、总经理。未认真履行主要负责人安全生产管理职责，对事故发生负有重要领导责任。建议按照《中华人民共和国安全生产法》第九十五条第（二）项的规定，由日照市应急管理局对其处 2021 年年收入 60% 罚款。

王某涛，中共党员，彼那尼公司法定代表人。未认真履行彼那尼公司主要负责人安全生产管理职责，对事故发生负有重要领导责任。建议按照《中华人民共和国安全生产法》第九十五条第（二）项的规定，由日照市应急管理局对其处 2021 年年收入 60% 罚款。

李某，中共党员，彼那尼公司总经理（2022 年 9 月 13 日因工作失职，被母公司停职反省 1 个月）。在担任总经理期间，未认真履行彼那尼公司主要负责人安全生产管理职责，对事故发生负有重要领导责任。建议依法给予撤职处理；按照《中华人民共和国安全生产法》第九十五条第（二）项的规定，由日照市应急管理局对其处 2021 年年收入 60% 罚款。

刘某，恒耐公司项目部管理人员。施工沟通协调不力，违反安全管理规定组织作业。建议按照《山东省安全生产条例》第七十六条第二款的规定，由日照市应急管理局对其处 5 万元罚款。

王某胜，彼那尼公司生产管理部副经理（2022 年 9 月 21 日前任熟料车间主任）。对施工单位脚手架搭设未经验收就投入使用的问题失察失管。建议按照《山东省安全生产条例》第七十六条第二款的规定，由日照市应急管理局对其处 5 万元罚款。

四、防范措施

（1）强力推动“八抓 20 条”创新措施落地见效。各级各有关部门和企业要始终坚持把“八抓 20 条”创新措施作为做好安全生产工作的总抓手、总方法，坚持问题导向，切实找准推动落实工作中存在问题短板和症结根源，创新思路方法，拓宽解决问题实践路径，持续细化深化措施，提高针对性和可操作性。要强化宣传教育，推动制度要求入脑入心。要压紧压实责任，把任务分解到项目、落实到岗位、量化到个人，切实打通制度落实的“最后一公里”。

（2）切实加强企业外包作业安全管理。要督促企业严格履行建设单位安全生产主体责任，全面加强外包作业安全管理，对本单位以外包、外委或外协方式从事的所有生产和设施设备安装、运行、维修等项目作业活动，都要严格落实项目监理或检查员制度，全过程统一协调、管理和安全检查，发现问题隐患及时督促整改。严禁将外包工程发包给不具备安全生产条件或者资质的单位、个人施工作业。各有关部门要加强对发包单位和承包单位的监督检查，重点检查施工许可证报建情况、安全管理协议签订情况、安全生产责任落实情况、危险作业审批情况、作业交底情况、现场监护情况等，对应招标未招标、虚假招标、围标串标以及肢解发包、转包、违法分包、挂靠承包、出借资质、无资质或违规超资质承揽业务，建设单位未依法办理施工许可、质量安全报监以及违规压缩工期、不合理降低造价等违法违规行为，要一律依法顶格处罚，并限期整改到位。

（3）严格执行企业危险作业报告和审批制度。企业要严格执行《山东省企业危险作业报告管理办法》，健全本单位危险作业管理制度，全面精准管控重大风险。要严格执行危险作业审批制度，在实施危险作业前，对危险作业种类、作业环境等因素进行综合研判，制定具体作业方案和针对性应急措施，办理危险作业审批手续，向作业人员进行安全技术交底，做好作业现场应急准备工作。实施危险作业时，要全面开展安全风险辨识，指定专人对作业活动进行统一指挥，指定安全生产管理人员对作业方案、作业票证等进行现场查验，确认作业人员上岗资格、身体状况等符合要求，全过程现场管理，确保作业安全。各有关部门要督促企业严格执行危险作业报告和审批制度，严禁企业应付了事走过场，未经报告和审批的一律不得进行危险作业。

（4）迅即开展水泥等工业企业施工项目安全排查整治。各级各有关部门要按照“谁审批、谁负责”“谁的项目、谁负责”“谁施工、谁负责”的要求，立即对水泥等各类工业企业新建、改建、扩建建设项目进行全面排查，摸清底数、建立台账，彻查彻改各类安全隐患。要重点排查审批手续是否合规，项目实施是否符合产业政策，施工队伍是否具有资质，现场施工管理是否制定方案、落实安全防范措施，现场是否有人监护，安全防护设备是否按照要求配备，特别要加强技改项目、环保项目、检维修项目、建筑施工项目的精准排查，发现问题要立即督促整改，不符合产业政策、不能保证安全的，要立即停止施工。要严把项目审批安全关，不得未批先建或“边审批、边设计、边施工”，不得以集中审批为名降低安全门槛。对达不到安全标准要求的，坚决不能上马和开工，已经运行的要坚决整改。要深入排查企业检维修作业、煤粉制备作业、吊装作业、氨水房作业等重点环节存在隐患，坚决杜绝水泥企业再发事故。

（5）举一反三加强各类建设施工项目安全监管。各级各有关部门要举一反三，按照职责分工切实加强对各类房屋和市政、公路、铁路、民航、水利、电力、人防等建设工程项目安全监管，紧盯脚手架、深基坑、高支模、起重机械等危大工程，从严从细开展风险隐患排查整治，对每一个项目、每一台机械、每一个重大危险源都要检查到位。加强脚手架用材质量管理，严禁租赁、使用不合格的脚手架钢管、扣件等产品。要严格执行危大工程安全管理规定，不折不扣落实专项方案编制、审查、论证、交底、验收和监测管理。要严厉整治私招滥雇、无证上岗，班前交底不落实、教育培训走过场，违规作业、野蛮施工和有章不循、弄虚作假等违法违规行为。要全面强化人防、物防、技防、智防措施，坚决做到不培训不上岗、无方案不作业、无防护不进场和实时监测预警，坚决防范群死群伤事故发生。

(6) 严格落实安全生产监管执法检查。各有关部门要认真履行“三管三必须”规定，切实加强对企业安全监管执法检查，突出对企业晨会制度、危险作业报告制度、有奖举报制度等“八抓 20 条”创新措施的落实情况和新建、改建、扩建项目事中事后监督检查等，要深入企业生产作业一线和施工现场，聚焦检维修作业、动火作业、有限空间内部施工作业、高处作业等事故易发环节和风险高、不放心的重点企业，提高执法检查精准性，特别是要把企业危险作业作为执法检查的重点，确保查细、查深、查透，严防走形式、走过场。要强化严惩重罚，对发现的违法违规行为，要坚决立案查处，依规依纪依法严肃追究相关责任者的责任。

一案五问一改变

1. 我对该事故的最深感触是什么？

2. 如果该事故中暴露的问题就出现在我身边，我该怎么办？

3. 如果该事故就发生在我身上，我的亲人和朋友会如何？

4. 我从该事故中汲取了什么教训？

5. 学习事故案例后我最想对同事和亲人说什么？

为避免同类事故，在今后的工作中我将做出以下改变：

10 月

日照市莒县柳岸香苑项目“10·5”较大起重伤害事故案例①

2020 年 10 月 5 日 8 时 23 分，莒县柳岸香苑项目 12 号楼塔式起重机（以下简称塔机）进行顶升作业时发生倒塌事故，造成 4 人死亡，直接经济损失 697.7 万元。

一、事故经过

10 月 5 日上午，3 名安拆工（康某收、邢某学、杜某录）与塔机司机任某胜共 4 人再次进入施工现场，对柳岸香苑项目 12 号楼塔机进行顶升加节作业，6 时 55 分左右开始顶升，计划本次顶升 5 节标准节。作业至 8 时 3 分左右第 5 节标准节离地，8 时 18 分左右吊钩落下进行第 5 节顶升标准节的配平后，安拆工操作液压顶升系统，进行顶升作业。当顶升爬爪越过上数第 1 节标准节（下数第 32 节标准节）下端踏步位置后，安拆工在顶升加节换步操作过程中，违章操作，在未确认顶升套架两个顶升爬爪均可靠搭在标准节顶升踏步上（北侧顶升爬爪未搭在踏步上，南侧顶升爬爪侧面挤在踏步边楞）的情况下，即收缩顶升油缸进行换步操作。在顶升油缸收缩过程中，由于南侧非正常接触的顶升爬爪与踏步无法承受顶升套架连同上部部件的重量（约 33 t），顶升爬爪将标准节踏步挤压变形，从踏步外侧面滑脱，塔机顶升套架连同上部部件失去有效支撑，瞬间下坠，造成墩塔，产生冲击，塔身自第三道附着装置上侧标准节连接处断裂，起重臂、顶升套架、塔帽、平衡臂、断裂塔身等零部件相继坠落在塔机东侧，安拆工杜某录在塔机墩塔产生的冲击力作用下，随同液压泵站一同坠落于塔机西侧，

① 资料来源：山东省应急管理厅．莒县柳岸香苑项目“10·5”较大起重伤害事故调查报告［EB/OL］.（2021－07－22）［2023－06－18］. http：//yjt. shandong. gov. cn/xwzx/zt/zxxd2022/jsjy/202107/t20210722_3678357. html.

安拆工邢某学、康某收及塔机司机任某胜随同塔机套架以上部位一同坠落。

二、事故直接原因

安拆工（康某收、邢某学、杜某录）在顶升加节换步操作过程中，违章操作，在未确认顶升套架两个顶升爬爪均可靠搭在标准节顶升踏步上（北侧顶升爬爪未搭在踏步上，南侧顶升爬爪侧面挤在踏步边楞）的情况下，进行收缩顶升油缸操作，造成南侧爬爪压溃踏步顶面，从其侧面滑脱，导致顶升套架及以上部件失去有效支撑而快速下坠，下支座撞击标准节顶部，造成墩塔，产生冲击，致使顶升套架及以上部件失去平衡，第三道附着以上塔机部分倾覆，导致 3 名安拆工和 1 名塔机司机共 4 人坠落。

三、责任追究

（一）免于追究责任人员（3 人）

康某收、杜某录、邢某学 3 名安拆工违章作业，对事故发生负有直接责任，鉴于已在事故中死亡，免于追究责任。

（二）已被公安机关立案侦查人员（3 人）

孔某峰，中共党员，塔机安装实际负责人。无起重设备安装工程专业承包资质，使用昊大建设公司起重设备安装工程专业承包资质承揽工程（订立合同，办理有关施工手续，从事塔机安装施工活动），编制的施工方案存在明显缺陷（无顶升作业具体内容、风速要求与规定不符、缺少司索信号工），未对安拆工进行书面安全技术交底，未按塔机安装施工方案组织人员施工（方案要求配备 4 名安拆工，实际只有 3 名安拆工作业），未监督安拆工严格遵守操作规程，对事故发生负有主要责任。孔某峰涉嫌重大责任事故罪，已被公安机关立案侦查，建议依法追究其刑事责任。

王某亮，中共党员，昊大建设公司总经理，主持公司的生产经营管理工作。同意孔某峰使用昊大建设公司的资质承揽工程（订立合同，办理有关施工手续，从事塔机安装施工活动），履行总经理安全生产职责不到位，对柳岸香苑塔机安拆项目部安全生产管理不力，督促、检查柳岸香苑塔机安拆项目部的安全生产工作、及时消除生产安全事故隐患不到位，对塔式起重机附着安装方案审批把关不严，未按照规定要求健全公司安全生产责任制和规章制度，未按照规定组织制定并实施本单位年度安全生产教育和培训计划，对事故发生负有主要领导责任。王某亮涉嫌重大责任事故罪，已被公安机关立案侦查，建议依法追究其刑事责任。

来某军，中共党员，总监理工程师，对工程项目的安全监理负总责。对塔机安装专项施工方案审批把关不严，未发现方案中无顶升作业具体内容、风速要求与规定不符、缺少司索信号工等问题，组织编制的监理规划与监理合同要求不符（合同要求分阶段配备6名专业监理工程师，编制的监理规划中为2名专业监理工程师），未根据工程进展及监理工作情况合理调配监理人员（10月4日附着安装、5日顶升安装事发时总监、负责塔机安装的专业监理工程师均未在岗），检查监理人员旁站监理工作不到位，事故发生时未在岗履职9且未经委托人批准，对事故发生负有主要监理责任。来某军涉嫌重大责任事故罪，已被公安机关立案侦查，建议依法追究其刑事责任。

（三）对事故有关企业和人员处理建议

山东昊大建设集团有限公司，建议由日照市应急管理局依据《中华人民共和国安全生产法》第一百零九条以及《生产安全事故罚款处罚规定（试行）》（原国家安监总局令第13号）第十五条规定，对其处以70万元的罚款；建议由日照市住房和城乡建设局依据《中华人民共和国建筑法》第六十六条规定，吊销其起重机械安装专业资质；建议由日照市住房和城乡建设局依据有关规定，停止其投标资格6个月。

山东碧海建筑规划设计有限公司，建议由日照市应急管理局依据《中华人民共和国安全生产法》第一百零九条以及《生产安全事故罚款处罚规定（试行）》（原国家安监总局令第13号）第十五条规定，对其处以70万元的罚款；建议由日照市住房和城乡建设局依据有关规定，停止其投标资格3个月。

日照市方兴建筑工程有限公司，建议由日照市应急管理局依据《中华人民共和国安全生产法》第一百零九条以及《生产安全事故罚款处罚规定（试行）》第十五条（原国家安监总局令第13号）有关规定，对其处以60万元的罚款；建议由日照市住房和城乡建设局依据有关规定，停止其投标资格3个月。

山东桂华锦鸿置业有限公司，建议由日照市应急管理局依据《中华人民共和国安全生产法》第一百零九条以及《生产安全事故罚款处罚规定（试行）》（原国家安监总局令第13号）第十五条有关规定，对其处以50万元的罚款。

陈某同，中共党员，昊大建设公司实际控制人。对孔某峰使用昊大建设公司资质的行为未予以制止，督促公司各级履行安全生产职责不到位，对事故的发生负有重要领导责任。建议由日照市应急管理局依据《中华人民共和国安全生产法》第九十二条规定，对其处上一年年收入百分之四十的罚款；建议给予其党内严重警告处分。

王某奎，中共党员，昊大建设公司董事长。履行主要负责人安全生产职责不到位，对事故的发生负有重要领导责任。建议由日照市应急管理局依据《中华人民共和国安全生产法》第九十二条规定，对其处上一年年收入百分之四十的罚款；建议给予其党内警告处分。

朱某有，中共党员，昊大建设公司副总经理兼柳岸香苑项目安装负责人（项目经理），一线支部委员会书记，负责莒县及周边区域项目施工管理（质量，安全，工期及设备现场管理工作）。未按规定履行项目安装负责人（项目经理）职责，监督安拆工严格遵守操作规程不到位，督促专职安全员履行监督管理职责不到位，平时到现场主要参与拍照上传莒县建筑工程安全质量检验站审核，对事故的发生负有主要领导责任。建议由日照市应急管理局依据《山东省安全生产条例》第四十五条第三款规定，对其处以2.5万元的罚款；建议由日照市住房和城乡建设局报请上级有关部门，依据《建设工程安全生产管理条例》第五十八条规定，吊销其二级建造师执业资格证书，5年内不予注册；建议由昊大建设公司与其解除劳动合同；建议给予其撤销党内职务处分。

王某飞，昊大建设公司柳岸香苑项目专职安全员。未按规定履行专职安全员职责，现场监督检查不到位，对未按照塔机安装施工方案施工的行为未制止（方案要求配备4名安拆工，实际只有3名安拆工作业），事故发生时未在现场监督塔机安装作业，对事故的发生负有管理责任。建议由日照市住房和城乡建设局报请上级有关部门，依据《建筑施工企业主要负责人、项目负责人和专职安全生产管理人员安全生产管理规定》第三十三条规定，吊销其安全生产考核合格证书；建议由昊大建设公司与其解除劳动合同。

柴某青，中共党员，碧海公司董事长，全面负责公司的安全生产管理工作。落实主要负责人安全生产职责不到位，对柳岸香苑项目监理部安全生产工作管理不力，督促、检查柳岸香苑项目监理部安全生产工作、及时消除生产安全事故隐患不到位，对事故的发生负有重要领导责任。建议由日照市应急管理局依据《中华人民共和国安全生产法》第九十二条规定，对其处上一年年收入百分之四十的罚款；建议给予其党内警告处分。

孙某良，碧海公司监理业务负责人，负责审定公司安全监理工作制度，并督促各项目监理部及相关人员贯彻执行，检查考核落实情况。督促检查柳岸香苑项目监理部落实职责不到位，未发现柳岸香苑项目监理部对塔机安装专项施工方案审核把关不严、组织编制的监理规划与监理合同要求不符等问题，对事故的发生负有重要领导责任。建议由日照市应急管理局依据《山东省安全生产条例》第四十五条第三款规定，对其处以2万元的罚款；建议由碧海公司按照内部管理规定对其作出处理。

曾某楼，碧海公司柳岸香苑项目监理部专业监理工程师，对所承担的安全监理工作负责。对塔机安装专项施工方案审核把关不严，未发现方案中无顶升作业具体内容、风速要求与规定不符、缺少司索信号工等问题，事故发生时未在岗履职，指导、检查监理员工作不到位，未按要求监督施工单位做好安全技术交底，对事故的发生负有重要监理责任。建议由日照市住房和城乡建设局报请上级有关部门，依据《建设工程安全生产管理条例》第五十八条规定，吊销其监理工程师执业资格证书，5 年内不予注册；建议由碧海公司与其解除劳动合同。

李某翔，碧海公司柳岸香苑项目监理部监理员，在驻地监理工程师的领导下，负责其职责范围内的安全监理业务工作。伪造 10 月 4 日塔机附着安装旁站记录（10 月4 日不在岗、未旁站），协助曾宪楼履行监理工作不到位，对事故的发生负有监理责任。建议由日照市住房和城乡建设局协调山东省建设监理与咨询协会，依据《生产安全事故报告和处理条例》第四十条规定，撤销其监理员岗位证书；建议由碧海公司与其解除劳动合同。

刘某辰，碧海公司柳岸香苑项目监理部工作人员。无监理员资格从事监理活动，建议由碧海公司与其解除劳动合同。

王某友，方兴建筑公司总经理。未及时组织修订公司安全生产责任制，督促公司各级落实安全生产责任制不到位，督促、检查柳岸香苑项目部安全生产工作、及时消除生产安全事故隐患不到位，对事故的发生负有重要领导责任。建议由日照市应急管理局依据《中华人民共和国安全生产法》第九十二条第（二）项规定，对其处上一年年收入百分之四十的罚款。

于某勤，中共党员，方兴建筑公司分管安全生产工作副总经理。检查本单位安全生产状况不到位，督促安全生产管理人员履行职责不到位，对事故的发生负有重要领导责任。建议由方兴建筑公司按照内部管理规定对其作出处理；建议对其诫勉谈话。

赵某国，方兴建筑公司柳岸香苑项目经理。对塔机安装专项施工方案审核把关不严，未发现方案中无顶升作业具体内容、风速要求与规定不符、缺少司索信号工等问题，督促项目部人员落实安全生产责任不到位，对事故的发生负有主要领导责任。建议由日照市应急管理局依据《山东省安全生产条例》第四十五条第三款规定，对其处以 2 万元的罚款；建议由日照市住房和城乡建设局依据《建设工程安全生产管理条例》第五十八条规定，吊销其一级建造师执业资格证书，5 年内不予注册；建议由方兴建筑公司与其解除劳动合同。

王某国，方兴建筑公司安全科长。对柳岸香苑项目安全生产监督检查不到位，对项目专职安全员管理不到位，对事故的发生负有管理责任。建议由日照市住房和城乡建设局依据《建筑施工企业主要负责人、项目负责人和专职安全生产管理人员安全生产管理规定》第三十三条规定，吊销其安全生产考核合格证书；建议由方兴建筑公司按照内部管理规定对其作出处理。

任某强，方兴建筑公司柳岸香苑项目部专职安全员。履行安全员职责不到位，事发时未在现场监督管理，对塔机安装作业现场存在的隐患排查不到位，对事故的发生负有管理责任。建议由日照市住房和城乡建设局依据《建筑施工企业主要负责人、项目负责人和专职安全生产管理人员安全生产管理规定》第三十三条规定，吊销其安全生产考核合格证书；建议由方兴建筑公司与其解除劳动合同。

刘某海，桂华锦鸿公司柳岸香苑项目负责人兼工程部经理。未认真履行安全生产管理职责，未定期对柳岸香苑项目进行安全检查，对事故的发生负有责任。建议由桂华锦鸿公司按照内部管理规定对其作出处理。

四、防范措施

（1）深入开展双重预防体系建设，落实落细企业主体责任。建设、施工和监理等有关单位，要严格落实企业安全生产主体责任，建立健全安全生产规章制度和操作规程，切实加强施工现场安全管理，深入开展风险隐患双重预防体系建设，强化应急预案编制和演练，真正将事故隐患消除在萌芽状态，坚决遏制事故发生。建设单位要严格履行安全生产工作统一协调管理的责任，严格按规定足额计取并及时拨付安全文明措施费。施工总承包单位要牵头负责现场隐患排查治理，要加强对从业人员特别是首次入场人员的教育培训，严格落实危大工程作业前安全技术交底制度，要将各分包单位纳入安全生产统一管理。监理单位要严格按照有关法律法规、工程强制性标准实施监理，切实履行安全监理职责，发挥安全监理作用。

（2）扎实开展专项整治，落实落细行业监管责任。各行业主管部门要针对事故暴露出的问题，立足行业特点，进一步加大监管力度，补齐工作短板，织密织牢安全防护网。住建部门要按照有关规定，立即开展建筑起重机械安全专项检查，重点排查起重机械安全使用条件、安拆单位有关资质、特种作业人员持证情况；要进一步规范监管审批程序，加强对起重机械安装告知资料的把关审核，强化对作业现场的抽查核查，及时发现并消除事故隐患；要积极推行起重机械“一体化”管理，加快解决建筑起重机械租赁、安装、拆卸、维修和保养等分段管理带来的安全问题，形成责任明晰、管理到位、衔接顺畅的管理态势；要严格“打非治违”，严厉打击违法发包、转包、分包及挂靠等非法违法行为。

（3）依法开展监督检查，落实落细属地监管责任。各区县（管委）、各乡镇（街道）要进一步树牢安全发展理念，把安全生产摆到重要位置，切实承担起

“促一方发展，保一方平安”的政治责任；要进一步健全落实安全生产责任制，配齐建强安全生产监管队伍，厘清各级各有关部门安全生产职责边界，消除责任落实悬空和监管盲区，形成齐抓共管良好局面。要严格执法检查和日常监督管理，督促本辖区生产经营单位，尤其是建筑施工等高危行业领域企业，严格落实法律法规规定和上级重点工作要求。

一案五问一改变

1. 我对该事故的最深感触是什么？

2. 如果该事故中暴露的问题就出现在我身边，我该怎么办？

3. 如果该事故就发生在我身上，我的亲人和朋友会如何？

4. 我从该事故中汲取了什么教训？

5. 学习事故案例后我最想对同事和亲人说什么？

为避免同类事故，在今后的工作中我将做出以下改变：

汕尾市陆河县“10·8”较大建筑施工事故案例[①]

2020年10月8日10时50分，陆河县看守所迁建工程业务楼的天面构架模板发生坍塌事故，造成8人死亡，1人受伤，事故直接经济损失共约1163万元。

一、事故经过

2020年10月8日8时10分左右，9名混凝土工人（班组领班：潘某全）在业务楼天面顶开始浇筑混凝土，泵车控制员朱某澡在屋面上操作泵车，混凝土工人先浇筑天面飘板混凝土，由于泵车泵臂长度不够，9名混凝土工人和泵车控制员转为浇筑天面构架四根框架柱混凝土，再浇筑天面构架梁和挂板。

浇筑完两车混凝土后，因混凝土供料中断，领班潘某全下楼找项目部调料，约1h后，第三车混凝土到场，开始浇筑构架梁和挂板，在第三车混凝土接近浇筑完时（10时50分许），支撑体系失稳导致坍塌，泵车控制员朱某澡跳至屋面层（受伤人员），潘某全正在上楼，其他8名工人随同坍塌架体跌落至地面。

二、事故直接原因

一是违规直接利用外脚手架作为模板支撑体系，且该支撑体系未增设加固立杆，也没有与已经完成施工的建筑结构形成有效的拉结；二是天面构架混凝土施工工序不当，未按要求先浇筑结构柱，待其强度达到75%及以上后再浇筑屋面构架及挂板混凝土，且未设置防止天面构架模板支撑侧翻的可靠拉撑。

① 资料来源：广州市从化区人民政府．汕尾市陆河县“10·8”较大建筑施工事故调查报告［EB/OL］．(2021－01－04)［2023－06－18］．http：//www.conghua.gov.cn/zwgk/yjgl/dxal/content/post_7010306.html.

三、责任追究

（一）对施工单位有关人员的处理建议（7 人）

李某华，男，广东建恒建筑有限公司法人兼总经理。违法将工程转包给没有施工资质人员，未履行安全生产管理职责，对事故负有责任。建议由司法机关依法追究其法律责任（2020 年 11 月 17 日被汕尾市检察院批准逮捕）。自刑罚执行完毕之日起，5 年内不得担任任何生产经营单位的主要负责人。

余某辉，男，2020 年 5 月被宣布为广东建恒建筑有限公司副总经理，负责工程安全工作。履行安全管理工作不到位，对事故负有责任。建议由司法机关依法追究其法律责任（2020 年 11 月 17 日被汕尾市检察院批准逮捕）。

杨某平，男，涉事建筑的“包工头”，项目实际负责人，事发现场作业的主要负责人，违法承包陆河县看守所迁建工程，在没有建筑施工资质、安全管理机构、专兼职的安全员和安全教育培训的情况下，违法组织施工作业，对事故负有责任。建议由司法机关依法追究其法律责任（2020 年 11 月 17 日被汕尾市检察院批准逮捕）。

丘某艳，男，杨某平聘请的陆河看守所项目施工安全员，没有持证上岗，履职不到位，对事故负有责任。建议由司法机关依法追究其法律责任（2020 年 11 月 17 日被汕尾市检察院批准逮捕）。

黄某长，男，建恒公司聘用的一级建造师。其明知其建造师资质及本人姓名被任命为陆河县看守所项目负责人，虽然有要求变更，但仍于聘用期届满时于 2020 年 9 月 17 日，再与建恒公司续签聘用合同，但一直未到岗履职，对事故负有责任。建议由司法机关依法追究其法律责任（2020 年 11 月 17 日被汕尾市检察院批准逮捕）。

叶某钦，男，杨和平雇请的测绘员兼施工员。没有持证上岗，履职不到位，对事故负有责任。建议由司法机关依法追究其法律责任（2020 年 11 月 17 日被汕尾市检察院批准逮捕）。

吴某旺，男，承包陆河县看守所工地搭设外脚手架的“小工头”，没有持证上岗，安排无证人员作业，对进场材料没有按规定进行检测而直接使用，没有按规范搭设业务楼外脚手架，对事故负有责任。建议由司法机关依法追究其法律责任（2020 年 12 月 3 日被汕尾市公安局拘留）。

（二）对工程监理单位有关人员的处理建议（5 人）

林某航，男，广东钧信建设管理有限公司法定代表人、总经理。未履行安全生产管理职责，对事故负有责任。建议由司法机关依法追究其法律责任（2020

年 11 月 17 日被汕尾市检察院批准逮捕）。自刑罚执行完毕之日起，5 年内不得担任任何生产经营单位的主要负责人。

田某，男，涉事工地总监理工程师。对施工单位项目经理长期不在岗的情况，未采取有效措施确保其到岗履职；对专业监理工程师、监理员未驻场履职，以及签名弄虚作假等情况放任不管；对施工工程中发现的隐患，未能督促施工单位提供整改复查或验收的相关材料，未对安全隐患实行闭环管理；未按要求对混凝土模板验收进行验收，对事故负有责任。建议由司法机关依法追究其法律责任（2020 年 11 月 17 日被汕尾市检察院批准逮捕）。

彭某栋，男，广东钧信建设管理有限公司陆河分公司负责人。未组织对派驻陆河县看守所迁建工程项目监理人员进行安全培训教育；聘请不具备相关资格人员从事监理活动，且未签订劳动合同，对事故负有责任。建议由司法机关依法追究其法律责任（2020 年 11 月 17 日被汕尾市检察院批准逮捕）。

刘某专，男，陆河县看守所迁建工程项目监理部实际驻场监理员。对施工工程中发现的隐患，未能督促施工单位提供整改复查或验收的相关材料，未对安全隐患实行闭环管理；未对施工单位的相关人员资质进行审核，对事故负有责任。建议由司法机关依法追究其法律责任（2020 年 10 月 10 日被汕尾市公安局拘留，11 月 18 日取保候审）。

谢某，男，陆河县看守所迁建工程监理部现场实习监理员。未取得监理员相关资质，未按规范填写工程施工监理旁站记录；假冒监理工程师签名。建议由司法机关依法追究其法律责任（2020 年 10 月 10 日被汕尾市公安局拘留，11 月 18 日取保候审）。

（三）对设计单位有关人员的处理建议

广州市弘基市政建筑设计院有限公司在设计中没将陆河看守所项目业务楼天面构架超过一定规模的危大工程列入危大工程清单，且未对重点部位进行设计技术交底，未进行图纸会审等问题，对事故负有责任。建议由安全生产监督管理部门和其他负有安全生产监督管理职责的部门按照职责分工，依据《中华人民共和国安全生产法》《生产安全事故报告和调查处理条例》等法律法规的有关规定，对其相关责任人依法实施处罚。具体名单如下：

陈某子，男，广州市弘基市政建筑设计院有限公司院长。

彭某勇，男，广州市弘基市政建筑设计院有限公司陆河分公司负责人。

孙某，男，广州市弘基市政建筑设计院有限公司建筑总工，项目技术负责人。

彭某潜，男，广州市弘基市政建筑设计院有限公司陆河分公司结构设计助理工程师。

（四）对审图单位有关人员的处理建议

广东惠湾工程咨询有限公司汕尾分公司审图中没有对设计单位未将看守所业务楼天面超过一定规模的危大工程列入危大工程清单的情况提出修改意见，对事故负有责任。建议由安全生产监督管理部门和其他负有安全生产监督管理职责的部门按照职责分工，依据《中华人民共和国安全生产法》《生产安全事故报告和调查处理条例》等法律法规有关规定，对其相关责任人依法实施处罚。具体名单如下：

庄某立，女，广东惠湾工程咨询有限公司汕尾分公司负责人。

雷某祥，男，广东惠湾工程咨询有限公司技术负责人兼结构审图师。

（五）对建设单位有关人员处理建议（7 人）

朱某文，男，陆河县公安局副局长。陆河县看守所迁建工程领导小组副组长、施工项目负责人，对该工程项目安全生产工作负有组织管理职责。贯彻落实《地方党政领导干部安全生产责任制规定》《广东省党政领导干部安全生产责任制实施细则》不到位，履行安全管理职责不到位，对指派到工地负责疫情防控和复工复产工作的人员工作职责没有交底，也没有督促其对施工、监理单位加强安全生产工作；未取得《建设工程规划许可证》《建筑工程施工许可证》，先行建设，对事故发生有责任。建议纪委监委对其履职情况进行调查处理。

彭某波，陆河县公安局网安大队副大队长。被指派到看守所工地负责疫情防控和复工复产工作期间，多次参加现场施工会议，未能认真履行“一岗双责”，督促施工、监理单位加强安全生产工作不到位，对事故发生负有责任。建议纪委监委对其履职情况进行调查处理。

刘某进，男，陆河县公安局禁毒大队副大队长。作为迁建工程领导小组的成员、办公室副主任，负责具体联系和办理项目的有关手续业务，不认真学习有关规定，没有及时办理《建筑工程施工许可证》，没有及时向县住建局质安站报请监督管理。建议纪委监委对其履职情况进行调查处理。

刘某远，男，陆河县公安局党委副书记、政委，陆河县看守所迁建工程领导小组副组长，对项目工作中存在的不合规问题失察，建议按干部管理权限进行通报批评。

丘某肖，男，陆河县公安局指挥中心教导员，陆河县看守所迁建工程领导小组成员、办公室副主任，对项目工作中存在的不合规问题失察。建议按干部管理权限进行通报批评。

朱某耿，男，陆河县公安局看守所所长，陆河县看守所迁建工程领导小组成员、办公室副主任，对项目工作中存在的不合规问题失察。建议按干部管理权限进行通报批评。

陈某冲，男，陆河县公安局水唇派出所所长，陆河县看守所迁建工程领导小组成员、办公室副主任，对项目工作中存在的不合规问题失察。建议由按干部管理权限进行通报批评。

（六）对监管部门有关人员的处理建议

陆河县住建局履行安全监管职责不力，对事故负有责任。

罗某声，男，陆河县住建局局长，作为主要负责人履行安全监管职责不力，对建筑行业的日常监管和安全隐患排查形式主义严重，明知陆河县看守所项目开工，未能落实相关人员进行有效监管，对事故发生负有责任。建议纪委监委对其履职情况进行调查处理。

黄某军，男，陆河县住建局副局长，作为分管领导，履行安全监管职责不力，对建筑行业的日常监管和安全隐患排查形式主义严重，明知陆河县看守所项目开工，未能落实相关人员进行有效监管，对事故发生负有责任。建议纪委监委对其履职情况进行调查处理。

彭某双，陆河县住建局质安站负责人，明知陆河县看守所项目开工，未能进行有效监管，对事故发生负有责任。建议纪委监委对其履职情况进行调查处理。

彭某洲，男，陆河县住建局建设工程质量和安全管理股负责人，指导质安站和检测站的工作不到位。建议纪委监委对其履职情况进行调查处理。

彭某升，男，陆河县住建局建筑市场和建设工程管理股负责人，负责对陆河县看守所工程施工许可的办理。建议纪委监委对其履职情况进行调查处理。

（七）对陆河县委县政府有关人员的处理建议

陆河县委、县政府未严格贯彻落实《地方党政领导干部安全生产责任制规定》《广东省党政领导干部安全生产责任制实施细则》，未有效领导陆河县看守所参建各方和监管部门严格执行国家、省、市有关安全生产法律法规和文件精神，造成严重后果。建议按干部管理权限责令县委、县政府主要领导陈壮勇、罗炳新，常务副县长叶子美作出深刻检查。

彭某洁，男，陆河县人民政府副县长。未严格贯彻落实《地方党政领导干部安全生产责任制规定》《广东省党政领导干部安全生产责任制实施细则》，安全责任意识薄弱，领导开展建筑施工安全隐患排查整治工作责任压不到底、抓不实，在全省多次出现建筑施工较大生产安全责任事故的情况下，未能深刻吸取教训，分管的行业主管部门未严格履行安全监管职责。建议由纪委监委对其履职情况进行调查处理。

林某毅，男，陆河县副县长、公安局局长。贯彻落实《地方党政领导干部安全生产责任制规定》《广东省党政领导干部安全生产责任制实施细则》不到位，没有贯彻落实安全生产管理的有关规定和上级有关安全生产工作的部署要求；没有明确分管安全生产的领导，也没落实“一岗双责”“管业务必须管安全”的工作要求，没有组织督促施工单位、监理单位落实好安全生产制度；未取得《建设工程规划许可证》《建筑工程施工许可证》先行建设。建议纪委监委对其履职情况进行调查处理。

（八）对汕尾市住建局有关人员的处理建议

吴某昊，男，汕尾市住建局党组书记、局长。未能采取有效措施遏制建筑行业生产安全事故多发局面，对陆河县住建局监管工作中存在的问题失察，在国庆假期期间发生陆河县“10·8”较大建筑施工事故，造成重大损失，影响恶劣。建议按干部管理权限责令其作出深刻检查，并予以调整工作岗位。

刘某棠，男，汕尾市住建局党组成员、副局长，分管工程质量安全监管工作。对建筑行业安全生产工作指导、督促不力，未能采取有效措施遏制建筑行业生产安全事故多发局面。在国庆假期期间发生陆河县“10·8”较大建筑施工事故，造成重大损失，影响恶劣。建议按干部管理权限责令其作出深刻检查，并予以调整工作岗位。

余某治，男，汕尾市住建局工程质量安全监管科负责人。对各县（市、区）建筑行业安全生产工作指导、督促不力，建筑行业生产安全事故多发。国庆假期期间发生陆河县“10·8”较大建筑施工事故，造成重大损失，影响恶劣。建议按干部管理权限责令其作出深刻检查，并予以调整工作岗位。

（九）其他人员的处理意见

在陆河县看守所项目中涉嫌非法围标、非法挂靠的苏某某、叶某某等人，由司法机关依法追究法律责任。

（十）对有关单位的处理建议

广东建恒建筑工程有限公司作为施工单位，对事故负有责任。建议由安全生产监督管理部门和其他负有安全生产监督管理职责的部门按照职责分工，依据《中华人民共和国安全生产法》《生产安全事故报告和调查处理条例》等法律法规有关规定，依法实施处罚，并列入信用联合惩戒（黑名单）对象。

广东钧信建设管理有限公司作为监理单位，对事故负有责任。建议由安全生产监督管理部门和其他负有安全生产监督管理职责的部门按照职责分工，依据《中华人民共和国安全生产法》《生产安全事故报告和调查处理条例》等法律法规有关规定，依法实施处罚，并列入信用联合惩戒（黑名单）对象。

广州市弘基市政建筑设计院有限公司作为设计单位，对事故负有责任。建议由安全生产监督管理部门和其他负有安全生产监督管理职责的部门按照职责分工，依据《中华人民共和国安全生产法》《生产安全事故报告和调查处理条例》等法律法规有关规定，依法实施处罚，并列入信用联合惩戒对象。

广东惠湾工程咨询有限公司汕尾分公司作为审图单位，对事故负有责任。建议由安全生产监督管理部门和其他负有安全生产监督管理职责的部门按照职责分工，依据《中华人民共和国安全生产法》《生产安全事故报告和调查处理条例》等法律法规有关规定，依法实施处罚，并列入信用联合惩戒对象。

建议按管理权限责令陆河县公安局作深刻检查，认真总结和吸取事故教训，进一步加强和改进安全生产工作，杜绝同类事故发生。

建议按管理权限责令陆河县住建局作深刻检查，认真总结和吸取事故教训，进一步加强和改进安全生产工作，杜绝同类事故发生。

建议按管理权限责令陆河县委、县政府作深刻检查，认真总结和吸取事故教训，进一步加强和改进安全生产工作，杜绝同类事故发生。

建议按管理权限责令汕尾市住建局作出深刻检查，认真总结和吸取事故教训，进一步加强和改进安全生产工作，杜绝同类事故发生。

四、主要问题和教训

(1) 参建各方责任悬空，安全工作缺失缺位。施工单位严重违反《安全生产法》《建筑法》等法律法规规定，允许没有资质的、不具备安全管理能力的“包工头”非法挂靠，没有安排有资质和专业能力的人员跟进管理，导致施工管理混乱，盲目蛮干，在未取得施工许可情况下违规开工。公司三级安全教育培训记录造假，未组织员工进行考核；公司安全生产检查台账记录造假；已制定公司安全生产支出、提取计划，但未能提供安全生产支出、提取有关凭证。监理单位极度不负责，监理工作形同虚设，安排无资质人员负责监理，发现问题也不及时按规定报告处理。设计单位对属于危大工程的项目没有列入清单，也未技术交底；审图单位把关不严，没有发现上述严重问题。建设单位作为机关单位，不落实党政领导干部安全生产管理责任，不明确各级工作人员安全职责，未取得《建设工程规划许可证》《建筑工程施工许可证》就先行建设，盲目追求进度，对施工、监理各方违法和失职行为失察。

(2) 参建各方无知无能，蛮做盲干。参建各方对危大工程认知不足，危大工程被当作一般工程对待，以致重大安全隐患一直存在而得不到整改。施工单位严重违反安全生产法律法规规定，中标单位建恒公司缺乏对法律敬畏，违法违规允许没有资质的“包工头”挂靠，导致层层违法转包、分包等问题，该工程项目开始网上招标时，挂靠人员通过非法的方式，邀请5家建筑公司参加陆河看守所项目的投标，约定谁中标就挂靠谁。挂靠人员再将该工程转包给“包工头”杨某平，由杨某平（该工程项目施工的实际控制人）组织施工队进行实施，杨某平将外架项目分包给“小包工头”吴某旺，由吴某旺聘请施工队实施。杨某平和吴某旺的名下均未注册登记公司，没有相关施工资质、安全管理机构、专职安全员，未开展安全教育培训，所聘请的人员部分没有相关作业资质。“包工头”杨某平中专毕业，吴来旺只有初中文化程度，均不具备任何相应执业资格和管理能力，以致施工现场安全管理机构形同虚设，安全管理混乱，施工前没有方案交底、没有技术交底，对施工人员没有教育培训。施工中为“节约成本”，对进场脚手架材料没有按规定进行检测而直接使用，违规直接使用外脚手架作为模板支撑体系，未增设加固立杆且未与已完成施工的建筑结构形成有效的拉结。野蛮施工，未按要求先浇结构柱，待其强度达到75%及以上后再浇筑天面构架及挂板混凝土，且未设置防止天面构架模板支撑侧翻的可靠拉撑。监理单位工作形同虚设，弄虚作假，不履职、不尽责，工作制度不落实，没安排专业监理工程师、监理员驻场履职，聘请未具备相关资质人员从事监理活动。对发现施工单位存在的问题不监督整改，不向建设单位报告。严重违反安全生产法律法规和有关规定，在该项目不具备开工条件的情况下签发工程开工令，未按要求对混凝土模板验收进行验收，不组织图纸会审。设计单位业务能力差，对应该列入危大工程设计清单的部位没按要求列入，审图单位也没有审查到位，在事故发生后还认为事故发生部位不属于危大工程范围。

（3）党委政府落实安全生产责任制不严不实。陆河县委未认真贯彻落实党的安全生产方针政策和安全生产“党政同责、一岗双责、齐抓共管、失职追责”的要求，未能严格坚守发展决不能以牺牲人的生命为代价这条不可逾越的红线，重发展轻安全不同程度的存在，未能认真落实党委政府领导责任，未有效督促陆河县政府及有关部门严格履行安全生产职责。陆河县政府和相关部门的领导没有牢固树立安全发展理念，没有严格落实“管行业必须管安全、管业务必须管安全、管生产经营必须管安全”的要求，对安全生产工作不够重视，对安全风险认识不足，未按规定进行监督管理，未有效督促指导有关职能部门严格落实对建筑施工的安全监管职责。

（4）监管机制不完善，监管职责未有效落实。陆河县看守所项目作为重点建设工程，采取边建边办理手续，县政府多次召开会议研究，也提出住建部门要加强安全管理方面的要求，相关监管部门会议上没有提出异议，但实际工作中却以没办好正式手续为由，不纳入监管。县公安局作为建设单位，没有办好手续就先行建设，本应更加严格安全管理的，但却对安全生产工作放任不管，对施工、监理工作没任何监督，对监管部门要求开展隐患排查工作置之不理，对涉事工地施工单位项目经理长期不在岗、安全管理混乱、档案资料弄虚作假等现象失管失察。县政府有关领导存在重视推动进度，对工程建设风险认识不足，没有严格要求住建部门和建设单位抓好安全监管，以致监管职责悬空。

一案五问一改变

1. 我对该事故的最深感触是什么？

2. 如果该事故中暴露的问题就出现在我身边，我该怎么办？

3. 如果该事故就发生在我身上，我的亲人和朋友会如何？

4. 我从该事故中汲取了什么教训？

5. 学习事故案例后我最想对同事和亲人说什么？

为避免同类事故，在今后的工作中我将做出以下改变：

大连市旅顺口区蓝湾三期工地“10·8”重大施工坍塌事故案例[①]

2011 年 10 月 8 日 13 时 40 分左右，大连市旅顺口区蓝湾三期住宅楼工程在地下车库浇筑施工过程中，发生模板坍塌事故，造成 13 人死亡、4 人重伤，1 人轻伤，直接经济损失 1237.72 万元。

一、事故经过

2011 年 10 月 2 日，大连阿尔滨集团有限公司一分公司木工班班长张某军带领全班（50 人左右）人员，开始搭设蓝湾三期 1 轴—3 轴交 M—R 轴（模板坍塌区域）地下车库模板支架，10 月 4 日完成。10 月 5 日由一分公司钢筋班班长殷某欣带领 20 名钢筋工开始绑扎钢筋，10 月 7 日钢筋绑扎工作结束。

10 月 8 日 6 时上班后，按照项目生产负责人赵某艺的安排，7 时左右木工班长郭某明安排木工宁某波、任某法、王某春、孟某成、管某坤等 5 名工人，在模板下检查模板和堵漏工作；同时，混凝土班班长韩某富带领 21 名工人在模板上进行混凝土浇筑施工。浇筑的顺序为剪力墙、柱帽，最后浇筑顶板。上午 10 时 30 分左右，有人发现浇筑区北侧剪力墙底部模板拉结螺栓被拉断，发生胀模，混凝土外流。韩某富带领力工张某全、李某伟、刘某利、初某光、景某生、才某春、郑某杰等 8 人，会同已经在胀模处的 5 名木工班工人，共同清理混凝土和修复胀模。由于胀模、漏浆严重，木工管某坤打电话给班长郭某明要求增派人员，因郭某明在 7 号楼工地，不在该施工现场，便让管某坤找木工任某法解决，随后，任某法打电话找来电焊工杨某宝、木工任某芹、吕某业、代某华、曾某珠、

① 资料来源：辽宁省应急管理厅．大连市旅顺口区蓝湾三期工地“10·8”施工坍塌重大事故调查报告［EB/OL］．（2012-12-05）［2023-06-19］．https：//yjgl. ln. gov. cn/yjgl/xxgk/zwgkzdgz/aqsczdlyxxgk/sgdccl/1D2E40972AEB4C15B8A0A9CFD7E2C921/index. shtml.

秦某等6人一起参与地下室剪力墙的清理和修复工作。为修缮胀模模板，清运混凝土，韩某富等人在模板支架间从胀模处向东，清理出两条可以通过独轮手推车的通道，拆除了支撑体系中的部分杆件，使用独轮手推车外运泄露的混凝土。

与此同时，模板上部继续进行混凝土浇筑施工，13时40分左右，当混凝土浇筑完成约400 m^2 时，顶板作业的工人只感觉一震，已经浇筑完的400多平方米顶板混凝土瞬间整体坍塌，钢筋网下陷，正在地下室进行修复工作的19名工人中，有18人瞬间被支架和混凝土掩埋，1名电工不在坍塌区域。

事故发生后，企业立即组织自救并向相关部门报告，同时向110指挥中心报警（接警时间为13时59分）。

现场自救人员在第一时间救出2人，专业救援队伍接警12 min到达现场后，将210名公安、消防和医护人员分成4个小组，实施不间断救援，在市、区两级政府的指挥和相关企业积极配合下，截至10月10日4时45分，搜救出全部遇难和受伤人员。5名伤者救出后及时用120急救车送往医院，得到有效治疗。

二、事故直接原因

由于浇筑剪力墙时发生胀模，现场工人为修复剪力墙胀模，清运泄漏混凝土，随意拆除支架体系中的部分杆件，使模板支架的整体稳定性和承载力大大降低。在修缮模板和清运混凝土过程中，没有停止混凝土浇筑作业，在混凝土浇筑和振捣等荷载作用下，支架体系承受不住上部荷载而失稳，导致整个新浇筑的地下室顶板坍塌。

三、责任追究

（一）对有关责任者的处理建议（20人）

韩某富，大连阿尔滨集团建筑公司一分公司蓝湾项目部混凝土班班长。作为B－1号地下车库顶板浇筑混凝土班长，未按照规定组织班前技术和安全交底，在组织工人修缮模板和清运混凝土过程中，没有停止混凝土浇筑作业，指使工人在模板支架间从胀模处向东清理出两条独轮手推车通道，用于清运胀模的混凝土，并拆除了支撑体系中的部分杆件，破坏了模板支撑体系的稳定性，降低支架的承载能力，直接导致了事故的发生，是这起事故发生的直接责任人，鉴于其在事故中已死亡，免于追究责任。

赵某艺，大连阿尔滨集团建筑公司一分公司蓝湾项目部生产负责人。作为生产负责人对B－1号地下车库模板支护没有按照施工方案组织工人施工，对模板支护未按规定报验，混凝土浇筑施工也未按照规定向监理报告，模板支护和混凝土浇筑未按照要求组织专项施工技术和安全交底，对现场施工作业没有实行统一的指挥协调，致使施工现场作业安全管理工作混乱，交叉作业。其行为违反了《安全生产法》第三十八条的规定，对这起事故发生负有主要责任，建议司法机关依法追究其刑事责任。

张某君，大连阿尔滨集团建筑公司一分公司副总经理。作为一分公司全面负责建筑项目施工、安全、质量管理工作的负责人，未认真履行安全生产管理责任，对主管工作监督检查不力，疏于管理；对蓝湾项目经理陈某未到职履责情况听之任之，指派无项目经理资格证的赵某艺作为现场生产负责人，项目部安全管理机构不健全，专职安全员配备不足，职工的安全教育培训制度不落实，无证上岗、违章作业现象严重，项目安全管理混乱。其行为违反了《安全生产法》第八十一条的规定，对这起事故发生负有主要责任，建议司法机关依法追究其刑事责任。

郑某升，大连辽贸建设监理有限公司项目总监。作为蓝湾三期项目总监，没有认真贯彻落实《安全生产法》《建设工程安全生产管理条例》等法律法规，对施工项目监理工程的监督检查不力。在对 B－1 号地下车库施工监理过程中，未依法履行总监的职责，发现施工单位未按施工方案施工时，未加以制止，对模板支护和浇筑混凝土施工未组织旁站。对施工单位 B－1 号模板支护未报验就擅自施工的违规行为，没有履行监理单位的职责，其行为违反了《建设工程安全生产管理条例》第五十七条的规定，对此次事故的发生负有主要责任，建议司法机关依法追究其刑事责任。

席某江，大连阿尔滨集团建筑公司一分公司安全部长。未认真落实安全管理制度，对所属安全员履职督促检查不力，在不具备专业技术资格的条件下，利用 PKPM 软件编制《旅顺郭水路小孤山地段（蓝湾三期）B－1 号模板施工方案》，该方案存在一定缺陷，对这起事故发生负有一定责任。其行为违反了《安全生产法》第三十八条的规定，依据《安全生产违法行为行政处罚办法》第四十四条第一款的规定，建议处 7000 元人民币的罚款。

陈某，大连阿尔滨集团建筑公司一分公司蓝湾项目部经理。将一级建造师证注册在阿尔滨集团建筑公司并获取报酬，未按规定在注册单位工作，作为蓝湾项目部经理，也未到职履责，对这起事故负有一定责任。根据《建设工程安全生产管理条例》和《住房城乡建设部关于进一步做好建筑生产安全事故处理工作的通知》要求，建议建设行政主管部门依法吊销其执业资格证书。

赵某科，大连阿尔滨集团建筑公司一分公司总经理。作为一分公司安全管理第一责任人，该公司安全制度不落实，安全管理混乱，监督管理不到位，对这起事故发生负有重要领导责任。由于该人未依法履行安全生产管理职责，导致事故发生，其行为违反了《安全生产法》第十七条的规定，依据《安全生产法》第八十一条第二款的规定，建议处以15万元人民币的罚款。

于某林，大连阿尔滨集团有限公司安全部长兼建筑公司副总经理。没有认真贯彻落实《安全生产法》《建设工程安全生产管理条例》等法律法规，未建立建筑施工企业负责人及项目负责人施工现场带班制度，对公司所属项目部监督检查不到位，对蓝湾三期项目部安全生产制度不健全和安全生产措施不落实的问题失察，对此次事故的发生负有一定责任。其行为违反了《安全生产法》第十七条的规定，依据《安全生产法》第八十一条第二款的规定，建议处以15万元人民币的罚款。

陈某峰，大连阿尔滨集团有限公司副总经理兼建筑公司总经理。作为集团建筑公司主要负责人，没有认真贯彻落实《安全生产法》《建设工程安全生产管理条例》等法律法规，未建立建筑施工企业负责人及项目负责人施工现场带班制度，对蓝湾三期项目经理陈某未到职履责问题失察，对此次事故的发生负有主要领导责任。该人未依法履行安全生产管理职责，其行为违反了《安全生产法》第十七条的规定，依据《安全生产法》第八十一条第二款的规定，建议处以15万元人民币的罚款。

王某，大连阿尔滨集团有限公司总经理，中共党员。没有认真贯彻落实《安全生产法》《建设工程安全生产管理条例》等法律法规，未建立建筑施工企业负责人及项目负责人施工现场带班制度，对此次事故的发生负有领导责任。该人未依法履行安全生产管理职责，其行为违反了《安全生产法》第十七条的规定，依据《安全生产法》第八十一条第二款的规定，建议处以15万元人民币的罚款。

赵某阳，大连阿尔滨集团有限公司董事长，法定代表人。没有认真贯彻落实《安全生产法》《建设工程安全生产管理条例》等法律法规，未建立建筑施工企业负责人及项目负责人施工现场带班制度，对此次事故的发生负有一定领导责任。该人未依法履行安全生产管理职责，其行为违反了《安全生产法》第十七条的规定，依据《生产安全事故报告和调查处理条例》第三十八条的规定，建议处以上一年年收入60%的罚款。

张某革，大连辽贸建设监理有限公司监理员。作为蓝湾三期项目B－01号地下车库现场监理员，未依法履行监理的义务和责任，对施工现场巡视不到位，看到模板支护施工时未到现场，未对模板支护和浇筑混凝土施工作业进行旁站，未能及时发现和制止施工现场存在的安全隐患，工作严重失职，对此次事故的发生负有重大责任。其行为违反了《安全生产法》第五十一条的规定，《安全生产违法行为行政处罚办法》第四十四条第一款规定，建议处以5000元人民币的罚款。

徐某民，大连辽贸建设监理有限公司总经理。是本公司安全生产第一责任人，没有认真贯彻落实《安全生产法》《建设工程安全生产管理条例》等法律法规，放松对施工项目监理工程的管理，对该施工项目督促检查不力，对此次事故的发生负有主要领导责任。其行为违反了《安全生产法》第十七条的规定，依据《安全生产法》第八十一条第二款的规定，建议处以15万元人民币的罚款。

任某义，中共党员，大连市旅顺口区城市建设管理局建筑管理处建筑市场管理科科长，具体负责辖区内建筑行业安全生产监督管理等工作。存在监督检查不到位的问题，对事故发生负有重要责任，建议给予行政撤职、党内严重警告处分。

蒋某良，中共党员，大连市旅顺口区城市建设管理局建筑管理处主任，兼工程质量监督站和建筑工程安全监督站站长。负责辖区内建筑行业安全生产管理、工程质量管理等全面工作，分管建筑市场管理科。存在相关政策法规落实不到位、对分管工作要求不严等问题，负有主要领导责任。建议给予行政记大过处分，免去大连市旅顺口区城市建设管理局建筑管理处主任，工程质量监督站和建筑工程安全监督站站长职务。

田某琳，中共党员，大连市旅顺口区城市建设管理局局长，负责辖区内建筑行业管理的全面工作。存在相关政策法规落实不到位、对分管工作要求不严等问题，负有重要领导责任。建议给予行政记大过处分。

孙某平，中共党员，大连市旅顺口区人民政府副区长，分管旅顺口区城市建设管理局工作，对此次事故发生负有重要领导责任。建议给予行政记过处分。

林某强，中共党员，大连市城乡建设委员会建筑安全监督管理站监督一科科长，负责各区市县建筑行业安全生产的监督管理工作。对行业安全监管和监督检查不到位等问题负有主要责任。建议给予行政记大过处分。

王某琴，中共党员，大连市城乡建设委员会建筑安全监督管理站副站长，分管全市建筑行业安全生产管理工作。对分管全市建筑行业安全生产管理工作负有重要领导责任。建议给予行政记过处分。

柳某杰，中共党员，大连市城乡建设委员会建筑安全监督管理站站长，负责建筑安全监督管理站的全面工作。对此次事故发生负有主要领导责任。建议给予行政记过处分。

对大连阿尔滨集团建筑公司一分公司蓝湾项目部木工班班长张某军、郭某明，大连阿尔滨集团建筑公司一分公司蓝湾项目部安全员夏某斌、张某允，违反安全生产规章制度的行为，根据《安全生产法》第九十条规定，由大连阿尔滨集团有限公司给予批评教育，依照有关规章制度给予处分。

（二）对有关责任单位处理意见

大连阿尔滨集团有限公司。该公司未认真落实企业安全生产主体责任，未建立建筑施工企业负责人及项目负责人现场带班制度，未能履行安全生产协调、统一管理责任，对所属项目部监督检查不力，项目部安全制度不健全、安全措施不落实、职工安全教育培训不到位，其行为违反了《安全生产法》第十七条和《建设工程安全生产管理条例》第二十一条、第二十六条的规定，在这起事故中负有责任，依据《生产安全事故报告和调查处理条例罚款处罚暂行规定》第十六条第一款第（一）项之规定，建议处以90万元人民币罚款。依据《建筑业企业资质管理规定》和《施工总承包企业特级资质标准实施办法》的规定，建议建设行政主管部门暂缓大连阿尔滨集团有限公司建筑施工总承包企业特级资质审批，暂扣其安全生产许可证90日，责令限期整顿。

大连辽贸建设监理有限公司。该公司对施工项目监督检查不力，发现施工单位未按施工方案施工时未加以制止；对施工单位B－1号模板支护未报验就擅自施工的违规行为，没有履行监理单位的职责，未能及时发现和制止施工现场存在的不安全隐患。其行为违反了《建设工程安全生产管理条例》第十四条的规定，依据《建设工程安全生产管理条例》第五十七条的规定，建议建设行政主管部门责令辽贸建设监理有限公司停业整顿，并处30万元人民币罚款。

四、防范措施

（1）大连阿尔滨集团有限公司要认真吸取事故教训，落实“安全第一，预防为主”的方针，举一反三，认真查找和解决安全管理工作中的漏洞，确保安全施工。并着力做好以下几项工作：解决好企业生产规模迅速扩大，安全技术管理如何与之相适应的问题。强化安全队伍建设，配备与生产规模相适应的安全生产机构和安全员，施工工地要按规定配备专职安全员；落实从业人员安全生产培训教育，从反“三违”入手，规范从业人员的安全生产行为，提高技术水平和安全防范意识，杜绝盲目施工和“三违”现象发生，形成人人都按规定要求进行管理和施工作业；全面落实企业安全生产主体责任。

（2）大连辽贸建设监理有限公司要认真贯彻落实《安全生产法》《建设工程安全生产管理条例》等法律法规，切实履行对所承包工程的监理职责，加强对监理人员的管理和监督检查，加强对施工过程中重点部位和薄弱环节的管理和监控；要加强对监理人员安全意识和责任意识的教育，增强监理人员的责任感，真正负起监理职责；要细化监理职责，强化考核，制定切实可行的措施，保证监理人员能及时发现和制止施工现场存在的安全隐患。

（3）大连市建设行政主管部门要立即对全市建筑施工现场组织开展一次安全生产专项检查，重点检查项目安全管理制度落实情况、项目经理履职情况、领导带班制度执行情况、模板支护和浇筑混凝土施工作业的安全管理情况，对存在严重事故隐患和问题的施工现场，该查封的必须查封，绝不姑息；要研究制定长效机制，确保安全生产法律法规和规章制度落实到位；要监督建筑施工企业和监理单位落实安全生产主体责任，建立健全安全生产责任制。加强对施工现场的监督检查，严肃查处建筑领域安全生产的违法违规行为。

（4）大连市人民政府要立即组织召开建设系统事故现场会，吸取事故教训，举一反三。要在总结分析“10·8”模板坍塌事故暴露出的问题基础上，制定深化打非治违及隐患排查治理的指导意见；要求相关部门把落实企业主体责任工作当成一件大事来抓，真正把企业主体责任落到实处；要从建设安全保障型城市的目标高度，做好安全风险评估，加强城市安全风险管理，加强安全监管机构和队伍建设，完善或设置行业安全监管机构，配备专业人员、设备和交通工具，推进安全生产管理工作规范化。

一案五问一改变

1. 我对该事故的最深感触是什么？

2. 如果该事故中暴露的问题就出现在我身边，我该怎么办？

3. 如果该事故就发生在我身上，我的亲人和朋友会如何？

4. 我从该事故中汲取了什么教训？

5. 学习事故案例后我最想对同事和亲人说什么？

为避免同类事故，在今后的工作中我将做出以下改变：

天津市地铁4号线登州南路站“10·12”较大坍塌事故案例[①]

2021年10月12日15时35分左右，位于东丽区津滨大道与登州南路交口的地铁4号线南段土建第6合同段登州南路站南侧附属结构A2出入口及2号风亭工程，在地连墙凿除过程中发生冠梁及部分地连墙失去支撑而失稳下滑侧移，导致冠梁上部的砖砌挡水墙及部分土方掉落在附属结构顶板、通道和新风井内，砸中通道及新风井内正在进行清理作业的工人，造成4人死亡、1人轻伤，直接经济损失（不含事故罚款）667.6万元。

一、事故经过

2021年7月，在附属结构基坑第一道支撑施工时，为了防止边坡土体滑落，宣通公司在之前已凿除的7 m冠梁处浇筑了素混凝土护坡，并在整体冠梁上方砌筑了红砖挡水墙（高1 m，厚0.24 m），然后进行基坑开挖工作。

2021年8月25日，登州南路站南侧附属结构基坑开挖到底后，为了使附属结构顶、底板与车站主体结构连接，隧道公司安排中亚世纪公司（陈某施工队）开始跳仓凿除附属结构与车站主体结构之间的原车站主体基坑围护结构地连墙，一共凿开5个孔洞（自西向东宽度分别为7.7 m、6.6 m、5.06 m、9.1 m、8.1 m，高度均为6.45 m），预留包括两侧在内的6个临时支撑地连墙（自西向东宽度分别为4.4 m、7.81 m、4.91 m、3.22 m、4.1 m、2.6 m，高度均为6.45 m），作为上部冠梁及地连墙的支撑。

2021年10月初，宣通公司在3号临时支撑地连墙西侧约3 m位置、3号与

① 资料来源：天津市应急管理局．地铁4号线登州南路站“10·12”较大坍塌事故调查报告［EB/OL］.（2022-03-25）［2023-06-18］. https://yjgl.tj.gov.cn/ZWGK6939/SGDCBG354/202203/t20220325_5840095.html.

4 号临时支撑地连墙之间及 4 号与 5 号临时支撑地连墙之间设立三个混凝土临时支墩。10 月 7 日之后，中亚世纪公司（陈某施工队）陆续凿除东侧 3 个孔洞上部地连墙及冠梁。至事发前 10 月 11 日，4 号临时支撑地连墙已切割并清理完成，5 号和 6 号临时支撑地连墙正在切除。

2021 年 9 月底，施工单位安排张某均队伍，开始凿除西段 1 号和 2 号临时支撑地连墙。其中 1 号临时支撑地连墙在 9 月 29 日至 10 月 10 日之间凿除；2 号临时支撑地连墙于 9 月 29 日开始凿除，至事故发生时已凿除至底板上 1.5 m 处。

10 月 11 日，中亚世纪公司（陈某施工队）对 3 号临时支撑地连墙上部冠梁及地连墙开始凿除，12 日上午完成并割断连接钢筋。

2021 年 10 月 12 日 15 时 35 分左右，西端一幅地连墙从锁口管连接部位向下滑落，剩余冠梁及地连墙随即下落，位于冠梁上部的砖砌挡水墙掉落在附属结构顶板、通道和新风井内，砸中通道和新风井内正在进行清理作业的邢青明施工队作业人员。

二、事故直接原因

西侧 27 m 地连墙及 20 m 冠梁下部的临时支撑墙被全部凿除、钢筋被切断，造成冠梁及部分地连墙失去支撑而失稳下滑侧移，导致冠梁上部的砖砌挡水墙及部分土方掉落在附属结构顶板、通道和新风井内，砸中通道及新风井内正在进行清理作业的工人，是导致本次事故的直接原因。

三、责任追究

（一）刑事责任追究情况（7 人）

张某军，隧道三分公司经理兼项目经理，因涉嫌重大责任事故罪，于 2021 年 11 月 19 日被批准逮捕。

于某伟，隧道三分公司施工员，因涉嫌重大责任事故罪，于 2021 年 11 月 19 日被批准逮捕。

徐某，隧道三分公司副经理，因涉嫌不报、谎报安全事故罪，于 2021 年 11 月 19 日被取保候审。

郭某林，隧道公司党委书记、董事长，因涉嫌不报、谎报安全事故罪，于 2021 年 11 月 10 日被取保候审。

索某伟，隧道公司总经理，因涉嫌不报、谎报安全事故罪，于 2021 年 11 月 10 日被取保候审。

马某侨，隧道公司副总经理，因涉嫌不报、谎报安全事故罪，于2021年11月10日被取保候审。

邢某明，施工队负责人，因涉嫌重大责任事故罪，于2021年11月10日被取保候审。

（二）给予党纪政务处分和组织处理人员

1. 隧道公司（4人）

郭某林，男，中共党员，隧道公司党委书记、董事长，作为公司法定代表人，履行主要负责人安全生产职责不力，对事故发生负有重要领导责任；对隧道公司参与五市政公司的违法分包活动负有重要领导责任；授意谎报事故，负有直接责任。建议给予撤销党内职务、政务撤职处分。

索某伟，男，中共党员，隧道公司总经理，作为公司总经理，履行主要负责人安全生产职责不力，对事故发生负有重要领导责任；对隧道公司参与五市政公司的违法分包活动负有重要领导责任；授意谎报事故，负有直接责任。建议给予撤销党内职务、政务撤职处分。

张某东，男，群众，隧道公司第6合同段项目安全负责人，未对相关施工人员进行安全教育培训，未及时发现事故隐患，对事故的发生负有直接责任。建议给予政务记过处分。

许某雨，男，群众，隧道公司第6合同段项目技术总工，对未按《凿除方案》施工的行为未予以制止，未对入场施工队伍负责人技术交底，对事故的发生负有直接责任。建议给予政务记大过处分。

2. 五市政公司（4人）

黄某军，男，中共党员，五市政公司董事长、法定代表人，未依法履行总承包单位对施工现场的管理职责，对项目部管理混乱、落实安全生产教育培训不到位、分包单位管理缺失等问题失察失管，违法将附属工程土建施工项目进行分包，对项目管理失职失责。建议给予政务记大过处分。

李某伟，男，中共党员，五市政公司总经理，未建立健全并落实本单位全员安全生产责任制，对项目部管理混乱、项目部对分包单位管理缺失等问题失察失管，对违法将附属工程土建施工项目进行分包未予纠正和制止，对项目管理失职失责。建议给予政务记大过处分。

常某元，男，中共党员，五市政五分公司负责人，实际履行项目经理职责，负责项目部全面工作，作为项目部实际负责人，无相应执业资格，未对分包单位进行统一协调管理，以包代管，未能及时发现并制止分包单位违反《凿除方案》进行施工及交叉作业问题，未组织人员对新入场施工人员进行技术交底和安全教育培训，对项目管理失职失责。建议给予撤销党内职务、政务撤职处分。

李某，男，中共党员，第6合同段工程项目经理，未实际从事项目管理工作，对新入场施工人员技术交底和安全教育培训管理不到位，对项目管理失职失责。建议给予政务记过处分。

3. 中咨公司（4人）

罗某，男，中共党员，中咨桥隧分公司党委书记、总经理，安全生产第一责任人，作为公司主要负责人，对监理第1合同段项目安全监督管理不到位，对事故发生负有重要领导责任。建议给予诫勉谈话处理。

李某刚，男，群众，监理第1合同段总监代表，未认真履行项目安全生产监理责任，对下属未按照《监理细则》要求检查总包单位对入场的施工人员技术交底和安全教育培训情况失察失管，未督促监理人员按规定履行现场监理职责，在发现施工人员未按照《凿除方案》实施作业的行为后未予以制止，在明知五市政公司违法分包的情况下，没有制止施工单位的违法行为，对事故发生负有直接管理责任。给予政务警告处分。

彭某，男，群众，监理第1合同段第6标段监理组组长，负责登州南路站监理组的日常工作，未按照《监理细则》要求，检查总包单位对入场的施工人员技术交底和安全教育培训情况，未严格督促监理人员按规定履行现场监理职责，在发现施工人员未按照《凿除方案》实施作业的行为后未予以制止，在明知五市政公司违法分包的情况下，没有制止施工单位的违法行为，对事故发生负有直接管理责任。建议给予记大过处分。

李某，男，群众，专业监理工程师，负责登州南路站巡查工作，未按照《监理细则》要求，检查总包单位对入场的施工人员技术交底和安全教育培训情况，未严格督促监理人员按规定履行现场监理职责，在发现施工人员未按照《凿除方案》实施作业的行为后未予以制止，在明知五市政公司违法分包的情况下，没有制止施工单位的违法行为，未及时发现问题并督促施工单位整改，对事故发生负有直接监理责任。建议给予记过处分。

4. 中煤中原公司（2人）

赵某合，男，中共党员，监理第1合同段总监理工程师，作为天津地铁4号线南段工程土建监理项目的负责人，在明知五市政公司违法分包的情况下，没有制止施工单位的违法行为；对中咨公司监理组未发现中亚世纪公司和隧道公司存在的问题失察失管，对事故的发生负有重要监理责任。建议给予诫勉谈话处理。

杨某，男，中共党员，监理第1合同段安全总监，对中咨公司监理组未发现中亚世纪公司和隧道公司存在的问题失察失管，对事故的发生负有主要监理责任。建议给予政务警告处分。

5. 城建集团公司（3人）

许某智，男，中共党员，城建集团公司党委书记、董事长，负责集团的全面工作，主持召开集团班子会，研究决定五市政公司将第6合同段剩余工程违法分包给隧道公司；城建集团对事故单位督促检查不力，许洪智对以上行为负有重要领导责任，建议给予警示谈话处理。

李某槐，男，中共党员，城建集团公司总经理助理，分管集团安全生产工作，执行集团领导及集团班子会的决定，对隧道公司以五市政公司的名义进行第6合同段附属工程的违法分包行为负有主要领导责任。建议给予政务警告处分。

张某承，男，中共党员，城建集团公司质量安全部部长，分管集团安全生产工作，对所属施工企业对分包单位未开展技术交底及安全培训教育的行为督促检查不力，对隧道公司以五市政公司的名义进行第6合同段附属工程的违法分包行为负有直接责任。建议给予诫勉谈话处理。

6. 市住房城乡建设委（2人）

王某，男，中共党员，市住房和城乡建设综合行政执法总队轨道交通工程执法支队检查一组组长（副科级），未能及时发现该支队检查一组执法人员日常检查执法中存在的工作不认真、不细致问题，未严格履行轨道交通工程安全生产行政执法工作职责，负有直接监管责任。建议给予诫勉谈话处理。

刘某昌，男，中共党员，2020年7月至2021年8月底任市住房和城乡建设综合行政执法总队轨道交通工程执法支队支队长，未能及时发现该支队检查一组执法人员日常检查执法中存在的工作不认真、不细致问题，未严格履行轨道交通工程安全生产行政执法工作职责，负有主要领导责任。建议给予批评教育处理。

四、防范措施

（1）城建集团公司及其下属隧道公司、五市政公司要切实落实施工单位主体责任，严守安全生产红线，依法依规开展项目建设施工。一是要严格落实施工企业安全生产主体责任，建立健全安全生产责任制和安全生产教育培训制度；二是要强化对工程项目部的管理，严格施工单位和人员的资格审核，相关负责人依法到岗履职，严禁“以包代管”，坚决杜绝出借资质、违法分包等行为的发生；三是要加强施工单位对施工现场的安全生产管理，严格按照工程设计图纸和施工技术标准、方案进行施工，强化对施工现场的统一协调管理，及时发现和消除事故隐患。同时，城建集团公司要对全市范围内所承担的建设工程项目开展专项安全检查，严格落实建设工程质量安全管理“十个必须”的要求。

（2）中煤中原公司、中咨公司要提高监理能力水平，落实安全生产监理责任。一是要规范配备与工程规模和技术要求相适应的监理人员；二是要加强对施工现场安全监管检查，严格按照项目监理细则中明确的施工安全监理措施实施监理，对不具备施工安全条件或者事故隐患未消除而进行施工的，应当要求施工单位进行整改或停工整改，并下发监理通知书，对拒不整改的，要及时向住房城乡建设管理部门进行报告；三是要分别对全市范围内所承担的建设工程项目开展专项安全检查，严格落实建设工程质量安全管理“十个必须”的要求。

（3）市住房城乡建设委要加大行政监管力度，进一步加强对本行业领域安全生产工作的监督管理。一是要深刻吸取事故教训，牢固树立科学发展、安全发展理念，切实贯彻“四铁”“六必”的要求；二是要严格落实安全生产监管职责，督促各责任主体落实安全责任，深入开展在建城市轨道交通工程“打非治违”，严厉打击出借资质、违法分包等行为，建立打击非法违法建筑施工行为专项行动工作长效机制，不断巩固专项行动成果，确保建筑安全生产监督检查工作取得实效；三是要在全市通报本起事故暴露的问题，开展警示宣传，督促各城市轨道交通施工单位以案为鉴、举一反三，强化安全意识，压实各环节责任，严格监管，坚决遏制事故发生。

一案五问一改变

1. 我对该事故的最深感触是什么？

2. 如果该事故中暴露的问题就出现在我身边，我该怎么办？

3. 如果该事故就发生在我身上，我的亲人和朋友会如何？

4. 我从该事故中汲取了什么教训?

5. 学习事故案例后我最想对同事和亲人说什么?

为避免同类事故，在今后的工作中我将做出以下改变：

11 月

晋城市宏圣北小区新建2号楼“11·4”施工升降机高处坠落较大事故案例①

2020年11月4日12时44分许，晋城市晋能控股煤业集团晋城煤炭事业部宏圣北小区2号楼新建住宅楼项目工地，发生了一起施工升降机高处坠落事故，造成3人死亡，直接经济损失428.08万元。

一、事故经过

2020年11月4日11时30分许，2号楼西侧吊笼施工升降机司机张某梅将施工升降机停靠在地面后下班休息，升降机处于待机状态。12时39分，方舟公司欧阳某某、欧阳某某和张某智3人进入施工现场，12时41分许，3人进入施工升降机西侧吊笼，自行操作施工升降机前往楼顶进行防水作业。12时44分许，施工升降机运行至24层以上，越过最高一道附着约1 m时，第7、8节（从上往下数）标准节连接螺栓失效，西侧吊笼连同上端7节标准节一起向西倾覆，从距地面约70 m高处坠落至地面炉渣堆上，造成3人死亡。

11月4日12时44分许，方舟公司工人李某买水回到现场后，发现升降机坠落，马上拨打了120救援电话，同时现场保安魏某也发现升降机坠落，立即向项目部安全负责人申某芳报告，申某芳接到事故报告后，立刻赶到现场指挥救援，并安排现场人员做好疏散人员、保护现场、排查隐患工作，防止次生灾害发生，随后又向项目经理屈某芳、建筑安装分公司经理李某进行了汇报，屈某芳、李某进、姜某红先后到达现场组织救援。12时52分，晋城大医院2辆120救护车到达事故现场，13时01分运送2名伤者。13时07分，晋城大医院第3辆120

① 资料来源：山西省应急管理厅．晋城市宏圣北小区新建2#楼“11·4”施工升降机高处坠落较大事故调查报告［EB/OL］．（2021－09－28）［2023－06－19］．http：//yjt. shanxi. gov. cn/jz/zfxxgk/fdzdgknr/gggs/202110/t20211023_2834191. shtml.

救护车到达事故现场，运走第3名伤者。李某进、姜某红、屈某芳负责医院伤者抢救工作，同时联络并安抚伤者家属。19时50分，3名伤者经抢救无效死亡。

21时许，铭基公司宏圣项目负责人梁某鹏向泽州县住建局安监站电话上报。22时许，宏圣北小区项目经理屈某芳分别向宏圣公司调度室、晋能控股煤业集团晋城煤炭事业部和铭基公司报告，并于23时许向泽州县应急局和市住建局进行汇报，事故迟报近8 h。

二、事故直接原因

第7、8标准节间东侧两条螺栓的螺母缺失，螺栓连接失效，施工升降机西侧吊笼从地面上升越过最高一道附着约1 m时，第8节以上自由端部分无法克服来自西侧吊笼的倾覆力矩，发生断裂性倾覆，是造成事故的直接原因。

三、责任追究

（一）建议移送司法机关处理人员（5人）

郑某峰，男，瑞圣达公司法人，伪造、出具虚假合格证明文件、特种设备备案证明，提供超期服役的设备用于生产，未取得安装资质违规安装设备，涉嫌重大责任事故罪，建议移送司法机关处理。

孙某国，男，百强公司业务员，无检验资格开展检测工作，伪造事故升降机《施工升降机监督检验报告》中检验员、审核员、批准人签字，出具虚假检测报告，涉嫌重大责任事故罪，建议移送司法机关处理。

赵某江，男，中富公司宏圣北区负责人，未取得建筑劳务资质，违法承揽工程；违法承包该项目大中型施工机械设备，租赁、使用不符合规定的施工升降机，安排未取得施工升降机特种设备操作资格证人员上岗作业，未履行设备维护保养安全职责。涉嫌重大责任事故罪，建议移送司法机关处理。

屈某芳，男，宏圣北小区项目部实际负责人，未审核安装单位资质证书、安全生产许可证和安装人员的特种作业操作资格证书；未指定专职设备管理人员、专职安全生产管理人员监督检查事故施工升降机安装、使用情况；事故施工升降机安装完成后未组织有关单位进行验收；未及时发现和整改事故施工升降机安装、使用过程中存在的隐患；对施工人员私自操作施工升降机的行为管控不力。涉嫌重大责任事故罪，建议移送司法机关处理。

申某芳，男，宏圣北区项目部安全负责人，日常安全检查流于形式，未审核施工升降机安装单位和安装人员资质、专项施工方案；未发现和整改事故施工升降机安装、使用过程中存在的隐患。涉嫌重大责任事故罪，建议移送司法机关处理。

（二）建议行政处罚的单位

瑞圣达公司。该公司作为施工升降机租赁公司和安装单位，违规将超过设计使用年限未评估、没有安全技术档案的施工升降机租赁给中富公司；伪造《建筑起重机安装告知资料》中的《建筑起重机械备案情况》、晋塔公司副总工刘晋亮签字、晋塔公司公章等签订《安装合同》《安全协议》办理安装告知表和使用登记表；冒用晋塔公司起重设备安装资质证书，派遣无建筑施工特种作业操作资格证人员进行违规安装、维护和保养。建议由晋城市应急管理局依据《安全生产法》第一百零九条的规定给予人民币柒拾万元罚款的行政处罚。

宏圣公司。该公司将使用大中型施工机械设备的业务违规分包给中富公司；未认真审核事故升降机相关资料造假的问题；未组织相关单位对施工升降机进行验收；未按规定履行事故升降机租赁、安装、验收、使用、维护保养的职责；备案项目负责人与实际项目负责人不符，且配备不具备资格人员担任项目负责人；未督促方舟公司、中富公司签订专门的安全生产管理协议，约定各自的安全生产管理职责；拒不执行监理部门下达的事故施工升降机停止使用指令；发生事故后未及时上报事故情况。建议由晋城市应急管理局依据《安全生产法》第一百零九条的规定给予处人民币壹百万元罚款的行政处罚。

中富公司。劳务分包公司（2 号楼施工升降机使用单位）违法出借资质；违法分包；租赁、使用不符合规定（限制使用）的施工升降机；未按规定履行设备维护保养和安全管理职责；安排未取得施工升降机特种设备操作资格证人员上岗作业。建议由晋城市应急管理局依据《安全生产法》第一百零九条的规定给予处人民币壹百万元罚款的行政处罚。

方舟公司。未建立安全生产责任制，未配备项目专职安全生产管理人员；未按照规定对欧阳三坦、欧阳洋洋、张立智（事故中 3 人均死亡）进行安全生产教育培训考核和日常用工管理；未与中富公司签订交叉作业专门的安全生产管理协议；防水施工人员违规操作施工升降机。建议由晋城市应急管理局依据《安全生产法》第一百零九条的规定给予处人民币柒拾万元罚款的行政处罚。

德宇公司。未认真审核事故升降机相关资料造假的问题；未按规定严格履行事故升降机租赁、安装、验收、使用、维护保养的监理职责；针对施工单位违规使用事故施工升降机的问题未能有效制止，未按规定向建设主管部门报告。建议依据《建设工程安全生产管理条例》第五十七条第（三）项的规定，由山西省住建厅报请住建部给予降低资质等级的行政处罚；依据《安全生产法》第一百零九条的规定，建议由晋城市应急管理局给予处人民币壹百万元罚款的行政处罚。

铭基公司。未认真履行建设单位安全管理职责，对施工总承包单位和监理单位管理不严格；对事故升降机使用登记资料审核流于形式、隐患整改不彻底。建议由晋城市应急管理局依据《安全生产法》第一百零九条的规定，给予处人民币柒拾万元罚款的行政处罚。

百强公司。作为事故升降机检测检验单位，违法安排无检测检验资质人员孙相国对事故施工升降机进行检测检验；违法编制、出具虚假施工升降机检测检验报告报告。建议依据《中华人民共和国特种设备安全法》第九十三条第（一）项、第（三）项的规定，由山东省市场监督管理局吊销起重机械检测机构资质；建议由晋城市应急管理局依据《安全生产法》第一百零九条的规定给予处人民币壹百万元罚款的行政处罚。

四、防范措施

（1）增强安全生产红线意识，坚守安全发展理念。各级党委政府要认真学习贯彻执行习近平总书记关于安全生产重要论述，牢固树立安全生产红线意识和底线思维。按照《山西省管行业必须管安全、管业务必须管安全、管生产经营必须管安全实施细则》的要求，严格落实企业安全生产主体责任，行业部门监管责任，党委政府领导责任。深刻汲取晋城市“11·4”事故教训，举一反三，有效防范化解各类安全生产风险，防止同类事故的发生，切实维护人民群众生命财产安全。

（2）强化部门安全监管职责，落实安全监管责任。按照山西省“安全生产专项整治三年行动计划”和“零事故”创建活动要求，一是住建部门要切实履行行业监管职责，督促各建筑企业认真落实安全生产主体责任，确保安全生产。二是要督促建设单位依法申请相关行政审批及施工许可证，办理安全监督和质量监督等备案手续，落实危险性较大工程安全措施。三是督促施工、工程监理等单位落实安全责任，加强对施工工程机械安装使用和拆除、特种作业人员持证上岗、“三违”等安全管理。四是强化执法监察，保持建筑行业领域打非治违高压态势，对未批先建等非法违法行为严厉打击。

（3）夯实企业安全生产基础，推动主体责任落实。一是建设单位要加强对施工单位、监理单位的安全生产管理，监督履行各自的安全生产管理职责。二是严格落实总承包单位施工现场安全生产总责，与相关分包单位签订的合同中要明确双方的安全生产责任，按要求配备相应的施工现场安全管理人员，将安全生产责任层层落实到具体岗位、具体人员。三是强化监理单位安全监理责任，完善相关监理制度，强化人员管理考核。严格对施工单位编制的专项施工方案、有关单位资质证书、人员操作证等进行审核和现场作业巡视检查，发现有违规行为应当给予制止，并向建设单位报告，施工单位拒不整改的应当向建设行政主管部门报告。

（4）开展建筑领域专项整治，规范特种设备管理。针对目前建筑起重机械安全管理存在的薄弱环节，一是要依法重点查处违法违规使用老旧设备、带病设备相关各方主体责任，规范安全使用行为；二是要规范管理建筑用特种设备租赁市场，整合管理水平差、不成规模租赁企业，提高准入门槛，对存在严重违法违规租赁企业坚决予以取缔；三是要加强检验检测单位监管，对存在出具虚假报告和严重失职的检验检测单位和人员依法严肃查处。

（5）注重安全教育培训效果，筑牢全员安全意识。一是要强化企业从业人员职业教育培训，针对主要负责人、安全管理人员和一线作业人员制定科学的培训计划，突出重点培训内容，增强应急演练的针对性，使从业人员能够熟悉安全生产知识和安全管理规章制度，熟练掌握岗位操作规程、熟知岗位存在的危险危害因素及防范措施，切实保证培训效果。二是结合事故案例，开展警示教育，讲职责、讲责任、讲技能，提高安全意识。三是严格遵守劳动纪律，杜绝“三违”现象，确保建筑施工安全生产。

一案五问一改变

1. 我对该事故的最深感触是什么？

2. 如果该事故中暴露的问题就出现在我身边，我该怎么办？

3. 如果该事故就发生在我身上，我的亲人和朋友会如何？

4. 我从该事故中汲取了什么教训？

5. 学习事故案例后我最想对同事和亲人说什么？

为避免同类事故，在今后的工作中我将做出以下改变：

聊城市高唐县尚品·福城三期项目“11·20”较大桩机倾倒事故案例[①]

2017年11月20日20时左右，高唐县尚品·福城三期项目2号楼，在进行打桩作业过程中桩机倾倒，砸中临近的施工现场员工宿舍板房，致板房坍塌，造成4人死亡，4人受伤，直接经济损失550余万元。

一、事故经过

2017年11月20日，高唐尚品·福城三期2号楼进行桩机打桩作业，参加打桩作业共有两个班组。13时30分，涉事班组接班上岗作业，现场参与作业的共有5人，孙某祥为施工队伍负责人，张某山负责桩机指挥，左某春负责地泵操作，王某峰负责桩机操作，李某星负责调整混凝土输送管。当晚19时左右完成基坑西侧打桩作业，然后向基坑东侧移动桩机，桩机移动到施工位置时，开始连接地泵向东侧输送混凝土的管，20时左右，当地泵与混凝土输送管即将完成连接时，桩机发生倾斜，随即向北倾倒，桩机钻臂上端砸中尚品·福城项目二期工程员工宿舍板房，上下两层板房同时被砸塌。

二、事故直接原因

施工项目非法建设、现场作业人员违章作业，施工人员在整体南高北低、未作处理的松软地面上进行桩基作业，且未对桩机钻杆上部存在的大量泥土进行清理，导致桩机重心偏高、失衡倾倒后砸塌员工宿舍板房。

---

① 资料来源：聊城市人民政府．聊城市东建基础工程有限公司高唐县尚品·福城三期项目“11·20”较大桩机倾倒事故调查报告［EB/OL］．（2018-06-04）［2023-06-18］．http：//yjj. liaocheng. gov. cn/channel_lc_syjjchannel20191122174851414321 6702/doc_644980bc86c922f698a364af. html.

三、责任追究

（一）建议移送司法机关人员（8人）

翁某盛，高唐县海盛置业有限责任公司工程部经理，尚品·福城项目桩基工程建设单位项目负责人，负责施工现场全面工作。在未取得建设工程规划许可证的情况下，为加快施工进度，催促施工单位进入现场开展桩基施工作业，强令他人违章冒险作业，对事故发生负有直接管理责任。根据《中华人民共和国刑法》第一百三十四条第一款，《最高人民法院、最高人民检察院关于办理危害生产安全刑事案件适用法律若干问题的解释》，涉嫌构成重大责任事故罪，建议移送司法机关，追究其刑事责任。

张某忠，高唐县海盛置业有限责任公司总经理，负责主持公司日常生产经营管理，在未取得建设工程规划许可证、未确定监理单位的情况下，为加快施工进度，要求施工单位进入施工现场进行非法建设，并且在先后两次收到高唐县城市管理局《责令停工通知书》后，拒不停止非法建设，对事故发生负有主要管理责任。根据《中华人民共和国刑法》第一百三十四条第一款，《最高人民法院、最高人民检察院关于办理危害生产安全刑事案件适用法律若干问题的解释》，涉嫌构成重大责任事故罪，建议移送司法机关，追究其刑事责任。

刘某勋，中共党员，高唐县海盛置业有限责任公司董事长，法定代表人，公司第一责任人，负责公司重大事项决策，未严格落实企业安全生产主体责任，对事故发生负有重要管理责任。根据《中华人民共和国刑法》第一百三十四条第一款，《最高人民法院、最高人民检察院关于办理危害生产安全刑事案件适用法律若干问题的解释》，《中国共产党纪律处分条例》第二十九条第一款，《生产安全事故罚款处罚规定》（试行）第三条、第十八条之规定，涉嫌构成重大责任事故罪，建议移送司法机关，追究其刑事责任，根据有关规定，按照管辖权限给予其党纪处分，由聊城市安全生产监督管理部门给予其处上一年年收入40%罚款的行政处罚。

王某峰，桩基工程现场桩机司机，负责桩机操作。未取得桩机操作证，违章从事桩机操作，对事故发生负有直接责任，事故发生后逃匿，拒不配合事故调查工作，目前已被公安机关控制。根据《中华人民共和国刑法》第一百三十四条第一款，《最高人民法院、最高人民检察院关于办理危害生产安全刑事案件适用法律若干问题的解释》，涉嫌构成重大责任事故罪，建议移送司法机关，追究其刑事责任。

张某山，桩基工程现场作业指挥人员，负责现场指挥桩机作业。未按照桩基工程施工作业操作规程进行指挥作业，对事故发生负有直接责任，事故发生后逃匿，拒不配合事故调查工作，目前已被公安机关控制。根据《中华人民共和国刑法》第一百三十四条第一款，《最高人民法院、最高人民检察院关于办理危害生产安全刑事案件适用法律若干问题的解释》，涉嫌构成重大责任事故罪，建议移送司法机关，追究其刑事责任。

孙某祥，桩基施工班组长，负责带领桩基施工工人进行打桩施工作业。未对打桩班组工人进行安全教育培训，且未对施工工人进行安全技术交底，没有就桩基工程施工作业操作规程向工人进行详细说明，雇用没有桩机操作证的人员从事桩机操作，对事故发生负有直接责任，事故发生后逃匿，拒不配合事故调查工作，目前已被公安机关控制。根据《中华人民共和国刑法》第一百三十四条第一款，《最高人民法院、最高人民检察院关于办理危害生产安全刑事案件适用法律若干问题的解释》，涉嫌构成重大责任事故罪，建议移送司法机关，追究其刑事责任。

陶某业，桩基工程施工现场项目负责人，组织桩基施工作业，负责安排工人进行现场桩基施工。在未取得相关执业资格情况下，租借聊城市东建基础工程有限公司资质违法承揽桩基工程，并将工程以劳务清包的形式发包给不具备资质的个人进行施工，未对施工过程进行现场管理，对事故发生负有直接管理责任，事故发生后逃匿，拒不配合事故调查工作，目前已被公安机关控制。根据《中华人民共和国刑法》第一百三十四条第一款，《最高人民法院、最高人民检察院关于办理危害生产安全刑事案件适用法律若干问题的解释》，涉嫌构成重大责任事故罪，建议移送司法机关，追究其刑事责任。

田某，聊城市东建基础工程有限公司执行董事、法定代表人。作为企业安全生产第一责任人，未认真履行对本单位安全生产管理职责，出租本单位地基基础工程专业承包资质，允许陶创业以本单位名义承揽工程，未指派专门安全生产管理人员对建设项目进行现场管理，对事故发生负有主要管理责任。根据《中华人民共和国刑法》第一百三十四条第一款，《最高人民法院、最高人民检察院关于办理危害生产安全刑事案件适用法律若干问题的解释》，涉嫌构成重大责任事故罪，建议移送司法机关，追究其刑事责任。

（二）建议给予党纪、政纪处分及行政处罚人员（6人）

赵某斌，中共党员，事业编制，高唐县城市管理局公建一大队队长，负责公建一大队全面工作。负责辖区内违章建设行为发现、制止、拆除和处罚。对非法建设行为查处不力，未能采取果断行政强制措施有效制止非法建设行为，对事故发生负有直接监管责任。根据《中国共产党纪律处分条例》第二十九条，《中华人民共和国安全生产法》第八十七条，《事业单位工作人员处分暂行规定》第十七条，《安全生产领域违法违纪行为政纪处分暂行规定》第二条、第八条之规定，建议由高唐县纪委、监察委给予其撤销党内职务、撤职处分。

郭某鹏，中共党员，事业编制，高唐县城市管理局公建一大队教导员，负责辖区内违章建设行为发现、制止、拆除和处罚。对该建设项目非法建设行为查处不力，未能采取果断行政强制措施有效制止非法建设行为，对事故发生负有直接监管责任。根据《中国共产党纪律处分条例》第二十九条，《中华人民共和国安全生产法》第八十七条，《事业单位工作人员处分暂行规定》第十七条，《安全生产领域违法违纪行为政纪处分暂行规定》第二条、第八条之规定，鉴于其没有党内职务，建议由高唐县纪委、监察委给予其党内严重警告、撤职处分。

潘某生，中共党员，高唐县城市管理局党组成员，对于分管的打击非法建设项目工作指导和监督不力，对事故发生负有监管主要领导责任。根据《中华人民共和国安全生产法》第八十七条，《中国共产党纪律处分条例》第二十九条，《行政机关公务员处分条例》第二十条，《中国共产党问责条例》第六条、第七条之规定，建议由高唐县纪委、监察委给予其党内严重警告、行政记大过处分。

张某伟，中共党员，高唐县城市管理局局长，负责高唐县城市管理局全面工作。未认真履行安全生产管理职责，对打击非法建设工作组织领导不力，对事故发生负有监管重要领导责任。根据《中华人民共和国安全生产法》第八十七条，《中国共产党纪律处分条例》第二十九条，《行政机关公务员处分条例》第二十条，《中国共产党问责条例》第六条、第七条之规定，建议由高唐县纪委、监察委给予其党内警告、行政记过处分。

刘某新，中共党员，人事代理身份，高唐县鱼丘湖街道办事处城建办主任，未严格落实协助上级有关部门做好限额以上建设工程质量安全监管工作的职责，对事故发生负有协管直接责任。根据《中国共产党纪律处分条例》第二十九条，《中华人民共和国安全生产法》第八十七条之规定，建议由高唐县纪委给予其党内严重警告处分；因其为人事代理身份，建议高唐县鱼丘湖街道办事处免去其高唐县鱼丘湖街道办事处城建办主任职务。

李某思，中共党员，高唐县鱼丘湖街道办事处城建工作分管负责人。未将协助上级有关部门做好限额以上建设工程质量安全监管工作的职责严格落实到位，对事故发生负有协管重要责任。根据《中华人民共和国安全生产法》第八十七条，《中国共产党纪律处分条例》第二十九条，《行政机关公务员处分条例》第二十条，《中国共产党问责条例》第六条、第七条之规定，建议由高唐县纪委、监察委给予其党内警告、行政记过处分。

（三）建议问责人员（1 人）

韩某民，中共党员，高唐县人民政府副县长，分管城建工作。未严格履行安全生产管理职责，对打击非法建设项目工作检查指导不到位，对事故发生负有监管领导责任，建议对其进行书面诫勉。

（四）建议给予行政处罚及问责单位

聊城市东建基础工程有限公司，违法将本单位地基基础工程专业承包资质租借给个人承揽工程，未指派专门安全生产管理人员对该建设项目进行现场管理，未编制桩基工程施工方案，未对工人进行安全教育培训和安全技术交底，对事故发生负有直接责任。根据《中华人民共和国安全生产法》第一百零九条，《生产安全事故报告和调查处理条例》第四十条，建议由聊城市建设行政主管部门对该企业出租资质的违法行为进行系统内通报，并报请上级主管部门吊销其地基基础工程专业承包资质证书，对其建筑施工总承包资质及安全生产许可证进行重新核定，并依法依规处理，由聊城市安全生产监督管理部门给予其处以 70 万元罚款的行政处罚。

高唐县海盛置业有限责任公司，在未取得建设工程规划许可证、建筑工程施工许可证的情况下，抢工期、赶进度，催促施工单位进入现场进行桩基施工作业，且在先后两次收到高唐县城市管理局《责令停工通知书》后，拒不执行行政指令，仍未按要求停工，继续进行非法建设；未按规定委托具有相应资质等级的工程监理单位进行监理；未与施工单位签订专门安全生产协议，约定各自的安全生产管理职责，未履行安全生产统一协调管理的职责，对事故发生负有直接责任。根据《中华人民共和国安全生产法》第一百零九条，《生产安全事故罚款处罚规定》（试行）第三条、第十五条，《生产安全事故报告和调查处理条例》第四十条，建议由聊城市建设行政主管部门吊销其房地产开发企业资质证书，由聊城市安全生产监督管理部门给予其处以 70 万元罚款的行政处罚。

高唐县城市管理局，作为承担打击非法建设行为的主要行政执法部门，对非法建设项目查处不力，未严格履行安全监管职责，对事故发生负有监管责任，建议责成高唐县城市管理局向高唐县人民政府做出书面检查。

高唐县鱼丘湖街道办事处，未严格落实协助上级有关部门做好限额以上建设工程质量安全监管工作，对事故发生负有一定的监管责任。建议责成鱼丘湖街道办事处向高唐县人民政府作出书面检查。

高唐县人民政府对安全生产工作领导不力，安全生产责任制没有真正落实到位，对鱼丘湖街道办事处、高唐县城市管理局安全生产工作督促指导不到位。建议由聊城市人民政府对高唐县“11·20”较大桩机倾倒事故进行警示通报，并责成高唐县人民政府向聊城市人民政府做出书面检查。

本次事故暴露出的根源性问题是建筑市场混乱，建设行政主管部门对非法建设、违法转包、分包等行为整治不力，对建筑业企业资质日常监管不到位，建议由聊城市人民政府对聊城市住房和城乡建设局进行通报批评，并责成高唐县住房和城乡建设局向高唐县人民政府作书面检查。

四、防范措施

（1）进一步落实企业安全生产主体责任。聊城市东建基础工程有限公司要立即停止违法建设行为，在吊销地基基础工程专业承包资质证书期间，严禁承揽地基基础工程进行施工。其他施工单位要认真吸取事故教训，举一反三，切实提高安全生产意识、健全安全管理机构，完善安全生产管理制度，规范安全生产管理行为，加强对施工现场的安全管理，配齐配足安全生产管理人员，全面落实安全生产主体责任，严禁出租资质证书。要强化从业人员的安全培训教育和安全技术交底，切实提高工人安全意识，施工作业前严格编制施工方案并按照作业安全规程进行施工作业，严禁违章作业。同时，组织人员对企业所有在建项目进行拉网式检查，及时消除事故隐患。

（2）规范建设行为。高唐县海盛置业有限责任公司要立即停止非法建设行为，在吊销房地产开发企业资质证书期间，严禁从事房地产开发活动。其他房地产开发企业要认真汲取事故教训，举一反三，进一步强化法律法规意识，严格规范开发建设行为，完善安全生产责任制，明确安全生产管理职责，严格落实各项安全生产管理措施，为施工单位提供符合安全生产条件的作业环境，加大对项目现场管控力度，严格审查施工单位相关资质及人员配备、专项施工方案、专业技术人员操作证件等情况。

（3）进一步强化安全生产监管责任和属地管理责任。高唐县人民政府要进一步明确各级各有关部门对建设工程的安全生产监管职责，高唐县城市管理局要进一步加大对非法建设行为的查处力度，第一时间采取断然措施，果断制止各类非法建设行为，同时，对辖区内建设行为开展全面排查，铁腕整治，严厉打击各类非法建设行为。鱼丘湖街道办事处要严格落实上级有关部门文件精神，严格落实辖区内建设工程质量安全协管职责，强化事故防范措施，认真履行安全生产监管职责。

（4）深刻吸取事故教训。高唐县人民政府应当加强对建设施工领域的检查指导，严格落实各级安全生产责任，不断强化“打非治违”工作力度。各级建设行政主管部门要切实抓好建筑工程质量安全治理提升三年行动，加大对建筑市场的整治力度，规范各方建设行为。全市各级各部门都要以这起事故为戒，根据《聊城市安全生产责任制规定》文件精神，严格按照市委、市政府各项部署要求，深刻吸取事故教训，举一反三，切实加强重点行业领域的安全生产组织领导，落实好属地管理责任和行业监管责任，及时消除安全生产监管工作中的盲区和空档，深入排查治理各类安全隐患，确保全市安全生产形势稳定。

一案五问一改变

1. 我对该事故的最深感触是什么？

2. 如果该事故中暴露的问题就出现在我身边，我该怎么办？

3. 如果该事故就发生在我身上，我的亲人和朋友会如何？

4. 我从该事故中汲取了什么教训？

5. 学习事故案例后我最想对同事和亲人说什么？

为避免同类事故，在今后的工作中我将做出以下改变：

金华经济技术开发区湖畔里项目“11·23”较大坍塌事故案例①

2021 年 11 月 23 日 13 时 20 分许，金华经济技术开发区在建工程湖畔里项目酒店宴会厅钢结构屋面在进行刚性保护层混凝土浇捣施工时发生坍塌事故，共造成 6 人死亡、6 人受伤，直接经济损失 1097.55 万元。

一、事故经过

2021 年 11 月 23 日 9 时许，湖畔里项目施工泥工班组长李某勇及工人何某良、王某平、李某牙等 11 名作业人员进行酒店宴会厅钢结构屋面 C20 细石混凝土刚性保护层施工，计划浇筑厚度为 50 mm，从⑩轴向⑯轴方向浇筑，采用汽车泵将混凝土输送至浇筑部位。13 时许，作业面上共有 13 人，其中 10 名泥工班组工人在⑫－⑯轴间进行混凝土浇捣作业，1 名工人在⑩－⑪轴屋面上准备磨光机收面工作，混凝土公司泵工王某在⑯轴位置遥控操作混凝土泵管下料，管理人员杜某龙在⑩轴北侧带班。13 时 20 分许，浇捣至⑫－⑯轴交－轴时，⑩－⑯轴交－轴钢结构屋面发生整体坍塌。事发时，王某迅速逃离至安全地带，杜某龙跌落在内脚手架上，其余 11 名工人从屋面坠落至三层楼面。

2021 年 11 月 23 日 13 时 20 分许，事故项目经理方某民和现场负责人宋某良看到宴会厅钢结构屋面发生坍塌后立刻拨打 110 报警电话，同时组织周边工人进行救援。110 指挥中心接到报警后立即启动应急响应。截至当日 15 时 52 分，现场共营救出 11 人立即送往医院救治。11 月 24 日 3 时 14 分许，最后一名被困工人在⑩－⑪轴现场找到，立即送往医院抢救。截至 11 月 25 日 10 时 36 分，

① 资料来源：金华市应急管理局．金华经济技术开发区湖畔里项目“11·23”较大坍塌事故调查报告［EB/OL］．(2022－01－26)［2023－1－06－16］．http：//yjglj.jinhua.gov.cn/art/2022/1/26/art_1229682538_58896488.html.

事故中共有6人经抢救无效死亡，6人在医院救治，无生命危险。

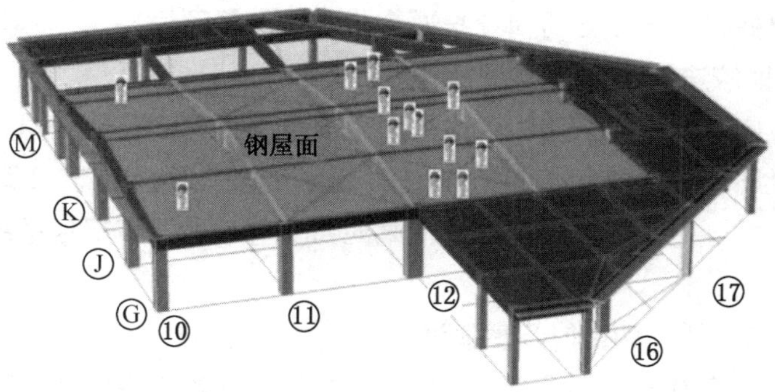

钢屋面及作业人员分布示意图

二、事故直接原因

屋面钢结构设计存在重大错误，结构设计计算荷载取值与建筑构造做法不一致，钢梁按排架设计，未与混凝土结构进行整体计算分析；未按经施工图审查的设计图纸施工，将钢结构屋面构造中20 mm厚水泥砂浆找平层改为50 mm厚细石混凝土，且浇筑细石混凝土超厚，进一步增加了屋面荷载。因上述原因造成钢梁跨中拼接点高强螺栓滑丝、钢梁铰接支座锚栓剪切和拉弯破坏，导致⑪、⑫轴二榀屋面钢梁坍塌。

三、责任追究

（一）建设单位有关人员（18人）

徐某普、杜某龙、王某军、宋某良、陈某、蒋某敏、朱某宝、张某、陈某红、朱某星、戴某剑、朱某亭，2021年12月8日以涉嫌重大责任事故罪被依法逮捕；钱某民、邵某存、方某民、徐某华、胡某军、胡某米，2021年12月8日以涉嫌重大责任事故罪被取保候审。

（二）对有关公职人员问责处理

对于在事故调查过程中发现的地方党委政府及有关部门等公职人员在履职方面存在的问题，金华市纪委市监委依规依纪依法组织开展审查调查，对10名责任人员作出追责问责处理。

（三）建议依法作出行政处罚的单位

由金华市应急管理局依法对中恒集团作出行政处罚；由金华市住房和城乡建设局依法对中恒集团、五洲公司、千城集团、合艺公司、九鹊工作室、华科图审中心作出行政处罚。行政处罚情况报送金华市应急管理局。

（四）建议依法作出行政处罚的责任人员

由金华市应急管理局依法对中恒集团主要负责人作出行政处罚；由金华市住房和城乡建设局依法对中恒集团、五洲公司、千城集团、合艺公司、九鹊工作室、华科图审中心有关责任人员作出行政处罚。行政处罚情况报送金华市应急管理局。

（五）对有关部门和单位问责建议

责成金华市建设局向金华市政府作出深刻检查；责成金华经济技术开发区管委会向金华市政府作出深刻检查；责成金华经济技术开发区建设局向金华经济技术开发区管委会作出深刻检查；责成金开产业集团向金华经济技术开发区管委会作出深刻检查；金华市安委会约谈市建设局、金华经济技术开发区管委会。

以上相关书面材料抄报金华市应急管理局。

四、防范措施

（1）强化安全发展理念。各级各部门要认真贯彻落实习近平总书记关于安全生产系列讲话和指示批示精神，坚守安全生产红线意识和底线思维，坚持人民至上、生命至上，以对党和人民高度负责的态度，织牢织密安全防控网，为全市经济社会高质量发展提供安全稳定的环境。金华经济技术开发区管委会要加强对辖区安全生产工作的统筹协调，按照“管行业必须管安全、管业务必须管安全、管生产经营必须管安全”的原则进一步明确国有开发主体和行业监管部门的建筑工程质量安全职责，进一步规范建设项目管理，杜绝未批先建、边设计边建设等不合规行为，确保安全生产责任制和各项安全监管措施落实到位。建设部门要认真履行行业监管职责，针对建筑业市场和施工领域存在的设计资质挂靠、工程转包、资料台账委托第三方制作等突出问题，研究落实对策措施，坚决遏制行业领域事故高发的势头。

（2）全面落实参建各方安全生产主体责任。一是压实建设单位首要责任。建设单位要严格执行国家法律法规和标准规范，健全落实项目法人责任制，建设单位工程质量首要责任。要加强对工程建设全过程的质量安全管理和对工程总包单位和监理（全过程咨询）单位履约合同情况的监督检查，加强施工全过程的统筹协调，及时解决施工过程中的各方面问题，保障施工安全。二是压实设计单位主体责任。设计单位要按照规定进行设计交底和图纸会审，做好设计服务，参与工程验收。要加强与施工单位的联系，及时解决施工过程中的设计问题，对采用特殊结构的建设工程应当提出保障安全和预防生产安全事故的措施建议。三是压实施工单位全面责任。施工单位对安全生产工作全面负责，要严格按照经图审的设计文件和强制性标准进行施工，编制并实施施工组织设计、专项施工方案，建立完善质量安全管理体系和质量安全管理机构，项目管理人员必须按照合同规定履约到岗。四是压实监理单位监督责任。监理（全过程咨询）单位要切实履行法律法规和合同约定的工作职责，加大对驻工地监理人员的考核，督促监理人员认真执行《建设工程监理规范》规定的职责。严格审查分包单位资质、各类施工组织设计、专项施工方案和验收资料。对施工过程中发现的转包、非法分包、人岗不符等违法违规行为，要及时严肃指出并督促整改，同时要将相关情况及时上报建设单位及行业主管部门。

（3）健全完善建筑领域体制机制。建设部门要规范建筑领域招投标市场，研究制订工程总承包招投标制度，正确引导工程总承包改革方向。要全面推行建筑领域双重预防机制落地，建立健全安全预防控制体系，强化落实危险源风险评估和危害辨识、风险分级、分色管控和隐患排查治理等工作制度，责任分级落实到人，实行隐患自查自纠闭环管理，进一步落实企业主体责任。要积极推进建筑安全责任保险制，强化事前风险防范，促使企业加大安全生产投入，加强安全生产管理工作，及时消除事故隐患，预防和减少各类生产安全事故的发生。数字赋能，推进“浙里建”数字化服务平台建设，实现企业自我管理与政府监督管理的标准统一、在线协同，形成管理合力，提升工程建设重大风险防范能力，筑牢建筑施工领域“智慧化安全防线”。按照《金华市建筑市场专项整治三年行动实施方案》要求，着力强化对建设、施工、监理、设计等单位的责任落实监管，严把关键环节关口，加大监管和事故责任查处力度，彻底排查多发事故和重大危险源以及重点薄弱环节，杜绝安全事故的发生。要切实加强执法监管力量建设。市建设局要加强对开发区建设局的业务指导，进一步优化案件移交流转程序，督促执法机构及时办理移交的案件，并及时告知处理结果。要积极引导监管执法力量下沉，配齐配强开发区监管执法力量，缓解开发区监管项目多监管力量薄弱的局面。开发区建设局要充分发挥第三方服务机构的专业优势，弥补监管执法力量的不足。

（4）严厉打击建筑领域违法违规行为。建设部门要切实加大监督检查和执法办案力度，重点打击工程项目和设计业务转包、非法分包、层层分包、肢解发包、工程技术资料造假等违法行为。强化行刑衔接和部门联合执法，出台相关工作机制文件，进一步形成执法合力，加大对建筑施工领域事故前重大违法行为的刑事追责力度。要充分发挥违法案例的警示教育作用，通过定期公布执法典型案例、召开警示教育现场会等形式，不断提高参建各方和参建人员的安全意识，严格按照法律法规和行业规范标准施工作业，切实做到依法安全建设。要敢于“动真碰硬”，提高执法的刚性，彻底扭转执法“宽松软”的局面。对于检查中发现的违法违规行为，发现一起查处一起，全市上下要迅速形成“从速从严”的整治氛围和“露头就打”的高压态势，切实消除建筑安全事故隐患。

一案五问一改变

1. 我对该事故的最深感触是什么？

2. 如果该事故中暴露的问题就出现在我身边，我该怎么办？

3. 如果该事故就发生在我身上，我的亲人和朋友会如何？

4. 我从该事故中汲取了什么教训？

5. 学习事故案例后我最想对同事和亲人说什么？

为避免同类事故，在今后的工作中我将做出以下改变：

北京市顺义区原板桥三期项目1号商务办公楼等12项工程“11·28”较大生产安全事故案例①

2020年11月28日13时23分许，位于顺义区赵全营镇的原板桥三期项目1号商务办公楼等12项（不含地下车库三段、四段、五段，以下简称1号商务办公楼等12项）工程施工现场，3号商务办公楼10层北侧卸料平台发生侧翻，造成3人死亡，直接经济损失482.76万元。

一、事故经过

2020年11月26日14时许，重庆圣华公司架子工班长王某朋在未进行方案交底和安全技术交底、无专职安全生产管理人员现场监督的情况下，组织人员将事发卸料平台由1号商务办公楼等12项工程3号商务办公楼9层提升至10层。卸料平台安装完成后，未按《专项施工方案》要求进行验收。

11月28日，事发工程施工现场的塔吊由于顶升作业，暂停对3号商务办公楼卸料平台堆放物料的转移吊运。12时许，重庆圣华公司木工组长向某武在塔吊暂停使用的情况下组织人员在3号商务办公楼10层进行脚手管拆卸作业，将拆下的脚手管码放在卸料平台上。13时23分许，卸料平台发生侧翻，平台上3名作业人员和脚手管坠落至地面。

13时27分许，现场人员拨打急救电话。13时31分许，顺义区120急救中心派出救护车前往事故现场。13时45分许，救护人员到达现场，确认从卸料平台坠落的3名作业人员已无生命体征。

---

① 资料来源：北京市应急管理局．顺义区原板桥三期项目1#商务办公楼等12项工程“11·28”较大生产安全事故调查报告［EB/OL］.（2021－07－05）［2023－06－19］. http：//yjglj.beijing.gov.cn/art/2021/7/5/art_7466_452.html.

二、事故直接原因

卸料平台严重超载是导致吊环螺杆过载脆性断裂的主要因素；卸料平台钢丝绳主绳与水平钢梁夹角过小、吊环未紧贴建筑结构边梁、悬挑长度略大等设计、安装不符合有关规定的情况导致卸料平台实际承载能力降低，是吊环螺杆断裂的次要因素；吊环材质、焊缝长度不满足设计要求，吊环存在焊趾凹坑、制作吊环时材质性能受损，吊环材料在低温下脆性增加等因素均进一步增加吊环螺杆脆性断裂的可能，在严重超载情况下吊环螺杆发生过载脆性断裂、引发卸料平台侧翻，作业人员未系挂安全带，从高处坠落，导致事故发生。

三、责任追究

（一）建议追究刑事责任的人员（10 人）

吕某航，建工国际公司事发工程项目经理。督促排查整改施工现场卸料平台超载使用问题不到位；未及时发现并督促整改卸料平台设计、安装、验收存在的问题；未监督检查事发工程安全生产教育培训、安全技术交底落实情况；未按照规定数量配备专职安全生产管理人员，未督促技术负责人到岗履职，对事故发生负有直接责任，涉嫌重大责任事故罪。2020 年 12 月 11 日，由顺义区人民检察院批准逮捕。

温某成，建工国际公司事发工程生产经理。督促排查整改施工现场卸料平台超载使用问题不到位，未及时发现并督促整改事发卸料平台安装、验收存在的问题，未严格督促落实事发工程安全生产教育培训、安全技术交底要求，对事故发生负有直接责任，涉嫌重大责任事故罪。2020 年 12 月 11 日，由顺义区人民检察院批准逮捕。

刘某月，建工国际公司事发工程安全主管。组织开展施工现场卸料平台超载使用问题排查整改不到位，未严格执行卸料平台安装、验收规定，未严格落实施工现场安全生产教育培训和安全技术交底要求，对事故发生负有直接责任，涉嫌重大责任事故罪。2020 年 12 月 11 日，由顺义区人民检察院批准逮捕。

王某，建工国际公司事发工程专职安全生产管理人员。未对卸料平台超载使用问题进行督促整改；对危险性较大的分部分项工程施工现场监督和安全巡视不到位；组织开展施工现场安全生产教育培训和安全技术交底不到位，对事故发生负有直接责任，涉嫌重大责任事故罪。2020 年 12 月 11 日，由顺义区人民检察院批准逮捕。

胡某强，建工国际公司借调人员、事发工程技术主管。未按相关规范标准要求设计卸料平台，设计存在钢丝绳主绳与水平钢梁夹角过小、卸料平台悬挑长度不符合有关规定等问题；未按照《专项施工方案》要求参与卸料平台提升、安装和验收工作；在《专项施工方案》审核和卸料平台安装验收文书中存在代替技术负责人签字的情况，对事故发生负有直接责任，涉嫌重大责任事故罪。公安机关已立案侦查，依法追究刑事责任。

陈某文，重庆圣华公司事发工程生产经理。督促排查整改施工现场卸料平台超载使用问题不到位；未按照《专项施工方案》要求督促检查卸料平台安装、使用前的检查验收；未按照相关要求监督检查安全生产教育培训、安全技术交底等制度落实，对事故发生负有直接责任，涉嫌重大责任事故罪。2020 年 12 月 11 日，由顺义区人民检察院批准逮捕。

孙某刚，重庆圣华公司事发工程专职安全生产管理人员。未及时消除施工现场卸料平台超载使用的安全隐患；未按要求组织开展安全生产培训教育和安全技术交底工作；未及时反映施工现场专职安全生产管理人员配备不足问题，对事故发生负有直接责任，涉嫌重大责任事故罪。2020 年 12 月 11 日，由顺义区人民检察院批准逮捕。

向某武，重庆圣华公司事发工程木工组长。未及时制止作业人员超过限制人数在卸料平台作业和超载使用卸料平台行为，未按照相关要求对作业人员进行安全教育和安全技术交底工作，对事故发生负有直接责任，涉嫌重大责任事故罪。2020 年 12 月 11 日，由顺义区人民检察院批准逮捕。

王某朋，重庆圣华公司事发工程架子工班长。未按照《专项施工方案》要求安装卸料平台；未进行安全技术交底即组织人员开展卸料平台安装施工，对事故发生负有直接责任，涉嫌重大责任事故罪。2020 年 11 月 29 日被顺义公安分局刑事拘留，2020 年 12 月 11 日取保候审。公安机关正在进一步侦查，依法追究刑事责任。

马某，顺金盛公司事发工程安全监理。未严格履行监理职责，未有效制止卸料平台超载使用的问题；对危险性较大的分部分项工程施工现场监督和安全巡视不到位，未及时发现和监督整改卸料平台安装、验收存在的问题；未有效监督施工单位落实安全生产教育培训要求，对事故发生负有直接责任，涉嫌重大责任事故罪。2020 年 12 月 11 日，由顺义区人民检察院批准逮捕。

（二）建议追责问责的人员（12 人）

高某，建工国际公司党委副书记、总经理。建议给予书面诫勉。

闫某，建工国际公司借调人员、事发工程技术负责人。建议给予书面诫勉。

李某，建工国际公司总工程师，主管技术质量工作。建议给予警告处分。

张某，建工国际公司安全总监、安全监管部部长。建议给予记过处分。

杜某，建工国际公司技术总监、技术质量部部长。建议给予记过处分。

谢某刚，建工国际公司事发工程项目部党支部书记。建议给予党内严重警告、政务降级处分。

乔某，顺金盛公司副经理，主管公司安全工作。建议给予警告处分。

茹某，顺金盛公司安全部部长。建议给予记过处分。

寇某忠，顺金盛公司事发工程总监理工程师。建议给予记大过处分。

付某颖，顺金盛公司事发工程总监理工程师代表。建议给予降级处分。

刘某云，顺义区建设工程安全监督站西片组组长。建议给予警告处分。

刘某楠，顺义区建设工程安全监督站执法检查人员。建议给予警告处分。

（三）建议给予行政处罚（处理）的人员和单位

曾某，建工国际公司法定代表人。未认真组织实施安全生产教育培训计划；对承建工程安全生产工作督促检查不到位，未及时发现并消除施工现场安全管理及卸料平台设计、安装、使用过程中存在的事故隐患，其行为违反了《中华人民共和国安全生产法》第十八条第（三）项、第（五）项的规定，对事故发生负有领导责任。依据《中华人民共和国安全生产法》第九十二条的规定，建议由应急管理部门给予其上一年年收入百分之四十罚款的行政处罚。

叶某军，重庆圣华公司法定代表人。未认真组织制定并实施安全生产教育培训计划；对分包工程安全生产工作督促检查不到位，未及时发现并消除卸料平台存在的事故隐患，其行为违反了《中华人民共和国安全生产法》第十八条第（三）项、第（五）项的规定，对事故发生负有领导责任。依据《中华人民共和国安全生产法》第九十二条的规定，建议由应急管理部门给予其上一年年收入百分之四十罚款的行政处罚。

王某军，顺金盛公司法定代表人。督促、检查本单位的安全生产工作不到位，未及时督促项目监理人员监督施工单位消除生产安全事故隐患；未按规定配备项目监理人员，其行为违反了《中华人民共和国安全生产法》第十八条第（五）项、《北京市房屋建筑和市政基础设施工程监理人员配备管理规定》第二十一条的规定，对事故发生负有领导责任。依据《中华人民共和国安全生产法》第九十二条的规定，建议由应急管理部门给予其上一年年收入百分之四十罚款的行政处罚。

建工国际公司，未按要求开展安全生产教育培训，未及时消除卸料平台存在的事故隐患；对所承担的建设工程定期和专项安全检查不到位；未严格按照规定审核《专项施工方案》，未按要求开展方案交底和安全技术交底，对事发卸料平台施工监测和安全巡视不到位，未按要求组织相关人员对事发卸料平台进行验收；未按要求配备专职安全生产管理人员，其行为违反了《中华人民共和国安全生产法》第二十五条第一款、第三十八条第一款，《建设工程安全生产管理条例》第二十一条第一款，《危险性较大的分部分项工程安全管理规定》第十一条第一款、第十五条、第十七条第三款、第二十一条第一款，《建筑施工企业安全生产管理机构设置及专职安全生产管理人员配备办法》第八条第（一）项、第十三条第（一）项的规定，对事故发生负有主要责任，依据《中华人民共和国安全生产法》第一百零九条的规定，建议由应急管理部门给予其52万元罚款的行政处罚。依据《对安全生产领域失信行为开展联合惩戒的实施办法》有关规定，建议由应急管理部门将其纳入联合惩戒对象管理。同时，依据《建筑施工企业安全生产许可证管理规定》第二十三条和《建筑业企业资质管理规定》第二十三条的规定，建议由住房和城乡建设行政主管部门暂扣其安全生产许可证90日，一年内对其资质升级申请和增项申请不予批准。

重庆圣华公司，未及时消除卸料平台安装、使用过程中存在的事故隐患，对分包范围内的工程安全检查不到位，未严格按照《专项施工方案》组织施工，开展安全生产培训不到位，使用未经验收的卸料平台，未按要求配备专职安全生产管理人员，其行为违反了《中华人民共和国安全生产法》第三十八条第一款，《建设工程安全生产管理条例》第二十一条第一款，《危险性较大的分部分项工程安全管理规定》第十六条第一款，《北京市建设工程施工现场管理办法》第十二条、第十三条第一款、第十七条第二款，《建筑施工企业安全生产管理机构设置及专职安全生产管理人员配备办法》第十四条第（二）项的规定，对事故发生负有主要责任，依据《中华人民共和国安全生产法》第一百零九条的规定，建议由应急管理部门给予其52万元罚款的行政处罚。依据《对安全生产领域失信行为开展联合惩戒的实施办法》有关规定，建议由应急管理部门将其纳入联合惩戒对象管理。同时，依据《建筑施工企业安全生产许可证管理规定》第二十三条的规定，建议由住房和城乡建设行政主管部门暂停其在北京建筑市场投标资格90日，并将事故情况通报重庆市住房和城乡建设行政主管部门按照有关规定进行查处。

顺金盛公司，未严格审查卸料平台专项施工方案，未采取有效措施监督整改施工现场存在的安全事故隐患；未对事发卸料平台安装施工开展专项巡视检查，未按要求组织相关人员对事发卸料平台进行验收；未按规定配备项目监理人员，对现场监理人员管理不到位，其行为违反了《建设工程安全生产管理条例》第十四条第一款、第二款，《危险性较大的分部分项工程安全管理规定》第十八条、第二十一条第一款，《北京市建设工程施工现场管理办法》第十一条，《北京市房屋建筑和市政基础设施工程监理人员配备管理规定》第二十一条、第二十四条的规定，对事故发生负有重要责任，依据《中华人民共和国安全生产法》第一百零九条的规定，建议由应急管理部门给予其50万元罚款的行政处罚。依据《对安全生产领域失信行为开展联合惩戒的实施办法》有关规定，建议由应急管理部门将其纳入联合惩戒对象管理。同时，依据《北京市建设工程施工现场生产安全事故及重大隐患处理规定》第十七条的规定，建议由住房和城乡建设行政主管部门暂停其在北京建筑市场投标资格60日。

此外，建议由住房和城乡建设行政主管部门吊销事发工程项目经理吕某航注册建造师执业资格证书，5年内不予注册；撤销事发工程安全主管刘某月安全生产考核合格证书；吊销事发工程总监理工程师寇某忠和总监理工程师代表付某颖注册监理工程师执业资格证书，5年内不予注册。

（四）建议由相关部门处理的情形

调查发现，北京华垣盛兴置业有限公司未设立专门的安全管理机构；涉嫌将一个单位工程发包给两个以上的施工单位，其行为违反了《北京市建设工程质量条例》第二十四条的规定，建议由住房和城乡建设行政主管部门依据《北京市建设工程质量条例》第八十二条、第一百零二条的规定，给予该公司737万元罚款的行政处罚，并对该公司相关人员依法给予相应行政处罚。

四、防范措施

（1）建工国际公司要完善制度措施，加强危险性较大的分部分项工程专项施工方案设计审核、安全交底、施工监测和安全巡视；对承担的建设工程加强定期和专项安全检查，督促落实隐患排查整改；按照国家和本市对施工项目部配置管理的相关规定组建施工项目部，规范配备项目管理人员并出具任命文件，强化专职安全生产管理人员配备和项目管理人员履职情况实地检查核查；规范开展安全生产教育培训和事故案例警示教育；切实加强事发工程后续施工安全管理。北京建工集团有限责任公司要加强下属子公司的安全生产工作监督检查，严格规范借调人员管理，严查不到岗履职行为。

（2）重庆圣华公司要严格落实危险性较大的分部分项工程施工安全技术交底和现场监督；建立完善隐患排查整改制度，规范配备专职安全生产管理人员，加强施工现场管理和安全检查，严格安全隐患排查整改，严惩违规作业行为；健全安全生产教育培训制度，强化安全生产教育培训和事故案例警示宣传教育。

（3）顺金盛公司要规范配备建设工程监理人员，加强监理人员管理和履职情况实地核查；加强危险性较大的分部分项工程监理，严格审查专项施工方案，加大专项巡视检查力度，按标准开展验收；加强施工现场安全监督检查，对监理过程中发现的事故隐患要书面督促施工单位整改；强化事故案例警示宣传教育。

（4）市住房城乡建设行政主管部门要进一步加强对各区住房城乡建设行政主管部门危险性较大的分部分项工程的业务指导；在全市组织开展施工现场安全执法检查工作，坚决查处有关违法违规行为；在全市通报本起事故暴露出的问题，开展警示宣传，督促相关单位以案为鉴、举一反三，强化安全意识，压实各环节责任；组织开展卸料平台安全技术论证，推进完善技术标准，严格设计、安装和使用要求。

（5）顺义区政府要切实加强施工安全监督管理工作，督促有关部门全面加强事发工程后续施工安全监督检查，严查项目管理和监理人员配备及到岗履职、危险性较大的分部分项工程安全施工、施工现场安全检查、隐患排查整改、安全生产教育培训等情况；在全区组织开展建筑领域安全生产大排查大整治，全面检查本区域建设施工项目，对问题突出的项目进行通报并约谈企业主要负责人；对发现的违法违规行为，依法依规从严处罚。

一案五问一改变

1. 我对该事故的最深感触是什么？

2. 如果该事故中暴露的问题就出现在我身边，我该怎么办？

3. 如果该事故就发生在我身上，我的亲人和朋友会如何？

4. 我从该事故中汲取了什么教训？

5. 学习事故案例后我最想对同事和亲人说什么？

为避免同类事故，在今后的工作中我将做出以下改变：

12 月

哈尔滨市阿城区新利街道污水收集管网工程第四标段“12·23”坍塌事故案例①

2019 年 12 月 23 日 10 时许，位于阿城区新利街道办事处辖区新华村肖家屯，建绥乡道哈尔滨市嘉祥化工有限公司对面，由黑龙江鲁班建设集团有限公司负责施工的阿城区新利街道污水收集管网工程第四标段，在组织工人进行排水管沟挖掘施工过程中发生 1 起生产安全事故，造成 4 人死亡，1 人受伤，共造成直接经济损失 464 万元。

一、事故经过

12 月 23 日 7 时 30 分，黑龙江鲁班建设集团有限公司副经理倪某组织工人进行现场施工。参与施工人员有倪某选定的现场指挥（安全员）赵某某、技术负责人张某某、后勤保障人员邓某、挖掘机司机翟某某和刘某某、铲车司机赵某、力工李某某、李某、张某某共 9 人。施工进行到 10 时 7 分，沟槽开挖至设计深度（4.54 ~5.11 m）后，力工李某某和李某下至基坑底部清土及铺设管线，5 min 后堆土一侧基坑侧壁突然发生坍塌，李某某和李某被埋入塌方的土体内。事故发生后，地面上的现场负责人（安全员）赵某某、技术负责人张某某、后勤人员邓某和力工张某某 4 人立即下入沟槽内进行抢险救援。2 min 后发生二次坍塌，赵某某、张某某、张某某 3 人员被埋。身处沟槽内的后勤人员邓某在挖掘机司机刘某某的协助下，第一时间将技术负责人张某某（腿部受伤）救出。截至 23 时 40 分，相继将赵某某、张某某、李某某、李某 4 人救出，经“120”医护人员现场确认，4 人已经死亡。

---

① 资料来源：哈尔滨市人民政府．阿城区新利街道污水收集管网工程第四标段“12·23”坍塌事故调查报告［EB/OL］．（2020 - 09 - 21）［2023 - 06 - 21］．https：//www. harbin. gov. cn/haerbin/c107903/202009/c01_128185. shtml.

二、事故直接原因

本工程地质条件为黏性土，采取明挖施工工艺，根据《建筑施工土石方工程安全技术规范》（JGJ 180—2009）第6.3.5条规定，黏性土放坡的坡率应为1∶1.0～1∶1.5。而施工现场沟槽边坡放坡的坡率实际为1∶0.205～1∶0.208，不满足规范要求。另外，挖出的土体直接堆放在同一侧距沟边沿0.5 m处，增加了地面附加荷载，更加剧了沟槽边坡的不稳定状态，是造成本次事故的直接原因。

三、责任追究

（一）对责任人的责任认定及处理意见（17人）

赵某某，黑龙江鲁班建设集团有限公司副经理倪某临时聘用的施工现场指挥（安全员）。指挥工人冒险作业，是此起事故的直接责任人，鉴于其本人已在事故中死亡，建议免予追究其责任。

倪某，黑龙江鲁班建设集团有限公司副经理兼项目负责人。未执行由本公司派驻项目部人员驻场管理的内部管理规定，擅自拼凑施工队伍，组织社会人员非法进行危险施工，对此起事故负直接管理责任。已于12月23日被公安机关立案侦查（刑事拘留），建议依法追究其刑事责任。

徐某某，黑龙江云河建筑工程监理公司哈尔滨分公司口头委派的项目总监理工程师。自始至终参与项目的组织实施，并亲自组建微信工作群，在群内进行工作交流。其明知该工程不具备施工条件（未取得施工许可证、未提供正式施工图纸、未对施工组织设计和技术方案进行审批、未对施工的管理人员进行资格审核等），特别是施工过程中已经发现并预见到管沟可能发生坍塌的险情，但没有依照法定职责及时下达停工整改指令，导致违法施工行为和事故隐患没有及时终止和消除，对此起事故负直接管理责任。其行为涉嫌违法犯罪，建议公安机关立案侦查，依法追究其刑事责任。

李某某，黑龙江鲁班建设集团有限公司实际负责人。对安全生产工作重视不够。督促检查不到位，未及时消除生产安全事故隐患。其行为违反了《安全生产法》第十八条第（五）项，依据《安全生产法》第九十二条第（二）项规定，建议给予上年收入的40%罚款的行政处罚，计30518元。

张某某，倪某临时聘用的项目技术负责人。不具备任职条件，不具备施工专业知识、能力和水平，工作不负责任，未及时发现和制止施工现场的违规行为，对此起事故负主要管理责任。以上行为违反了《安全生产法》第二十四条、第四十三条规定，依据《安全生产违法行为行政处罚办法》第四十五条第（一）项、第（三）项规定，建议给予伍仟元罚款的行政处罚。

张某某，黑龙江云河建筑工程监理公司哈尔滨分公司负责人。对安全生产工作重视不够，没有依法履行工作职责，未在施工前按监理合同的约定正式派出监理机构，分工不明确，责任不落实，致使监理工作失管失控。以上行为违反了《建设工程安全生产管理条例》第四条、第十四条等有关规定，依据《安全生产违法行为行政处罚办法》第四十五条第（一）项、第（三）项规定，建议给予陆仟元罚款的行政处罚。

曹某某，设计单位中国市政工程东北设计研究总院有限公司第一设计院设计员，具体负责项目的设计工作。在未取得地勘资料的情况下违规开展设计工作。在设计文件中未注明涉及危大工程的重点部位和环节，未对危大工程进行专项设计。未提出保障工程周边环境安全和工程施工安全的措施，并针对已经开展施工活动提出防范生产安全事故的意见或建议。以上行为违反了《建设工程安全生产管理条例》第十三条规定，依据《安全生产违法行为行政处罚办法》第四十五条第（一）项、第（三）项规定，建议给予玖仟元罚款的行政处罚。

杜某某，设计单位中国市政工程东北设计研究总院有限公司第一设计院项目设计负责人，全面负责阿城区新利街道污水收集管网工程设计工作。其工作不负责任，工作部署不到位，管理不到位，特别是不掌握工程进展情况，未取得地勘报告、设计工作没有完成的情况下，建设单位即组织开展施工活动的违法行为，既没有及时制止，也没有提出设计图纸（白图）不能用于指导施工的意见或建议。以上行为违反了《建设工程安全生产管理条例》第十三条规定，依据《安全生产违法行为行政处罚办法》第四十五条第（一）项、第（三）项规定，建议给予柒仟元罚款的行政处罚。

袁某，设计单位中国市政工程东北设计研究总院有限公司第一设计院院长。对安全生产工作重视不够，未认真督促设计人员落实工程设计工作当中的安全技术管理措施，未认真检查本单位安全生产工作状况，及时发现和消除工作中存在的事故隐患，并提出改进和加强安全管理的建议，对此起事故负主要领导责任。以上行为违反《安全生产法》第二十二条第（五）项、第（七）项规定，依据《安全生产违法行为行政处罚办法》第四十五条第（一）项、第（三）项规定，建议给予伍仟元罚款的行政处罚。

李某，阿城区新利街道办事处副主任，具体负责项目的组织实施工作。未按规定提供真实、准确、完整的地质、水文和周边环境等资料；未要求设计单位、施工单位在招投标文件中列出和补充完善危大工程清单，并明确相应的安全管理措施；在未办理《施工许可证》、不具备安全生产条件的情况下组织违法施工。其行为已构成违纪，应负主要领导责任。依据《中华人民共和国监察法》第四十五条第一款第（二）项、《行政机关公务员处分条例》第二十条规定，建议给予其政务记过处分。

周某某，阿城区新利街道办事处武装助理兼安监站站长，负有对本辖区安全生产违法行为和事故隐患当场纠正或者要求限期整改的工作职责。未针对发生事故的建设项目组织开展工作，履职尽责不到位，对事故的发生负直接管理责任。依据《中华人民共和国监察法》第四十五条第一款第（二）项、《行政机关公务员处分条例》第二十条规定，建议给予其政务记过处分。

张某某，阿城区新利街道办事处城建办负责人，负责组织对辖区内违法建设实施巡查，及时发现、制止违法建设行为及报告相关执法部门处理。在实际工作中未认真履职尽责，存在失职问题，对事故的发生负直接管理责任，已构成违纪。依据《中华人民共和国监察法》第四十五条第一款第（二）项、《行政机关公务员处分条例》第二十条规定，建议给予其政务记过处分。

闵某某，阿城区住房和城乡建设局建筑市场执法监察大队科员，负责对辖区内建设项目进行巡查和执法工作。在巡查过程中，未发现发生事故工程违法的行为，存在巡查不力的问题，对事故的发生负直接监管责任，已构成违纪。依据《中华人民共和国监察法》第四十五条第一款第（二）项和《事业单位工作人员处分暂行规定》第十七条第（九）项规定，建议给予其政务警告处分。

国某某，阿城区住房和城乡建设局建筑市场执法监察大队负责人，负责执法监察大队的全面工作。对本部门存在巡查不力的问题，负主要领导责任。依据《中华人民共和国监察法》第四十二条第（二）项和《事业单位工作人员处分暂行规定》第十七条第（九）项规定，建议给予其政务警告处分。

曹某某，阿城区住房和城乡建设局副局长，分工主管建筑市场执法监察大队工作。对建筑市场执法监察大队巡查不力的问题，负主要领导责任。依据《中华人民共和国监察法》第四十二条第（二）项和《事业单位工作人员处分暂行规定》第二十八条之规定，建议给予其政务警告处分。

聂某，阿城区新立街道办事处主任，负责街道办事处的全面工作。多次针对发生事故的建设项目组织召开协调推进会议，但未对违法施工的行为予以制止。对事故的发生负主要领导责任。依据《中共黑龙江省委实践监督执纪“四种形态”办法（试行）》第九条第（五）项规定，建议责令其作出检查。

张某某，阿城区新立街道办事处党工委书记，负责贯彻落实党和国家有关安全生产的方针、法律法规及上级党委、政府有关安全生产工作的要求，把安全生产工作纳入街道党工委重要议事日程。对事故的发生负重要领导责任。依据《中共黑龙江省委实践监督执纪“四种形态”办法（试行）》第九条第（五）项规定，建议责令其作出检查。

（二）对有关责任单位责任认定及处理意见

黑龙江鲁班建设集团有限公司对安全生产工作重视不够，不掌握本公司市场运作及建设项目具体实施情况，任由公司分管领导随意作为，致使发生事故的工程，在未完成设计交底和图纸会审、未完成施工组织设计、招投标时确定的项目管理人员没有到位情况（不具备安全生产条件）下，违法开展建设施工活动。且在组织施工过程中未采取必要的安全防范措施，从而导致发生较大生产安全责任事故。以上行为违反了《安全生产法》第十七条、第十九条、第二十一条、第二十五条、第四十一条等规定，依据《安全生产法》第一百零九条第（二）项规定，建议给予陆拾万元罚款的行政处罚。

黑龙江省云河建筑工程监理公司哈尔滨分公司管理混乱，分工不明确，工作责任不落实。在施工前未按监理合同约定正式派出监理机构，口头意向委派徐某某履行总监理工程师职责，而徐某某又没有依法履行工作职责，致使监理工作失管失控。以上行为违反了《建设工程安全生产管理条例》第四条、第十四条等有关规定，建议由建设行政主管部门依法予以处理。

四、防范措施

（1）事故各相关单位，要认真吸取事故教训，落实企业安全生产主体责任，依法依规开展生产经营活动。要贯彻落实“安全第一、预防为主、综合治理”的工作方针，举一反三，全面查堵思想上和工作中存在的疏漏。要树立“隐患就是事故”理念，把安全生产关口前移，坚持做到“先安全、后生产，不安全、不生产。”

（2）市、区两级建设行政主管部门，要认真落实“管行业必须管安全”工作要求，特别是要采取超常措施消除安全监管的“空白”地带。要把安全生产工作责任落实到建设工程招标、审批、施工监管等的每一个环节，建立健全源头把关，首问负责，无缝对接，责任到岗到人的安全工作体系。为有效防范各类事故发生，努力开创各司其职、各负其责，相互配合、齐抓共管新局面。

阿城区人民政府要从讲政治、保稳定、促发展的高度重视安全生产工作，要把党中央国务院关于安全生产“三必管”和“党政同责、一岗双责、失职追责”规定真正落到实处。要正确处理安全与发展的关系，发展决不能以牺牲人的生命为代价，这是一条不可逾越的红线。要树立未“亡羊”先“补牢”工作理念，认真总结事故教训，采取主动措施，补齐短板，有效防范类似事故重复发生。

一案五问一改变

1. 我对该事故的最深感触是什么？

2. 如果该事故中暴露的问题就出现在我身边，我该怎么办？

3. 如果该事故就发生在我身上，我的亲人和朋友会如何？

4. 我从该事故中汲取了什么教训？

5. 学习事故案例后我最想对同事和亲人说什么？

为避免同类事故，在今后的工作中我将做出以下改变：

大理市龙悦华府临时售楼部及样板房拆除项目工地“12·23”坍塌事故案例[①]

2021年12月23日10时许，位于大理市景观大道以南，泰安路以东，兴盛路以西由云南工程建设总承包股份有限公司施工的大理龙悦华府建设项目，在拆除临时售楼部及样板房施工作业过程中发生一起坍塌事故，造成作业人员1死1伤，施工机械受损。

一、事故经过

2021年12月12日云南工程建设总承包股份有限公司安排公司的作业人员和机械对大理龙悦华府临时售楼部及样板房进行了部分拆除，清理出施工通道和临时材料堆码场地。12月16日分别对罗某锋进行了机械设备安全技术交底，对黄某安、杨某侥等6人进行了分部分项（分工种）工程安全技术交底。12月17日云南工程建设总承包股份有限公司大理龙悦华府项目负责人潘某玉决定将剩余工程转包给自然人黄某，黄某将工程交由罗某锋组织实施，作业人员18日进场施工。2021年12月23日上午10时许，杨某侥切割一层顶板承重梁时高度不够，罗某锋将挖掘机开到一层中间位置，挖掘机斗伸向东南角抬起距离地面2 m左右，熄灭发动机离开驾驶室走出10多米开外，来到工地上东北角云南工程建设总承包股份有限公司旁站人员文某圆旁边观看另一名作业人员黄某安在一层内东北角进行立柱切割，其余3人在现场捡拾废金属材料。此间，杨某侥站在挖掘机斗上切割一层顶板承重梁，3 min左右建筑物向东面坍塌，杨某侥被挖掘斗挤压到立柱角后顶板承重梁下，压埋被困，其他现场人员及时逃生。事故发生后，

---

① 资料来源：大理市人民政府．云南工程建设总承包股份有限公司大理龙悦华府临时售楼部及样板房拆除项目工地“12·23”坍塌事故调查报告［EB/OL］．（2022-02-22）［2023-06-22］．http：//www.yndali.gov.cn/dlszf/c106764/202204/08a4f56468104d87bfbfcef8fcd7850b.shtml.

现场人员拨打 120、119 请求救援，文某圆向潘某玉报告，潘某玉会同项目部相关人员立即赶到现场。由于坍塌建筑物体量大，救援风险极高，潘某玉等人立即向市政府有关部门报告求援，并启动应急救援预案，对事故现场进行警戒和封闭，疏散无关人员，调派吊车挖掘机准备应急工作。在市人民政府领导的统一指挥下，市消防救援大队、市应急局、州市住建局、市公安局、市交警大队，以及医疗机构等部门与施工企业共同开展救援。黄某安在逃生时头部受伤，立即送往医院治疗，被困人员杨某侥经市消防部门 6 h 的全力抢救后，于 16 时 30 分救出，经现场 120 医生确认已死亡。

二、事故直接原因

根据现场勘验情况及询问目击证人，事故调查组认为事故的直接原因为：作业人员未严格按照拆除施工方案的拆除顺序施工，在无任何加固及安全措施情况下，盲目冒险切割钢结构下部主节点，导致售楼部一层顶板面圈梁不足以承受压型钢板和现浇钢筋混凝土板面的承重突然发生坍塌，造成事故发生。

三、责任追究

杨某侥于 2021 年 12 月 18 日进入该工地至 12 月 23 日事故发生时，在无焊接和热切割特种作业操作证的情况下一直从事切割作业，由于杨某侥在无任何加固及安全措施情况下，盲目冒险切割钢结构下部主节点，导致售楼部一层顶板面圈梁不足以承受压型钢板加现浇钢筋混凝土板面的承重突然发生坍塌，造成事故发生，致其在事故中死亡。其行为违反《安全生产法》第五十八条："从业人员应当接受安全生产教育和培训，掌握本职工作所需的安全生产知识，提高安全生产技能，增强事故预防和应急处置能力"之规定，对事故的发生负有直接责任，鉴于在事故中死亡，不再追究其责任。

云南工程建设总承包股份有限公司作为项目中标企业，按照《建设工程安全管理条例》第二十四条："建设工程实行施工总承包的，由总承包单位对施工现场的安全生产负总责"之规定，对安全生产负总责。在该起事故中存在企业安全管理混乱，未将拆除方案报送建设行政主管部门备案，将拆除施工转包给没有资质的施工单位和个人，未对拆除方案进行针对性的技术交底，现场监管不到位，违反《建设工程安全生产管理条例》第二十条："施工单位从事建设工程的新建、扩建、改建和拆除等活动，应当具备国家规定的注册资本、专业技术人员、技术装备和安全生产等条件，依法取得相应等级的资质证书，并在其资质等级许可的范围内承揽工程"之规定；《安全生产法》第三十条："生产经营单位的特种作业人员必须按照国家有关规定经专门的安全作业培训，取得相应资质，方可上岗作业”、第四十九条：“生产经营单位不得将生产经营项目、场所、设备发包或者出租给不具备安全生产条件或者相应资质的单位或者个人”之规定，对该起事故负有责任，建议市应急管理局根据《安全生产法》第一百一十四条之规定予以处罚。

云南工程建设总承包股份有限公司项目负责人潘某玉，作为该建设项目的主要负责人，履行安全生产管理责任不到位，其行为违反《安全生产法》第二十一条第四款、第五款：“生产经营单位的主要负责人对本单位安全生产工作负有的职责：保证本单位安全生产投入的有效实施；组织建立并落实安全风险分级管控和隐患排查治理双重预防工作机制，督促、检查本单位的安全生产工作，及时消除生产安全事故隐患”之规定，对该起事故负有领导责任，建议由市应急管理局根据《安全生产法》九十五条之规定予以处罚，责成云南工程建设总承包股份有限公司按干部管理权限对其予以处分，并将结果报市应急管理局。

云南工程建设总承包股份有限公司旁站人员文某圆作为项目部现场管理人员安全意识淡薄、责任心不强，履行安全生产管理职责不到位，未按照相关规范进行检查和监督安全施工，未及时制止作业人员的违章行为。其行为违反《安全生产法》第二十五条第四款、第五款：“生产经营单位的安全生产管理机构以及安全生产管理人员履行下列职责：检查本单位的安全生产状况，及时排除生产安全事故隐患，提出改进安全生产管理的建议；督促落实本单位安全生产整改措施”之规定，建议由市应急管理局根据《安全生产法》九十六条之规定予以处罚，责成云南工程建设总承包股份有限公司按干部管理权限对其予以处分，并将结果报市应急管理局。

达华工程管理（集团）有限公司云南分公司为该项目工程监理中标企业。明确监理期限：勘察阶段、设计阶段、施工阶段（含主体结构施工、装修施工、室外工程等施工全部内容）、审计及移交阶段、保修阶段的全过程监理。并且在《龙悦华府临时售楼部及样板房拆除项目〈售楼部拆除施工方案〉》备案签字，但未及时发现和制止施工单位和作业人员不按方案施工，冒险作业等行为，履行监理职责不到位。建议由市应急管理局根据《建设工程安全生产管理条例》第三十九条、第六十八条、第五十七条，《安全生产法》第一百零一条第三款之规定予以处罚。

黄某，是拆除项目的承揽人，其不具备拆除施工资质和能力，安全意识淡薄，不按拆除方案违规组织施工，冒险作业，对该起事故负有主要责任。其行为违反相关法律法规和操作规程，导致人员伤亡企业造成重大经济损失，对企业正常的生产、作业安全秩序造成破坏，对此次事故的发生负主要责任，根据《安全生产法》第九十三条之规定，《云南省安全生产行政执法与刑事司法衔接工作实施办法》相关规定，建议将其违法线索移交公安机关。

罗某锋，是现场作业的神钢牌 260 型挖掘机的车主挖掘机的驾驶员和拆除工程组织人。现场作业的拆除作业人员由其招用，其未对作业人员进行安全交底和安全教育，在黄某安、杨某侥（死者）均无焊接和热切割特种作业操作证的情况下组织违规施工作业，对此次事故的发生负直接责任。根据《安全生产法》第九十三条之规定，《云南省安全生产行政执法与刑事司法衔接工作实施办法》相关规定，建议将其违法线索移交公安机关。

作业人员黄某安，无焊接和热切割特种作业操作证，的情况下从事焊接和热切割特种作业。根据《安全生产法》第九十三条之规定，《云南省安全生产行政执法与刑事司法衔接工作实施办法》相关规定，建议将其违法线索移交公安机关。

四、防范措施

（1）参与该项目的施工、监理企业要认真履行安全生产主体责任，层层压实安全生产工作，深入排查和化解各类安全生产风险，提高安全生产保障水平。

（2）施工单位要严格遵守《安全生产法》《建筑法》《建设工程安全生产管理条例》的相关规定，严禁将生产经营项目发包不具备安全生产条件或者相应资质的单位或者个人。

（3）规范专业分包单位管理。总包单位要严格规范企业内部经营管理活动，专业分包单位入场前必须签订专业分包合同，施工单位资质、业绩、人员资格必须满足分部、分项工程施工要求。分包单位组织机构人员必须按照合同约定配备到位。严禁对施工项目“以包代管”，严禁利用任何形式实施违法分包等行为。

（4）总承包单位要加强技术管理、安全管理、合同履约管理，加强对下属施工企业的指导、管理，督促各级管理人员严格落实安全生产责任制。

（5）加大危大工程管理力度。危险性较大的分部分项工程管理是建设领域安全生产管理的重点。要强化施工过程监管，认真落实监理旁站、验收等制度，确保按照专项施工方案施工，实时研判现场情况，及时处置和消除安全隐患，对不按方案施工，要进行重点查处。

（6）加强用工人员的安全培训教育。不能停留在泛泛的教育和简单技术交底，要结合工种、岗位特点深入、扎实、有针对性地开展员工安全教育，使安全意识、安全知识入脑入心，自觉遵守规章规程，做到“四不伤害”。

一案五问一改变

1. 我对该事故的最深感触是什么？

2. 如果该事故中暴露的问题就出现在我身边，我该怎么办？

3. 如果该事故就发生在我身上，我的亲人和朋友会如何？

4. 我从该事故中汲取了什么教训？

5. 学习事故案例后我最想对同事和亲人说什么？

为避免同类事故，在今后的工作中我将做出以下改变：

南阳市唐河县源潭镇“12·24”较大坍塌事故案例①

2019 年 12 月 24 日 11 时左右，唐河县源潭镇马湾村污水管网和燃气管道施工发生较大坍塌事故，造成 3 人死亡，直接经济损失约 280 万元。

一、事故经过

唐河县源潭镇马湾村污水管网和燃气管道工程施工人员王某顺，在未取得建筑工程施工手续的情况下，招募附近村民，于 2019 年 12 月 24 日 9 时许，将本该分别施工的污水管网沟槽和燃气管道沟槽合二为一开挖一条沟槽，同时铺设污水管道和燃气管道。在事故发生路段开挖的沟槽宽度为 60 cm，深度 4 m 左右，两侧未搭建支撑防护设施。在未采取其他安全防范和保护措施的情况下，施工人员进入沟槽测量、铺设污水管道和燃气管道。上午 11 时许，当污水管道铺设约 20 m，准备在铺设好的污水管道上方铺设燃气管道时，开挖沟槽一侧的土方突然出现坍塌，致使沟槽内毫无防备的施工人员王某华、薛某平和测量人员杨某雨被塌方掩埋。事故发生后，沟槽外施工人员和周边群众立即组织抢救，同时拨打了 120 急救电话。被掩埋的 3 名施工人员从沟槽内坍塌土层中救出后，救护车已到现场，医护人员马上对受伤人员进行救治，其中 1 人抢救无效死亡，另外 2 名由于伤势过重在送往医院途中死亡。

二、事故直接原因

该工程采用直立开挖的方法，沟槽宽度为 60 cm，深度 4 m 左右，施工堆土距槽边没有留出安全距离，导致槽壁上部荷载过大。施工中未采取支撑防护措施，

① 资料来源：南阳市应急管理局．唐河县源潭镇“12·24”较大管道施工坍塌事故调查报告［EB/OL］．（2021－01－19）［2023－06－19］．http：//ajj. nanyang. gov. cn/sgxx/410783. htm.

引发坍塌。

三、责任追究

（一）司法机关已采取强制措施人员

周某生，男，农民，2019 年 12 月 25 日，因涉嫌重大事故罪被刑事拘留，2020 年 1 月 22 日被唐河县人民检察院批准逮捕。

王某顺，男，农民，2019 年 12 月 25 日，因涉嫌重大事故罪被刑事拘留，2020 年 1 月 22 日被唐河县人民检察院批准逮捕。

邱某伟，男，农民，2019 年 12 月 25 日，因涉嫌重大事故罪被刑事拘留，2020 年 1 月 22 日被唐河县人民检察院批准逮捕。

刘某伟，男，农民，2019 年 12 月 25 日，因涉嫌重大事故罪被刑事拘留，2020 年 1 月 22 日被唐河县人民检察院批准逮捕。

张某甫，男，农民，2019 年 12 月 25 日，因涉嫌重大事故罪被刑事拘留，2020 年 1 月 23 日被取保候审。

邱某科，男，农民，2019 年 12 月 25 日，因涉嫌重大事故罪被刑事拘留，2020 年 1 月 23 日被取保候审。

刘某，男，河南德仁建设工程有限公司燃气工程施工安装项目负责人，2019 年 12 月 25 日，因涉嫌重大事故罪被刑事拘留，2020 年 1 月 23 日被取保候审。

（二）党纪政务处理人员和其他处理建议

曲某忠，中共党员，唐河县住房和城乡建设局党委委员、河南省宛东建筑安装工程有限公司总经理（负责全面工作）。组织指导公司开展日常安全巡查监管工作不力，安全生产工作重视不够，未能有效依法履行职责，未能落实“三管三必须”要求、未能建立、健全并组织落实本单位安全生产责任制。未能组织制定本单位安全生产规章制度。未能组织制定并实施本单位年度安全教育、培训。对承包的工程项目转包给个人负有直接责任。对事故发生负有主要领导责任。建议由纪检监察机关按程序给予党内严重警告处分。

杨某功，河南省宛东建筑安装工程有限公司副经理兼唐河县幸福家园建设工程有限公司法定代表人。作为河南省宛东建筑安装工程有限公司副经理，分管工程质量、安全等，组织指导公司开展日常安全巡查监管工作不力，安全生产工作重视不够，督促企业落实安全生产主体责任不到位，未能认真组织拟定本单位安全生产规章制度。作为唐河县幸福家园建设工程有限公司法定代表人，没有建立、健全并组织落实本单位安全生产责任制。没有组织制定本单位安全生产规章制度。没有组织制定并实施本单位年度安全教育培训。对项目实施单位的违规违法监督检查不到位，未能有效依法履行职责，对事故的发生负有主要领导责任，建议按程序给予其政务记过处分。

赵某松，中共党员，唐河县住房和城乡建设局副局长，主抓住建系统安全、分管施工股、质检站、安监站。组织指导唐河县住房和城乡建设局开展日常安全巡查监管工作不力，落实“三管三必须”、安全生产责任制不到位，未能有效依法履行职责，安全生产工作安排部署流于形式，该项目安全监管检查缺失。对事故发生负有主要领导责任。建议由纪检监察机关按程序给予政务警告处分。

张某，中共党员，唐河县源潭镇政府武装部长，主抓武装部，分管土地、村镇建设、环保、城管，任马湾村管理区书记。负责源潭镇辖区燃气利用及基础设施项目建设等工作。履行属地监管责任不到位，未能有效督促检查施工现场存在的安全隐患，对施工单位不符合施工条件失察，对事故发生负有主要领导责任。建议由纪检监察机关按程序给予政务警告处分。

蒋某彦，中共党员，唐河县住房和城乡建设局局长，未能认真贯彻落实国家法律法规政策，督促指导建筑施工领域安全生产工作不力，对唐河县住房和城乡建设局安全制度不健全、职责不清、责任制落实不到位等工作失察，对事故发生负有重要领导责任。建议按照党政领导干部管理权限给蒋某彦同志诫勉谈话。

狄某，中共党员，唐河县委宣传部副部长，唐河县乡村振兴战略乡村燃气利用工程及基础设施建设项目工程指挥部办公室常务副主任，负责办公室工作。指导协调、督促检查工作不力，未能有效督促属地政府及有关部门依法履行建筑施工安全监管职责，对施工单位存在的安全隐患失察，对事故发生负有主要领导责任。建议按照党政领导干部管理权限给予狄某同志诫勉谈话。

汪某喜，中共党员，唐河县人民政府党组成员，唐河县乡村振兴战略乡村燃气利用工程及基础设施建设项目的副指挥长兼办公室主任。组织、协调推进项目的实施措施不力，未能有效督促属地政府及有关部门依法履行建筑施工安全监管职责，对事故发生负有主要领导责任。建议其向南阳市人民政府作出深刻书面检查。

唐河县住房和城乡建设局未能有效履行行业监管职责，安全生产工作重视不够。制度不全、职责不清、责任制落实不到位，对唐河县乡村燃气利用及污水管网工程项目存在的安全隐患督导检查不力，对该工程存在的违法违规行为失察失纠。建议其向唐河县人民政府作出深刻的书面检查。

（三）行政处罚建议

唐河县幸福家园建设工程有限公司、河南省宛东建筑安装工程有限公司、河南德仁建设工程有限公司未认真履行企业安全主体责任，对事故发生负有责任，建议南阳市应急管理局依据《安全生产法》第一百零九条、第九十二条规定，对河南德仁建设工程有限公司及主要负责人予以处罚。建议唐河县应急管理局依据《安全生产法》第一百零九条、第九十二条规定，对唐河县幸福家园建设工程有限公司、河南省宛东建筑安装工程有限公司及主要负责人予以处罚。

四、防范措施

（1）严格落实企业安全生产主体责任。唐河县幸福家园建设工程有限公司、河南省宛东建筑安装工程有限公司、河南德仁建设工程有限公司要深入学习贯彻习近平总书记关于安全生产工作重要论述，要认真总结事故教训，进一步提高认识，牢固树立安全第一、生命至上理念，强化红线意识和底线。一是树立法律意识。应严格遵守国家有关安全生产的法律、法规，认真贯彻安全生产责任制。树立安全责任重于泰山的意识。克服麻痹大意的思想，杜绝违章作业。加强对施工过程和现场的监管力度。二是依法组织生产活动。加强工程管理及项目发包安全管理，杜绝违法违规建设活动，严格审查工程项目承包单位相关资质，严禁违法发包工程，严禁以包代管，要认真履行对承包单位作业现场安全生产管理职责，加强对承包项目施工单位安全生产工作的监督检查。三是加强教育培训。加强对安全管理人员、特殊岗位人员和从业人员的教育培训工作，通过全员参与，切实提高企业干部职工安全责任意识，履行安全生产主体责任，增强安全风险意识，提升全员安全防范能力。

（2）落实行业部门监管责任。唐河县住房和城乡建设局按照《南阳市党委政府及有关部门安全生产工作职责》认真落实行业部门监管责任，全面贯彻落实安全生产“三管三必须”的要求，把安全生产工作作为政治任务，抓实抓牢。一是按照《中华人民共和国安全生产法》和《中华人民共和国建筑法》，严格落实建设工程各方的安全责任；二是依法履行安全生产监管职责，进一步强化建筑安全生产监管力度；三是严格按照建筑工程有关法律法规要求，规范市场准入，严禁将工程项目发包给不具备施工资质能力的单位和他人。四是加大安全培训力度，提高施工企业负责人、安全管理人员素质。五是建议由住建部门依据《中华人民共和国建筑法》，对此次事故相关企业资质做出处理。

（3）强化属地监管责任。唐河县委、县政府，源潭镇党委、镇政府要坚决守住发展绝不能以牺牲安全为代价这条红线，切实维护人民群众生命财产安全，牢固树立以人为本的安全发展理念，认真吸取事故教训，举一反三，防止此类事故再次发生。一是要认真贯彻落实党中央、国务院以及省委省政府关于安全生产的决策部署和指示精神，按照中共中央办公厅、国务院办公厅关于《地方党政领导干部安全生产责任制规定》以及《南阳市党委政府及有关部门安全生产工作职责》要求，压实各部门管理责任，切实做到党政同责、一岗双责、齐抓共管、失职追责。二是要始终把安全生产摆在重要位置，加强组织领导。党政主要负责人是本地区安全生产第一责任人，班子其他成员对分管范围内的安全生产工作负领导责任。三是要认真贯彻执行党的安全生产方针，在统揽本地区经济社会发展全局中同步推进安全生产工作，定期研究决定安全生产重大问题。四是强化安全生产宣传教育和舆论引导。动员社会各界积极参与、支持、监督安全生产工作。五是要把安全生产纳入经济社会发展总体规划，健全安全投入保障制度。及时研究部署安全生产工作，严格落实属地监管责任。

一案五问一改变

1. 我对该事故的最深感触是什么？

2. 如果该事故中暴露的问题就出现在我身边，我该怎么办？

3. 如果该事故就发生在我身上，我的亲人和朋友会如何？

4. 我从该事故中汲取了什么教训？

5. 学习事故案例后我最想对同事和亲人说什么？

为避免同类事故，在今后的工作中我将做出以下改变：

珠海市三溪科创小镇启动区三期项目“12·25”一般物体打击事故案例①

2022 年 12 月 25 日 10 时许，三溪科创小镇启动区三期项目发生一起物体打击事故，造成广东美科设计工程有限公司一名工人死亡，事故造成直接经济损失人民币 150 万元。

一、事故经过

2022 年 12 月 25 日 6 时 35 分，美科工程公司在项目现场召开班前会。班前会结束后，班组长肖某立安排工人黄某文、胡某波（死者）、李某兵和欧某 4 人一组互相配合，在 S1 地块主体工程安装幕墙镀锌钢龙骨（以下简称“龙骨”），即用电动卷扬机把龙骨吊装到外墙预定位置垂直安装好。

7 时左右，工人进场作业，黄某文在 4 楼负责监护卷扬机（额定荷载不大于 2 t），防止钢丝绳绞死；胡某波在 5 楼负责操作卷扬机遥控器开关控制吊装龙骨并在现场警戒；李某兵和欧某在 6 楼负责移动龙骨放置在预定位置安装。钢丝从 4 楼卷扬机伸出，穿过 7 楼红色滑轮，再向下吊着 5 楼的龙骨，将龙骨从 5 楼吊到 6 楼安装。

工作到 10 时左右，黄某文想上厕所，抬头告知胡某波、李某兵和欧某 3 人先休息一下等回来再吊装，胡某波、李某兵和欧某收到信号停止施工。黄某文刚走 2 min 还没回来，胡某波说要开工先吊装上去，就指挥李某兵和欧某动工。胡某波将龙骨绑好，操作卷扬机遥控器开关把龙骨吊起来，李某兵看到龙骨顶端快碰到 6 楼中间一根外墙脚手架连墙件，就大喊让胡某波停止操作。但胡某波未

① 资料来源：珠海市香洲区应急管理局．三溪科创小镇启动区三期项目“12·25”一般物体打击事故调查报告［EB/OL］．（2023－03－21）［2023－06－22］．http：//www.zhxz.gov.cn/zhxzyjg/gkmlpt/content/3/3501/post_3501249.html#4098.

停止操作，仍操作卷扬机遥控器将龙骨向上吊运，顶住了外墙脚手架连墙件上。李某兵往下查看，发现胡某波在龙骨正下方抬头看着龙骨，手里拿着卷扬机遥控器开关正在操作。

因吊运的龙骨顶住外墙脚手架连墙件，7 楼的滑轮受力变形，钢丝绳突然从滑轮脱落，龙骨就向下倾斜坠落，撞击到胡某波的脸部和胸部，胡某波倒在 5 楼地面。李某兵和欧某马上跑到 5 楼现场查看并呼喊胡某波。

10 时 20 分左右，欧某拨打 120 电话，李某兵打电话向美科工程公司班组长肖某立报告情况，肖某立接着打电话向美科工程公司班组长雷某生、雷某龙和安全员陈某报告情况；陈某打电话向美科工程公司项目经理王某荣报告情况，随后到现场拉警戒线保护现场。

10 时 30 分左右，还未等到 120 救护车，肖某立等人将伤者送往珠海明德医院。120 急救人员赶到现场时，伤者已经送往医院、未在事故项目工地。

10 时 40 分，珠海建安公司安全员刘某林了解相关情况后，打电话向珠海建安公司项目经理李某报告情况；李某向珠海建安公司常务副经理戚某和格力香溪公司项目负责人余某江报告情况。

10 时 45 分，珠海建安公司戚某向香洲区住建局报告情况。

伤者送达急诊室抢救后，于 12 时经抢救无效死亡。

二、事故直接原因

胡某波违反本单位的安全操作规程，操作卷扬机开关时，在吊装龙骨的过程中，因龙骨一端顶住了 6 楼外墙脚手架连墙件上，7 楼的滑轮受力超出承重导致变形，钢丝绳脱落，龙骨坠落撞击到正下方的胡某波脸部和胸部，导致其死亡。

三、责任追究

（一）对责任人员的处理建议

胡某波，美科工程公司幕墙工人，安全意识淡薄，作业期间违反安全操作规程，对事故负有直接责任。鉴于其在事故中死亡，建议不再追究其责任。

（二）对责任相关单位的责任认定及处理建议

格力香溪公司。格力香溪公司落实了企业安全生产的主体责任，与珠海建安公司签订《三溪科创小镇启动区三期项目（暂定名）设计施工总承包合同》，包含《安全文明施工协议》，双方约定各自的安全生产管理职责，明确双方安全生产责任；设置了项目经理并配备安全管理人员；保证了安全生产资金的投入使用；定期召开安全会议、开展安全检查并督促隐患整改。已履行了建设单位的安全管理职责，建议不予处罚。

公诚管理公司。公诚管理公司制定了项目监理机构，安全监理架构健全；监理人员具有相关执业资格；建立健全监理工作制度，制定监理规划、监理实施细则、监理安全交底、安全监理应急预案、旁站监理方案等；定期组织开展安全检查并督促隐患落实整改；填写安全监理日志，危大工程监理检查记录表、建筑施工起重机械监理检查记录表、安全旁站监理记录表等，记录施工现场安全生产状况及问题处理情况等；定期组织召开监理例会，提出安全施工要求；审核危大工程（幕墙工程）专项施工方案，对于危大工程实施专项巡查检查。按照《三溪科创小镇启动区三期项目幕墙工程安全专项施工方案》，要求施工单位人员熟悉安全操作规程和落实防护措施，公诚管理公司已履行了监理安全管理职责，建议不予处罚。

珠海建安公司。珠海建安公司落实了企业安全生产的主体责任，建立健全了安全生产责任制和各项安全生产规章管理制度及操作规程；设置了安全管理机构并配备了专职的安全管理人员；保证了安全生产资金的投入使用；组织了员工三级安全教育培训、定期开展安全生产检查；与美科工程公司签订《三溪科创小镇启动区三期项目幕墙工程专业分包施工合同》，合同约定双方各自的安全生产管理职责，督促专业分包单位落实安全管理职责；按照《三溪科创小镇启动区三期项目幕墙工程安全专项施工方案》，对幕墙工程实施专项安全巡查检查，检查专业分包单位人员安全操作规程和防护措施落实情况，发现存在隐患问题督促整改。珠海建安公司已履行了总承包单位的安全管理职责，建议不予处罚。

美科工程公司。美科工程公司建立健全了安全生产责任制，组织制定并落实了各项安全生产规章制度和操作规程，明确了起重工和卷扬机操作的安全要求；项目管理人员具有相关执业资格；定期开展施工现场安全检查和隐患排查；按要求对作业人员进行了安全技术交底和班前安全教育；制定《三溪科创小镇启动区三期项目幕墙工程安全专项施工方案》，并经专家论证和监理审批；对幕墙工程实施专项安全巡查检查，幕墙作业现场安全管理措施符合要求。美科工程公司已履行了安全管理职责，建议不予处罚。

四、防范措施

（1）美科工程公司要认真吸取此次事故教训，要全面提高工人的安全生产意识。要全面加强对施工现场的安全巡查，进一步督促工人按照安全操作规程进行作业。要对违反安全生产规章制度或者操作规程的工人，给予批评教育，依照有关规章制度给予处分。提高安全生产水平，坚决杜绝各类生产安全事故再次发生。

（2）珠海建安公司要加强进场施工人员素质和从业经验的把关，组织对施工人员进行再教育再考核，及时发现施工人员安全知识和意识的缺陷，并以此案例进行安全警示教育，加大安全生产工作的宣传力度，以血淋淋的教训让施工人员内心产生触动，杜绝侥幸心理，预防人的不安全行为，切实防止类似事故发生。

（3）公诚管理公司要严格履行工程监理职责，加大监理力度，强化施工现场的安全巡查，及时发现施工现场各类违反安全生产规章制度或者操作规程的行为，督促施工单位采取切实有效的整改措施落实整改。

（4）格力香溪公司要加强对项目各参建单位的监督检查，督促项目各相关单位落实安全生产主体责任。

（5）区住建局要落实"管行业必须管安全"的要求，积极组织开展事故警示教育；要进一步加大安全监管力度，督促企业加强现场施工管理，有效落实安全生产主体责任；要加大安全生产宣传教育力度，防范类似事故再次发生。

一案五问一改变

1. 我对该事故的最深感触是什么？

2. 如果该事故中暴露的问题就出现在我身边，我该怎么办？

3. 如果该事故就发生在我身上，我的亲人和朋友会如何？

4. 我从该事故中汲取了什么教训？

5. 学习事故案例后我最想对同事和亲人说什么？

为避免同类事故，在今后的工作中我将做出以下改变：